KB033563

개와 산책하는 방법

개와 산책하는 방법

행복한 반려 생활을 위한 첫걸음

초 판 1쇄 펴낸날 2019년 1월 8일
개정판 1쇄 펴낸날 2023년 6월 15일
개정판 2쇄 펴낸날 2023년 9월 20일

지은이 마크 베코프
옮긴이 장호연
펴낸이 이건복
펴낸곳 동녘사이언스

책임편집 구형민
편집 이지원 김혜윤 홍주은
디자인 김태호
마케팅 임세현
관리 서숙희 이주원

등록 제406-2004-000024호 2004년 10월 21일
주소 (10881) 경기도 파주시 회동길 77-26
전화 영업 031-955-3000 편집 031-955-3005 **전송** 031-955-3009
홈페이지 www.dongnyok.com **전자우편** editor@dongnyok.com
페이스북·인스타그램 @dongnyokpub
인쇄 새한문화사 **라미네이팅** 북웨어 **종이** 한서지업사

ISBN 978-89-90247-85-8 (03490)

• 이 책은 《개와 사람의 행복한 동행을 위한 한 뼘 더 깊은 지식》(동녘사이언스, 2019)의 개정판입니다.
• 잘못 만들어진 책은 바꿔드립니다.
• 책값은 뒤표지에 쓰여 있습니다.

개와 산책하는 방법

Canine Confidential

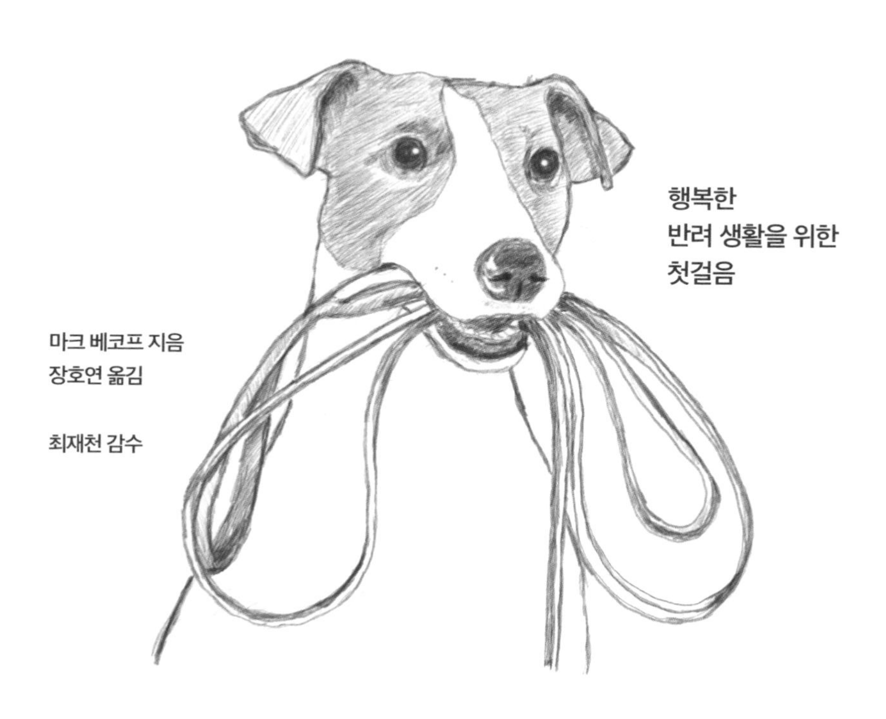

행복한
반려 생활을 위한
첫걸음

마크 베코프 지음
장호연 옮김

최재천 감수

동녘사이언스

추천의 말

개가 우리를 반려자로 삼았다

최재천 (이화여대 에코과학부 교수/생명다양성재단 대표)

나는 이 책의 저자 마크 베코프와 마찬가지로 동물행동학자다. 지금은 어느덧 다섯으로 줄었지만 나는 한때 개를 열 마리나 길렀다. 나보다 개에 대해 훨씬 많이 아는, 나보다 개를 훨씬 더 사랑하는 아내는 내가 우리 개들을 대상으로 섣부른 연구를 실시할까 봐 염려되어 일찌감치 연구 금지 명령을 내렸다. 하지만 동물행동학은 많은 사람들이 생각하는 이른바 침습성 실험invasive experiment을 하지 않고도 너끈히 연구할 수 있는 분야다.

엄마 개와 아빠 개가 다섯 마리씩 두 번에 걸쳐 새끼를 낳았는데 그중 두 마리를 입양시키고 여덟 마리를 끌어안는 바람에 모두 열 마리나 되는 대가족이 되었다. 등은 까맣고 배는 갈색인 닥스훈트 열 마리가 이리 뛰고 저리 뛰는데 도대체 어떻게 구별하느냐고 묻는 사람들도 있다. 아내와 내게는 아무 문제도 되지 않는다. 얼굴과 몸매는 물론 성격도 모두 확연히 다르다. 개성을 영어로 'personality'라고 하는 데에는 인간person만 개성을 지닌다는 전제가 깔려 있다. 그런데 최근 동물행동학에서 가장 뜨거운 연구 주제는 단연 동물의 개성에 대한 연구다. 침팬지의 개성은 말할 나위도 없고 심지어는 진딧물의 개성에 관한 논문도 나온다. 이 책이 주는 가장 중요한 메시지도 바로 "이 세상 모든 개는 다 다르다"이다.

특히 개 연구가 주목받는데 그동안 인간과 가장 가까운 동물로 영장류를 연구했던 학자들 중 상당수가 요즘 들어 개를 연구한다. 이 책이 소개하는 듀크대학교 개 연구자 브라이언 헤어 박사도 그중 한 사람이다. 일반적 지능으로 보면 우리 인간과 거의 99퍼센트 가까이 유전자를 공유하는 침팬지가 인간과 가장 유사한 것이 사실이겠지만 인간과 공감하는 능력은 개가 단연 월등하다. 오랜 세월 인간 곁에서 함께 살며 우리 마음을 읽는 능력이 발달했기 때문이다. 개와 인간은 서로 각별하게 공감한다.

손가락질을 예로 들어보자. 우리는 누군가가 손가락질을 하면 그 손가락이 가리키는 방향으로 눈을 돌린다. 사람들이 주시하는 방향을 따라서 보기도 한다. 개들은 대체로 우리의 시선을 따라가거나 우리가 손가락으로 가리키는 방향으로 쳐다보거나 달려간다. 침팬지는 그저 우리 손가락 끝만 바라볼 뿐이다.

점차 많은 사람들이 지능에는 여러 종류가 있음을 인정하고 있다. 우리의 시선을 따른다고 해서 다짜고짜 개가 침팬지보다 더 똑똑하다고 결론지을 수는 없다. 하지만 개가 침팬지보다 덜 똑똑하다고 말하기도 이젠 어려워졌다. 아주 뭉뚱그리면 IQ는 침팬지가 더 높지만 EQ는 개가 더 탁월하다고 말할 수 있을지 모른다. 바로 이 점이 상당수 '진지한 동물행동학자들'이 최근 개 연구에 뛰어든 이유다.

개의 기원에 관한 연구에서도 최근 우리가 개를 데려다 길들인 게 아니라 개가 우리에게 다가왔다는 새로운 학설이 힘을 얻는다. 늑대들 중에서 특별히 살가운, 즉 공감 능력이 뛰어난 개체들이 먼저 인간이 사는 곳으로 접근해 함께 살았으리란 설명이다. 그러니 개는 늑대와 다르다. 저자도 개는 늑대가 아니라고 강조한다.

이 책의 저자 마크 베코프와 나는 침팬지 연구가 제인 구달 박사님을 통해 한 다리 건너 서로 잘 아는 사이이다. 어쩌다 보니 한 번도 만나지는 못했지만 그는 내가 대구경북과학기술원(DGIST) 이상임 교수와 함께 번역한《제인 구달의 생명 사랑 십계명The Ten Trust》의 공저자이기도 하다. 그는 제인구달연구소 대사로 일하면서 구달 박사와 함께 2000년 '윤리적 동물 관리를 위한 동물행동학자들Ethologists for the Ethical Treatment of Animals'이라는 시민운동 단체를 설립했다. 나도 2012년 구달 박사님과 함께 '생명다양성재단The Biodiversity Foundation'을 설립하고 서울대공원에서 불법 쇼에 동원되던 돌고래 제돌이와 그의 친구 넷을 제주 바다로 돌려보내는 일을 비롯해 다양한 동물보호 운동을 한다.

우리나라도 어느덧 '반려동물 천만 시대', 즉 반려동물을 키우는 인구가 천만에 달하는 시대를 맞았다. 요즘 우리 사회에서 문재인 대통령 다음으로 핫한 사람은 아마 〈세상에 나쁜 개는 없다〉라는 TV 프로그램의 강형욱 훈련사가 아닐까. 오죽하면 '개통령'이란 별명으로 불리겠는가. 아내는 하루 종일 개들을 돌본 다음 TV를 틀고 강형욱 훈련사가 개들을 다루는 모습을 지켜본다. 물론 우리는 TV에서 잘 편집된 결과를 보겠지만 그가 개들의 습성을 바꿔가는 모습을 보면 감탄이 절로 나온다. 강형욱 훈련사가 반려견 심리학자라면 이 책의 저자 베코프는 반려견 행동학자라 할 수 있다. 이 책을 읽은 다음 자연스레 개 행동학자가 되어 끊임없이 개를 관찰하며 "왜?"라고 질문하다 보면 강형욱 훈련사가 하는 일이 훨씬 더 잘 이해될 것이다. 심지어는 새로운 방법을 제안할 수도 있다. 탁월한 개 행동 시민과학자가 되면 자신이 키우는 개는 물론, 날로 늘어나는 주변 개들을 관찰하는 재미 또한 쏠쏠해질 것이다. 저자도 말하듯이 개에 관해선 배워야 할 것이 너무도 많다.

마크 베코프는 동물행동학, 인지과학, 보전생물학 분야에 관한 전문 서적과 교양서를 무려 30권이나 저술한 탁월한 행동생태학자다. 본디 야생동물을 연구하는 학자였지만 이름이 제스로와 제크인 개 두 마리를 기르며 이런 멋진 책을 썼다. 아무 생각 없이 개를 기르지 말고 이 책을 읽으며 과학적으로 개를 관찰하며 길러보라. 내가 기르는 개의 행복에도 분명 도움이 되고 개를 기르는 나의 기쁨도 배가할 것이다. 이 책에 이어 미국 저술가 엘리자베스 마셜 토머스의《인간들이 모르는 개들의 삶The Hidden Life of Dogs》과 스탠리 코렌의《개는 어떻게 말하는가How To Speak Dog》를 함께 읽으면 당신은 어느덧 상당한 개 행동 전문가가 돼 있을 것이다. 훌륭한 반려자가 되리란 말이다.

들어가는 말

개를 돌보는 방법

어느 날 오후, 뉴욕 센트럴파크를 걷다가 걸음을 멈추고 다람쥐들이 노는 광경을 구경할 때였다. 엄마와 산책을 하던 두 사내아이 중 하나가 다가와 "아저씨, 뭐 하세요?" 하고 물었다. 나는 다람쥐들이 장난치는 모습을 본다고 대답했다. 흥미를 보이는 아이의 모습에 곧 나머지 아이도 합세했다. 나는 아이들에게 다람쥐가 개와 함께 포유동물에 속한다는 사실을 알려주고, 개가 노는 모습, 다른 개나 사람들과 어울리는 모습을 잘 관찰하면 개에 대해 많은 것을 알아낼 수 있다고 말했다. 5분도 안 되는 짧은 시간에 두 아이는 동물행동학자가 되는 훈련을 받은 것이다. 신이 나서 걸어가며 엄마에게 "우리 내일 또 와서 다람쥐 봐도 돼요?" 하고 묻는 소리가 내 귀에까지 들려왔다.

기분이 흐뭇해졌고 한편으론 아이들의 호기심을 자극하기란 얼마나 쉬운지 깨닫고는 놀라웠다. 그러면서 부디 아이들이 내일 꼭 다시 와서 다람쥐들을 관찰하고, 집에서도 개를 관찰하기 바랐다.

지난 40년간 동물행동학자이자 애견가로 살아오면서 이 같은 만남을 수없이 경험했다. 그때마다 나는 동물을 관찰했고, 동물에 대한 질문에 대답했으며, 사람들에게 더 면밀히 동물을 관찰하도록 권유했다. 그중에서도 여러 곳에 있는 산책 공원들을 다니며 개들의 자유로운 행동을 그저 지켜보는 일을 가장 자주 했다. 그건 몇십 년간 내 일상의 일부가 되었으며, 그 일을 하며 평생 커다란 고마움을 느꼈다.

카니스 루푸스 파밀리아리스*Canis lupus familiaris*.• 개의 학명이다. 대부분의 전문가들은 다른 학명보다 이 학명을 선호한다. 개는 참으로 매혹적이다. 오래전에 나는 개 산책 공원이야말로 훌륭한 교육의 장임을 깨달았다. 그곳은 개와 인간 모두에 대해 배울 수 있는 금광 같은 장소다. 그곳에 가면 잘못된 믿음이 깨지고 냉담한 마음이 녹는다. 몇 시간이고 상호 행동이 멈출 줄 모른다. 개를 관찰하는 개, 개를 관찰하는 사람, 사람을 관찰하는 개, 자신의 개를 보살피고 함께 놀고 관리하는 모습을 서로 지켜보는 사람들. 한가로이 돌아다니며 개와 개, 개와 사람, 사람과 사람이 어울리는 모습을 보면서 얼마나 많이 배우는지 모른다. 항상 놀랍고 즐거운 경험이었다.

또한 개 산책 공원에서는 흥미진진한 캐릭터들의 향연이 펼쳐진다. 목줄을 잡은 쪽이나 묶인 쪽, 울타리에 가두는 쪽이나 갇힌 쪽 할 것 없이 흥미진진하다. 사람이 무엇을 원하는지, 개가 무엇을 원하는지, 개가 무엇을 알고 있으며 개가 그렇게 행동하는 이유는 무엇인지, 개를 어떻게 돌보고 훈련해야 하는지 끝없는 논쟁이 펼쳐진다. 사람들은 항상 질문하고, 조언하고, 이론을 세우고, 남들의 행동을 판단한다. 사람들은

• 가축화되어 사람과 함께 살아간다는 의미가 반영된 학명. 여기서 개를 가족의 일원으로 보는 저자의 관점을 엿볼 수 있다.

개의 소심함이나 공격성 등 갖가지 문제에 어떻게 대처할지, 왜 자신의 개가 가끔은 자신의 요구를 묵살하는지 알고 싶어 한다. 왜 자신의 개가 고약한 냄새를 풍기는 곳에 몸을 치대고, 거리낌없이 짝짓기를 시도하는지도 알고 싶어 한다. 한마디로 개를 '읽을 줄 아는' 사람이 되고 싶어 한다.

나는 세상에 존재하는 개들의 숫자만큼이나 많은 질문을 받았다. 개의 삶의 질을 어떻게 평가하죠? 개가 아프면 어떻게 알아차려야 하나요? 무조건 "옳지, 착하지"라고 하면 되나요? 개는 왜 땅바닥에 고개를 처박고, 짖고, 흔적을 표시하고, 코를 킁킁대고, 오줌을 싸나요? 개는 왜 뼈다귀 따위를 땅에 파묻으며, 왜 또 그걸 금방 파내나요? 왜 뼈다귀를 양탄자 밑에 숨기고는 마치 보이지 않는 것처럼 행동하나요? 개도 두통을 앓나요? 개에게도 자아 감각이 있나요? 슬픔을 느끼나요? 외상 후 스트레스 장애 같은 정신 질환을 앓기도 하나요? 혹시 몸집이 작아서 콤플렉스를 느끼기도 하나요? 왜 풀을 뜯어 먹죠? 자리에 드러눕거나 응가를 하기 전에는 왜 빙글빙글 도나요? 개가 냄새로 인간의 질병을 알아낼 수 있나요? 개의 코는 어떻게 작동하나요? 개의 지능은 어느 정도인가요? 개는 그저 먹이를 얻으려고 사람을 이용하는 건가요? 사람 말을 알아듣나요? 음악을 좋아하나요? TV를 좋아하나요?

오랜 세월 이런 질문을 받으며 마치 개 산책 공원의 '비밀 상담원'이 된 듯한 느낌을 받았다. 사람들은 "다른 사람들한테는 말하지 마세요" 하면서 마치 나를 절대적으로 신뢰한다는 듯이 자신이 기르는 개, 남의 개, 개 산책 공원을 찾는 남들의 '비밀' 등을 털어놓는다. 나는 공연히 소문에 휘말릴까 봐 그저 듣기만 한다. 그러다 웬만큼 들었다는 생각이 들 때쯤 아무에게도 하지 않았을 법한 진짜 비밀 이야기를 들려준다. 개 산책 공원에서는 항상 놀라운 일들이 차고 넘친다.

실은 개들도 나를 믿고 비밀을 털어놓는 듯한 느낌을 받을 때가 있다. 나는 개 산책 공원을 찾을 때면 가급적 개의 관점에서 보려고 노력한다. 그곳은 사람 공원이 아니라 개 산책 공원이니까. 가끔 개들이 나한테 와서 이렇게 말하는 듯하다.

"제 반려자에게 말 좀 해줄래요? 난 고약한 냄새가 나는 곳에 몸을 치대야 한다고, 여기저기 오줌을 싸야 하고, 거칠게 놀아도 된다고. 내 앞가림은 내가 할 수 있다고 꼭 좀 말해주세요."

사람들이 개의 모든 행동에 어찌나 깊이 관심을 가지는지 개 산책 공원에 나들이를 갈 때면 마치 개에 대한 야외 강좌를 개설한 듯한 기분이 되기도 한다. 도움이 될 만한 글이나 책을 추천하고, 대화 중간중간에 동물 행동의 일반 원칙과 진화생물학, 자연보호에 관한 이야기 등을 곁들인다. 학교 수업 시간보다 개 산책 공원에서 생물학과 동물 행동에 대해 더 많이 배웠다고 농담을 하는 사람도 있었다. 가끔은 다섯 명, 열 명 정도가 모여 몇 시간이고 개와 코요테, 늑대에 대해 여러 관점에서 토론하기도 했다.

이런 만남들을 통해 나는 개를 주제로 한 간단하면서도 명쾌한 책이 필요하다는 생각을 했다. 그 책에 개의 행동, 개의 인지적·감정적·도덕적 삶, 개와 개, 개와 사람의 상호 행동, 가정과 사회에서 개를 가장 잘 돌보기 위한 방법을 담자. 이 책은 바로 그런 목적을 위해 쓰였다. 이 책에서 나는 앞서 열거한 질문들에 대답하려고 노력했다. 물론 내가 아직 답을 알지 못하는 질문들도 많다. 나의 궁극적 바람은 독자들이 개와 개, 개와 사람 사이에서 지속적·긍정적이며, 서로 배려하는 관계를 발전시키고 유지하는 데 도움을 주는 것이다. 평화로운 공존은 모두에게 축복이며, 따라서 우리는 개들이 평화롭고 안전하게 살아가도록 최선을 다해야 한다.

지금까지 개와 개의 야생 친척들을 40년 넘게 연구해왔다. 그런데 어떻게 보면 세 살 무렵부터 이 책을 써왔다고 할 수 있다. 부모님 말씀으로는 내가 어릴 적부터 인간보다 인간 아닌 존재들과 더 잘 소통했다고 한다. 나는 끊임없이 동물들의 생각과 감정에 대해 질문했다. 작은 수조에 사는 금붕어와 이야기하고, 그 작은 머릿속에서 무슨 일이 벌어지는지 궁금해했다. 작은 어항에 갇혀 끝없이 제자리를 맴돌듯 헤엄치는 상황을 금붕어는 어떻게 느낄까? 부모님은 내가 "동물들을 염려했다"고 말씀하신다. 실제로 나는 늘 걱정스러운 마음으로 그들을 보살폈으며, 그들이 능동적 마음을 갖지 않았다고 생각한 적이 한 번도 없다. 나는 늘 동물들에게도 마음이 있으며, 그들의 감정을 느낄 수 있다고 믿었다.

그때 이후로 개 산책 공원을 포함해 실로 다양한 환경과 서식지를 찾아가 개들을 연구했고, 이 매혹적 동물의 행동에 대해 많이 배웠다. 거의 모든 상황에서 개들을 연구했는데, 그 대상에는 나와 한집에 사는 친숙한 개들은 물론 전혀 모르는 개들, 심지어 떠돌이 개들까지 망라되었다. 또한 같은 카니스 속屬에 속하는 코요테와 늑대 등도 연구했으므로 각 종들의 유사점과 차이점을 쉽게 이야기하게 되었다. 말이 나온 김에 한 가지 말하자면, 개는 늑대가 아니며, 코요테나 딩고[•]도 아니다. 개는 개다. 개는 있는 그대로 보아야 하며, 보고 싶은 대로 보아서는 안 된다.

개 산책 공원에서도 개들이 온전히 자유롭게 그들 자신의 모습으로 있을 수 없는 게 당연한 현실이다. 목줄에 묶여 있지 않을 때도 마찬가지다. 그들을 데려온 인간이 항상 옆에서 지켜보고 지적하며, 가르치고 바로잡고 통제하려 한다. 개 산책 공원에서는 개라는 종 못지않게 개와 인간의 관계 그리고 사람들에 대해서도 많은 것을 배운다. 사람들이 개와 산책하고 개를 돌보는 것을 구경하다 보면 때때로 그들이 개를 이리저리 홱홱 잡아당기는 모습을, 하루 종일 집 안에 갇혀 있다가 겨우 잠깐 바람을 쐬는 개를 급하게 몰아대는 모습을 본다. 자신들 삶속으로 들여온 이 존재에 대해 사람들이 정말 너무 모른다는 생각이 든다. 심지어 개가 좋은 삶을 누리려면 꼭 필요한 최소한의 것이 무언지 모르는 사람들도 있다.

이것이 바로 항상 자신의 동물을 관찰하고, 동물행동학자처럼 의문을 가지며 배우고 행동하라고 권하는 이유다. 앞으로 보겠지만 모든 개가 다 똑같은 개인 양 일반화해서 말한다면 잘못된 행동이다. 개들은 똑같지 않다. 개도 사람처럼 저마다 개성이 있으므로 개를 돌보는 법을 배우려면 자신의 개에게 신경을 쓰고, 자신의 개가 무엇을 좋아하고 싫어

• 오스트레일리아와 동남아시아에 서식하는 야생화된 개.

하는지 파악해야 한다.

이 책의 또 하나의 목표는 책을 읽은 독자들이 '동물행동학자'나 '시민과학자'가 되게 하는 것이다. 이 책에 평범한 사람들이 반려견의 행동을 묘사한 이야기들이 많은 것도 그런 이유다. 이 책에는 이야기와 과학이 결합되어 있다. 나는 이야기와 과학 모두를 사랑하며, 둘은 서로에게 도움이 될 수 있다. 일상적 질문과 관찰이 엄정하고 중요한 과학 연구에 영감을 주는 경우도 많다. 우리에겐 우리 삶에 큰 영향을 미치는 질문들에 대한 대답이 필요하기 때문이다. 개는 이미 우리 일상의 커다란 일부가 되었다. 시민과학은 이따금, 실제로 개라는 종에 대한 우리의 지식을 넓혀준다. 그보다 더 중요한 것은 그것이 반려동물과 함께하는 자신의 삶을 더 멋지게 만든다는 점이다.

우리는 개에 대해 많은 것을 안다. 그런데 이 책을 읽는 독자들은 개의 행동에 대해 절대 진리로 여기는 많은 것들이 경험적 연구와 일치하지 않는다는 사실을 알게 될 것이다. 개는 눕기 전에 항상 빙글빙글 돌지는 않는다. 풀을 뜯어 먹는 것이 항상 토하기 위해서는 아니다. 오줌을 싸는 것이 항상 흔적을 표시하기 위한 행동은 아니다. 짝짓기가 항상 새끼를 갖기 위한 것은 아니다(암컷은 그렇다). 개들의 사회에서 서열은 분명히 존재하고 잘 작동하지만, 그렇다고 줄다리기를 하며 노는 것이 항상 공격성이나 지위를 과시하기 위해서는 아니다. 개를 **그들 방식대로** 껴안아도 괜찮다. 개는 하루 종일 자진 않는다(12~14시간 잔다). 그리고 우리는 개가 기쁨과 슬픔을 느낀다는 건 알지만, 부끄러움이나 죄책감 같은 감정을 경험하는지는 알지 못한다. 먹이로 개를 훈련하면 개가 여러분을 이용하고 여러분을 사랑하지 않게 된다는 것은 잘못된 믿음이다.

이 놀라운 존재에 대해 아직도 알아야 할 점이 많다는 사실이 너무도 흥미롭다. 나는 개의 행동 진화와 관련된 일반적 원칙들에 대해 많은 질문을 제기하기도 하지만 개의 행동이 얼마나 다양한지 강조하기도 한다. 우리는 아직도 개가 어딘가에 갈 때마다 왜 코를 처박는지, 왜 놀고, 짖고, 울부짖고, 오줌을 누고, 똥을 먹는지 알아내려 애쓰는 중이다. 더욱 고상한 질문들, 예컨대 개에게 다른 존재를 이해하는 마음이 있는지, 질투심을 느끼는지, 자아 인식 능력이 있는지 등은 말할 것도 없다.

다양한 배경을 가진 온갖 사람이 개에 관심을 갖고 매료된다. 따라서 나는 폭넓은 독자층이 이 책을 읽을 수 있도록 썼다. 사실상 개 산책 공원에서 만나는 모든 사람, 살아가면서 마주치는 학자, 직업적 개 전문가들, 헌신적 애견인들, 반려견을 기르는 평범한 사람들이라면 누구나 이 책을 읽으면 좋다. 자신의 개에게 최고의 삶을 주고자 노력한다는 점이 그들의 공통분모다. 그리고 그중 많은 사람이 개의 행동에 대해 진심으로 알고 싶어 한다. 아울러 나는 내가 사람들과 나눈 대화가 이 책에 반영되기를 희망한다. 개인적으로 가볍게 자주 나누는 대화라 해도 가급적 상세하고 중요하고 증거에 입각한 것들을 반영하고자 했다. 주장을 입증할 만큼 충분한 자료가 아직 없는 지점, 추가 연구가 필요한 지점을 드러내는 것도 중요하다. 개를 더 잘 돌보기 위해, 개를 훈련하기 위해, 내가 좋아하는 표현으로는 개를 '교육'하기 위해서는 우리가 개의 행동에 대해 아는 지식을 적극적으로 활용해야 한다. 인간 중심 세상에

제크와 함께. 나는 콜로라도주 볼더 외곽 산악지대에 자리 잡은 집에서 제크와 친구들이 즐겁게 뛰노는 모습을 시간 가는 줄 모르고 지켜보곤 했다.

서 우리가 원하는 바를 개에게 강요하기 위해 잔인하고 폭력적 방법을 사용한다면 옳지 않다.

궁극적으로 나는 나 자신이 '개 산책 공원의 자연학자'인 사실을 정말 행운이라 생각하며, 다른 사람들도 그렇게 되기를 희망한다. 나는 많은 시간을 개에 대해 읽고 쓰며, 개와 함께 보낸다. 개를 비롯한 여타 동물들 머리와 가슴에서 무슨 일이 벌어지는지는 늘 풀리지 않은 수수께끼로 남겠지만, 우리는 그들이 무엇을 생각하고 느끼는지 이미 꽤 많이 안다. 그들을 잘 보살피는 것은 상식의 문제이기도 하다.

준비가 되었다면 이제 본격적으로 개들을 만나보자.

차례

8장 개의 목줄을 다루는 방법

9장 개와 함께 사는 방법

1장

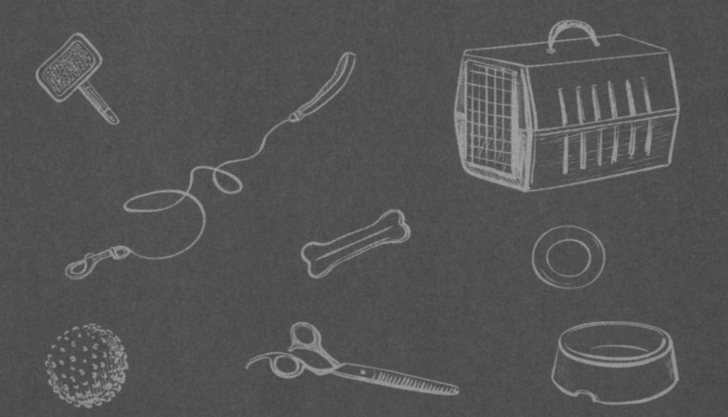

개에게 마음 쓰는 방법

버니와 베아트리체는 볼더의 동네 개 산책 공원에서 '엉덩이'로 통하는데, 왜 그런지는 딱 보면 안다. 이 녀석들은 낯선 개든 잘 아는 개든 가리지 않고 만나기만 하면 즉시 엉덩이를 향해 돌진한다. 심지어 인간에게도. 또 '사타구니'로 불리는 거스와 그레타는 개든 사람이든 가리지 않고 달려가 사타구니에 코를 들이밀고는 뻔뻔하게 킁킁거리며 냄새를 맡는다. 나는 한 차례 이상 "윽!" 소리가 날 만큼 이 호기심 많은 코에 세게 들이박힌 적이 있다.

'똥 먹는 개' 새시는, 그의 반려자에 따르면 똥에 대한 채워지지 않는 갈망이 있는 듯하다. '혓바닥' 태미와 '핥는 개' 루이는 긴 혀를 쑥 내민 채 침을 질질 흘리며 사람들에게 다가간다.

해리와 헬렌은 짝짓기를 너무 좋아해서 다른 개들을 보면 주저 없이 달려들어 아무 곳이나 되는대로 바로 올라타는데, 때로는 거의 아크로바트를 하는 자세로 태연히 교미를 한다. 녀석들은 한 차례 이상 내 다리를 교미 대상으로 삼아 올라타고는 미친 듯이 엉덩이를 들이댔다. 헬렌의 반려자는 난감해하며 "맙소사, 이 짓을 막으려고 거세까지 했는데도 소용이 없네요"라고 자주 말하곤 했다. 나는 때로 애정을 담아 ADD 개(주의력결핍장애 개)라고 부르는 경우가 있는데 헬렌은 그 좋은 사례다.

몇 년 전에는 '뽀뽀쟁이' 피터를 만났다. 녀석이 어떤 행동을 하는지는 굳이 설명하지 않아도 알 것이다. 그런데 그의 반려자는 조금도 제지할 생각이 없었다. 좀 말려달라고 하니 오히려 "왜요, 걔가 좋아하는 행동인데? 거참"이라고 대답했다. 물론 사타구니에 돌진하고, 무차별적으로 짝짓기를 하거나 뽀뽀를 하는 행동들은 왜 개들이 이런 거리낌없는 행동을 하는지, 그리고 인간이 이런 행동을 제지할지, 말지에 대한 수많은 유용한 질문과 대화로 이어진다.

나는 개 산책 공원에서 만나는 개들(나와 한집에 사는 개들은 물론이고)에게 별명 지어주길 즐기는데 대개 특정한 신체 부위를 이용해 별명을 붙인다. 개의 행동은 엉덩이·코·입·혀·다리·사타구니 같은 신체 부위를 중심으로 이루어질 때가 많기 때문이다. 개는 다른 개나 인간에게 참으로 다양한 행동을 한다. 눈 맞추기는 물론이고 코와 코, 코와 엉덩이, 코와 사타구니의 접촉도 자주 시도한다. 또 알다시피 개는 온갖 곳을 들쑤시고 다니며 킁킁거리고 냄새를 맡는다. 개의 관점에서 보면 이렇게 코가 이끄는 대로 개 산책 공원을 돌아다니는 것이 실은 이야기와 정보를 모으는 방편이다.

인간이 눈살을 찌푸리거나 역겹게 여길 만한 것을 좋아한다고 해서 개를 향한 우리의 호감이 줄어들지는 않는다. 일례로 '방귀쟁이' 프레디와 '항문샘 노출자' 에이브는 방귀와 지독한 냄새를 공유하는 것보다 더 즐거운 일은 없다고 여기는 듯하다. 그래서 프레디는 아무 때나 방귀를 뀌어대고, 에이브는 항문샘에서 나오는 분비물을 사람 다리에까지 내뿜곤 한다. 사람들이 깔깔거리고 웃으면 개들은 그 짓을 계속하라는 신호로 받아들이는지 더 많은 사람들에게 코를 박고, 사람들 입속에 혀를 밀어 넣어 구역질을 유발하고, 여기저기 방귀를 뀌어대고, 사람 얼굴에 엉덩이를 들이댄다. 한번은 개 산책 공원에서 한 남자가 옆에 다가와 목소리를 낮추고 루시퍼라는 개에 대해 이야기했다. 루시퍼는 입 냄새가 아주 고약했는데 루시퍼의 반려자가 "그 사실을 모르며, 루시퍼가 '구취'가 나는 병에 걸려 입에서 항문처럼 악취가 나는 것"이라고 했다. 그는 "그녀가 이 사실을 알아야 이 공원에 오는 사람들 모두 편해질 텐데" 하고 덧붙였다.

개의 입 냄새와 관련하여 개 훈련사인 내 친구 킴벌리 너퍼는 자신이 '혀 악취 증후군'이라고 부르는 증상에 대해 말한 적이 있다.

> 젤다를 입양한 건 오로라 동물보호소에서였어. 그곳 접견실에서 처음 만나자마자 젤다는 내 무릎에 폴짝 뛰어올랐고, 보호소 우리 안으로 다시 들여보내자 울더군. 집에 데려온 뒤 일주일간은 목욕을 시키지 못했어. 난소 적출 수술로 인한 상처가 아직 아물지 않은 상태였거든. 보호소에서도 오로라 거리를 돌아다니던 젤다를 데려온 뒤 한 번도 목욕을 시키지 못했대. 그렇지만 쓰레기통을 뒤지던 떠돌이 개의 냄새도 새 강아지와 친해지고 싶은 마음에 걸림돌이 되지는 못했어. 그래서 침대 옆에 눕히고 끊임없이 끌어안았지. 마침내 상처가 다 아물었고 고대하던 목욕을 시켰어. 새 가족이 된 녀석과 친해지면서는 더 자주 끌어안았어.
>
> 하지만 라벤더향 비누로 목욕을 시키고 곱슬곱슬한 회색빛 털을

손질해도 냄새가 영 가시질 않더군. 알고 보니 구취였어! 마치 죽은 동물 사체 냄새 같았지. 그런데 이빨은 백옥처럼 깨끗했어. 여기저기 충치가 생기고 흰곰팡이가 슬어 있는 누런 이빨과는 거리가 멀었어. 또 혀도 탄력 있고 부드러운 분홍빛이었고. 아무한테나 당장 뽀뽀를 해도 하나도 문제없을 정도였지. 그래도 혹시나 싶어 수의사에게 데려가 치아를 세정했는데, 특별히 뽑아내야 할 이빨도 없었고, 모든 것이 양호했어. 그러나 효과는 딱 하루뿐이었어. 이튿날이 되자 예전과 똑같은 입 냄새가 났어.

녀석이 우리 집에 온 지 벌써 10년째야. 그런데도 동물 사체 같은 입 냄새는 여전해. 아무리 열심히 이빨을 닦아주고, 목욕을 시키고, 비싼 유기농 음식을 먹이고, 입 냄새 제거 껌을 씹게 해도 소용이 없어. 가끔 살짝 좋아지거나 나빠질 때가 있지만, 냄새가 없어지지는 않아. 도대체 어떻게 된 영문인지 모르겠어. 우린 녀석의 이 증상에 '혀 악취 증후군'이라는 이름을 붙였어. 녀석이 뽀뽀하려고 다가올 때 나도 모르게 움찔하는데, 그러면 녀석이 창피해할 수도 있잖아. 이런 이름이라도 붙이면 그런 일을 좀 줄일까 하는 생각에서였지.

젤다는 정말 사람을 잘 따르는 사랑스러운 개야. 젤다와 놀았던 사람들은 누구나 무릎에 폴짝 뛰어올라 안기는 이 녀석을 자기 집으로 데려가고 싶어 할 정도지. 그러니까 내 말의 요점은, 누구에게나 결점이 있는데 그 결점이야말로 우리를 유일무이하고 사랑스러운 존재로 만든다는 거야. 우리는 대개 이런 결점을 고치려고 애쓰지만 때로는 그대로 받아들이는 것이 유일한 해결책일 수도 있어. 고마워,

젤다. 너의 혀 악취 증후군이 이런 평생의 교훈을 깨우쳐주었어.

얼마 뒤 킴벌리의 남편 켄 로드리게즈는 젤다가 받아 적으라고 했다면서 이런 메일을 보냈다.

매년 몇천 마리나 되는 개들이 혀 악취 증후군에 감염되지. 어떤 개들은 반려자에게 창피를 당하고, 어떤 개들은 돌팔이에게 치료를 받아. 그리고 아무런 치료도 받지 못한 채 마음이라도 편해지려고 도망쳐 나와 혼자 위험한 삶을 꾸려가는 개도 있어. 그러나 현재로서는 최고의 처방이 연민이야. 저 젤다 같은 상황에 처한 개들이 침묵 속에 고통받는다는 사실을 모두 알아주었으면 해.

개와의 사이에서 생기는 우리의 '문제'는 말 그대로 **우리의** 문제일 때가 있다. 그 경우 킴벌리와 켄이 연민을 갖고 말한 대로 받아들이는 것 말고는 해결책이 없다. 가끔은 개가 고개를 돌리고 숨을 쉬거나 트림을 했으면 하고 바랄 때가 있다. 말 그대로 까무러칠 정도로 입 냄새가 심한 개들이 있는데, 놀라운 건 개들끼리는 그렇게 느끼지 않는다는 점이다. 오히려 개들은 킁킁거리며 다른 개의 입 냄새를 즐기고, 때로는 흘러내리는 침을 맛보며 환장을 한다. 개들이 왜 그러는지 정확하게 알지 못하지만, 아마도 정보를 모으는 중일 것이다. 다른 개체와 그렇게 가까이하는 것이 그들로서는 유대감 형성을 위한 사회적 행위일 수도 있다. 냄새나는 장소와 은밀한 신체 부위는 우리 인간들로서는 불편하겠지만 개의 세계에서는 대단히 중요한 역할을 할 수 있는 것이다.

사람들은 항상 개들이 왜 그런 곳에 코를 들이대는지 묻는다. 마치 이유를 알면 막을 방법을 찾아내겠다는 듯이. 개들은 정말, 인간으로서는 상상도 할 수 없는 곳에 코를 들이댄다. 인간은 친구에게든 처음 보는 사람에게든 절대로 곧바로 입을 핥거나, 코를 맞대고 숨을 들이마시거나, 생식기 냄새를 맡는 식으로 인사하지는 않는다. 완벽하게 정상적인 개의 행동이 개와 인간 사이에서는 털끝만큼도 용인되지 못할 행동일 수도 있다. 사실 개들은 인간의 규범에 딱히 관심도 없다. 개의 탐구 방식에 상당히 개방적인 한 여성은 내게 이렇게 말하기도 했다.

"알아내고 활용하기."

바로 그거다.

개들에 대해 알고 싶다면, 개들과 더불어 살고 사랑하고 싶다면, 신체 부위를 중심으로 다가가는 개의 해부학적 방식에 적응해야 한다. 그것이 개의 마음, 감각기관, 가슴속에 들어갈 유일한 통로다. 개의 인지적·감정적·도덕적 삶의 모든 것이 해부학을 바탕으로 하지는 않지만, 신체 부위가 동반되지 않고 일어나는 일은 거의 없다.

많은 면에서 나는 스스로를 개에 관한 비밀 상담원일 뿐만 아니라 편견 파괴자라고 생각한다. 개를 처음 키우는 사람이든 평생 키워온 사람이든 내 친구이자 개 훈련사 킴벌리 벡이 '초심자의 마음'이라고 부르는 것에서 많은 도움을 받을 수 있다. 킴벌리는 '캐이나인 이펙트Canine Effect'라는 단체를 만들었는데, 이 단체는 개와 인간의 관계를 똑바로 바라보는 것이 얼마나 중요한지 역설한다.

'초심자의 마음'을 갖는다는 것은 아무것도 미리 가정하지 않고 시간을 들여 **바로 지금 여기 있는 이 개별적 개**와 관계를 맺고 그 개에 대해 알아간다는 뜻이다. 잘못된 믿음은 개들에 해를 끼치고, 개와 인간의 관계에도 해를 끼친다. 개에 대해, 또 개와 인간의 관계에 대해 아는 바에 세심한 주의를 기울이면 모두에게 이롭다.

개와 함께 살기로 한 여러분의 선택은 즐거워야 한다. 수많은 인간 이외의 동물들처럼 개 역시 풍부하고 깊은 감정을 경험하며, 재치 있고 똑똑하고 때로는 변덕을 부리기도 한다. 그러니 이렇게 하기가 말처럼 쉽지 않을 수도 있다. 가끔 시끄럽고 냄새나고 짜증도 나겠지만, 그럼에도 기본적으로는 개와 함께 지내는 삶이 즐거워야 한다. 개와 함께 지내다 보면 개들 하나하나가 개별적인 존재라는 사실을 수시로 깨닫게 된다. 개에 대해 규명하고, 개의 행동을 설명하는 수많은 책과 논문, 대중 에세이들이 쏟아져 나오는 것으로 미루어보아 이 매혹적 존재들을 이해하고자 하는 관심이 전 세계에 폭넓게 존재하는 것 또한 분명하다.

개는 누구인가?

가축화된 개는 매혹적 포유동물이다. 인간은 자신이 상상한 이미지에 맞추어, 다시 말해서 자신이 좋아하거나 유용하다고 여기는 형질을 선택하는 방식으로 개를 창조했다. 이 과정에서 때로는 개의 건강과 수명이 희생되기도 했다. 너무나 당연한 말이지만 개들마다 크기·생김새·체구·색깔·털·행동·성격이 대단히 다양하다. 그토록 다양한 모습으로 우리 삶에 일상적으로 존재하는 탓에 개는 진화론·생물학·동물행동학 연구, 특히 놀이·지배·여러 유형의 소통·사회조직과 연관된 사회적 행동 연구에 좋은 주제가 되어준다.

흥미롭게도 오랫동안 '진지한 과학자들'은 개에 대한 연구를 아예 그럴 만한 가치가 없는 일로 치부했다. 개를 '인공물,' 즉 인간에 의한 유전공학의 산물로 여겼기 때문이다. 확실히 개는 자연적으로 진화한 존재가 아니라 인간의 바람과 상상을 바탕으로, 인간에 의해 지금 같은 모습으로 만들어졌다. 그래서 수의사들과 유전학자들 말고는 동물 행동에 관심 있는 진지한 연구자들이 개를 연구하지 않았던 것이다. 그러나 이제 상황이 바뀌어 수많은 유명 대학교에서 개에 대해 실로 다양한 연구들을 진행한다. 다음 그래프는 지난 30년간 개 행동 연구가 꾸준히 증가했으며, 특히 1995년을 기점으로 급격하게 증가하는 추세를 보여준다.

그런데 개 산책 공원 방문자들이 하는 이야기를 가만히 들어보면 가축화와 사회화의 차이를 혼동하는 사람들이 꽤 많은 듯하다. 개는 늑대에서 진화한 새로운 가축 종이다. 그러니 모든 개는 개로 태어난다. 가끔 집에서 늑대를 기르는 사람이 "우리 집에는 길들인 늑대가 살아요"라고들 하는데 잘못된 말이다. '길들여지다'는 말은 '가축화되다'라는 뜻인데, 이 '길들인 늑대'가 낳은 새끼는 늑대, 즉 야생동물이지 가축화된 동물이 아니기 때문이다. 길들인 늑대는 가축화된 늑대가 아니라 **사회화**가 된 늑대일 뿐이다. 개가 바로 '가축화된 늑대'이다.

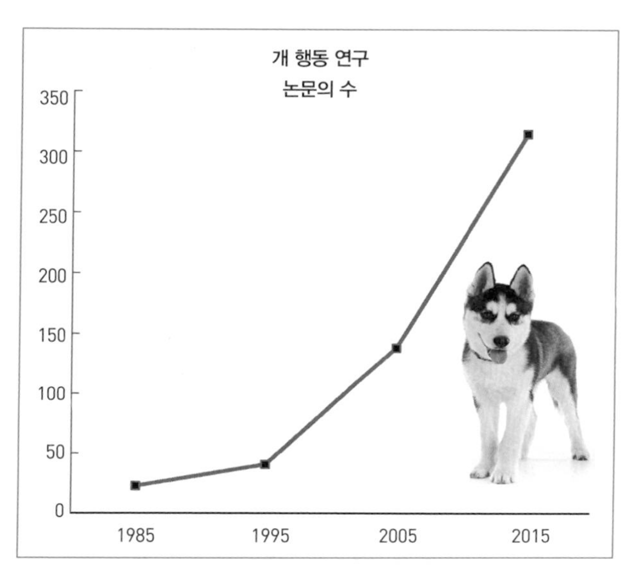

지난 30년간 개 행동 연구가 증가했음을 보여주는 그래프.

이 소단원의 제목처럼 이 책에서는 개가 **무엇**인가가 아니라 '개가 **누구**인가'라는 질문에 답하려고 한다. 개는 끊임없이 자신들을 예측 가능한 자극-반응 기계로 규정하려는 시도를 좌절시킨다. 노벨상 수상자인 러시아 생리학자 이반 파블로프는 개 연구를 통해 분명 학습 이론에 크나큰 기여를 했지만 개가 자동 장치라고 증명하지는 못했다. 개가 생각없는 기계도, 내장된 행동 패턴에만 의존하는 '본능 덩어리'에 불과한 존재도 아니라는 사실은 진화론, 상세한 과학 자료, 상식으로 확인된다. 개는 다양한 상황을 판단하고, 인간과 유사하게 다양한 감정을 경험하는, 똑똑하고 생각하고(지적이고sapient) 느끼는(감응하는sentient) 존재다. 개는 자신이 어떤 행동을 할지 상시적으로 결정해서 하지 '아무 이유 없이' 하지 않는다. 실제로 오늘날 성공적 개 훈련(교육) 방법들은 모두 개의 풍부하고 깊은 머리와 가슴을 바탕으로 한다. 개는 우리 인간처럼 포유동물이며, 이 사실을 받아들임으로써 그들에 대해 많은 것을 알 수 있다.

과학 연구는 개, 어류, 곤충을 포함한 무수히 많은 동물이 지적이고 감정적 존재임을 보여주었다. 이 책 전체, 특히 6장과 7장에서 개의 머리와 가슴에 담긴 비밀과 수수께끼들을 살펴볼 것이다. 그들이 생각하고 느낄 줄 안다는 데는 의심의 여지가 없다. 과학 연구가 이를 뒷받침하며, 개를 돌보는 방식에 이런 지식들을 적극적으로 적용할 필요가 있다. 물론 굳이 개와 여타 동물의 정신적 삶이 실제보다 더 똑똑하게 보이도록 꾸밀 필요는 없다. 그러나 자료를 바탕으로 개를 비롯한 여러 동물에 대한 관심과 연민을 유도하는 것이 결코 '본말이 전도된' 어리석은 행위는 아닐 것이다.

아직도 개들이 진정 무엇을 원하는지, 개들에게 무엇이 필요한지 우리가 모른다고 주장하는 사람들이 존재한다(다행히 줄어드는 중이다). 나는 이들에게 항상 "그렇지 않아요. 우리는 알고 있어요"라고 반박한다. 개들도 우리가 원하는 것을 원하고, 필요로 하는 것을 필요로 하기 때문이다. 그것은 바로 평화와 안전, 즉 다른 존재들과의 조화로운 공존이다.

이 책에서는 현재 진행되는 연구를 바탕으로 개들에 대해 이미 알려진 지식의 여러 측면을 하나하나 살펴볼 생각이며, 그때마다 더 많은 정보가 필요한 지점들을 언급하려고 한다. 다만 가독성을 높이기 위해 참고 자료를 후주로 처리했으니 필요하면 찾아보기 바란다. 개에 대한 이해와 공감을 위해 사용할 수 있다면 활용 가능한 증거를 이용하는 건 지극히 당연한 일이다. 이 책에서 나는 과학 연구, 에세이, 책 등을 폭넓게 인용해 공정하게 개의 관점을 대변하고자 한다.

또한 이 책에는 과학자들과 일반인들이 들려준 수많은 이야기들이 포함되어 있다. 과학 저술가 프레드 피어스는 "세상을 바꾸려면 과학자들이 이야기꾼이 되어야 한다"고 했다. 이 말에 전적으로 동의한다. 일반인들은 학자들이 연구하는 내용을 접근이 쉬운 말로 설명하면 훨씬 더 잘 이해한다. 가슴에 닿는 이야기가 효과적인 법이다.

훌륭한 이야기들은 미처 몰랐던 지점들을 들춰내고, 사회적 통념, 부적절한 가정, 독단적 확신에 의문을 품게 한다. 우리가 개의 행동, 개의 생각과 감정, 개의 욕망과 필요에 대해 제법 많이 안다고는 해도 아직 짐작조차 못하는 것들도 많다. 모든 걸 아는 체하는 대중 서적에서 주장하는 것과 달리 실은 데이터베이스 곳곳에 구멍이 뻥뻥 뚫려 있다.

당장 할일은 이 매혹적 동물을 그들의 관점에서 이해하고 공감하는 것, 이미 아는 지식을 그들에게 도움이 되도록 활용하는 것이다. 피도에겐 통해도 애니에겐 통하지 않을 수 있고, 애니에게 옳다고 해서 플루토에게도 옳다는 보장이 없다. 집에서 함께 지내는 많은 개들을 보면 꼬리 하나에 귀 둘, 눈 둘, 코 하나, 입 하나, 탐욕스러운 식성 말고 개의 보편적 특성이라고 할 만한 게 거의 없다.

그러니 '개에 대한 신화'를 조심하라.

그냥 개가 아닌, 나의 개 또는 당신의 개

이 책에서 시종일관 반복하는 주요 메시지들 가운데 하나는, 개 일반에 대한 언급은 오해로 이어질 가능성이 극도로 높다는 점이다. 개는 놀라우리만치 변동성이 크다. 같은 품종은 물론 한배에서 태어난 동기들 간에도 서로 전혀 다른 개성이 있다. 또한 '좋은 개'와 '나쁜 개'의 구별도 피할 참이다. 대개 그런 식의 딱지 붙이기는 (사람의 경우도 마찬가지겠지만) 맥락에 따른 문제일 때가 많다. 그런 구별은 인간의 판단에 따르며, 기준 또한 사람마다 다르기 마련이다. 동일한 개가 전형적인 '좋은' 행동과 전형적인 '나쁜' 행동을 모두 다 하는 것도 자주 본다. 그러므로 그런 식의 딱지 붙이기는 나에게도, 개에게도 무의미하다.

개들이 인간에게 애착을 보이는 정도는 천차만별이다. 충격적으로 받아들일 사람도 있겠지만 사실 모든 개가 인간의 가장 좋은 친구도 아니고 인간에게 무조건 사랑을 주지도 않는다. 물론 개는 우리를 사랑하고, 우리와 놀고, 너무 웃어서 눈물이 날 정도로 우리를 즐겁게 할 수 있다. 그러려면 개의 관점에서 필요와 조건이 충족되어야 하는데 그건 꽤 어려운 과제일지도 모른다. 개 훈련 산업이 성장하는 건 바로 그러한 이유 때문이다.

게다가 개들도 우리 인간들처럼 컨디션이 좋지 않아서 행동으로 나타나는 날이 있다. 채기라는 이름의 개가 기억난다. 잘 아는 개인데 그날따라 그답지 않게 행동했다. 평소처럼 활기차게 뛰어다니지 않았고 축 처지고 지쳐 보였다. 알고 보니 떨어지는 다리미에 머리를 부딪쳤다고 했다. 머리가 아프거나 경미한 뇌진탕을 입은 것 같다고 반려자가 말했다. 며칠이 지나서야 채기는 야단스럽고 활기찬 본래 모습으로 돌아왔다.

언젠가 나의 반려견들 가운데 한 녀석이 한참 뜀박질을 하고 나서 얼음이 든 차가운 물을 급하게 잔뜩 들이켠 적이 있다. 녀석은 그러고 나서 눈을 찡그리고 뭘 털어내려는 것처럼 격렬하게 좌우로 머리를 흔들어댔다. 아마 머리가 시렸으리라. 녀석은 그런 뒤에 한동안 신경이 날카로워져서 성질을 부렸다. 자전거를 오래 탄 뒤 아이스티를 급하게 마시면 내게도 비슷한 증상이 나타난다.

오랫동안 연구자들은 물론 일반인도 내게, 개의 인지 능력에 대해 우리가 무엇을 알고 무엇을 모르는지 정리한 신뢰할 만한 자료가 있냐며 수없이 전화나 메일 문의를 해왔다. 개는 인간이 손가락으로 가리키는 곳을 따라갈 수 있는가, 인간의 시선을 따라갈 수 있는가, 품종들 간에 인지 능력에 차이가 있는가, 늑대와 인지 능력에 차이가 있는가 등등의 질문이었다.

나는 현재 진행되는 연구를 토대로 이런 질문들에 답하려고 노력한다. 하지만 실험에 동원된 개의 숫자 · 성별 · 나이 · 배경 · 실험 종류 · 실험 장소 등 결과에 영향을 미칠 수많은 변수에 대한 엄밀한 진술이 없는 상태에서 정확히 답하기는 어렵다. 에밀리 브레이 연구팀은, 개의 기질이 '각성 수준의 차이'라는 형태로 문제 해결을 위한 개의 인지 수행력에 영향을 미친다는 사실을 알아냈다. 그들은 반려견과 사역견•은 차이가 있음을 알아냈고, 아울러 실험자들이 개의 각성 수준을 조작할 수 있다는 사실도 밝혔다. 문제 해결력 테스트에서 반려견은 각성 수준이 높아지자 수행력이 하락한 반면, 사역견은 각성 수준이 높아지자 수행력도 향상되었다. 그러므로 개 일반에 대해 실제 아는 사실을 지나치게 단순화하는 건 경계해야 한다. 연구자들과 그들의 연구를 깎아내리려는 것이 아니다. 오히려 이 놀라운 사실은 개의 인지 능력, 감정, 행동에 대한 연구를 한층 더 흥미롭고 매혹적으로 만든다.

2016년 10월, 아는 개 전문가에게 편지를 받았다. 그는 물었다.

"도대체 이런 테스트에 어떤 개들이 동원되죠?"

그는 연구에서 모든 개를 똑같이 취급하는 경우가 흔하다는 사실을 지적한 것이다. 실제로 똑같은 개는 없다. 모든 개, 대부분의 개, 또는 많은 개들이 이렇다 저렇다라고 말하거나, 개와 늑대는 이런 점에서는 비슷하고 저런 점에서는 다르다고 무 자르듯 딱 잘라 말하기란 불가능하다. 내가 보기에 개 산책 공원에 나오는 사람들은 대부분 이 사실을 이미 아는 듯하다. 아마도 그들의 개가 세상에 하나뿐인 개로서 행동하기 때문이리라!

그러므로 사람들이 개 일반에 대해 물어오면 그런 건 없다고 대답한다. 별도로 진행된 여러 실험실과 현장 연구들은 개들 사이에 믿을 수 없을 만큼 커다란 종種 변동성이 존재함을 일관되게 보여준다. 캐나다 뉴펀들랜드주 세인트존스에 있는 쿼디 비디 개 산책 공원에서 개 행동을 연구한 멜리사 하우즈의 석사학위 논문은 이후 같은 공원에서의 연

• 개의 특정한 능력을 활용해 인간이 부리는 개. 목양견 · 경찰견 · 마약 탐지견 · 구조견 등.

구를 포함해 개 산책 공원에서 행한 개 연구들과 자신의 데이터를 비교함으로써 이 사실을 분명히 보여준다.

확실히 개별적 개 하나하나에 더 많은 관심을 쏟을 필요가 있다. 로잘린드 아덴 연구팀은 1911~2016년 개의 인지 능력 연구들에 관해 조사했는데, 그 가운데 개체의 차이에 초점을 맞춘 논문은 세 편밖에 되지 않았고 그나마 연구에 동원된 샘플 크기의 중간 값은 열여섯 마리에 불과했다.

사람들은 대개 자신의 개에게 생긴 문제들에 발 빠른 처방을 원한다. 그러나 개체마다 처방도 다를 수밖에 없어서 그때마다 즉각 해결책을 제시하기는 어렵다. 그럴 때 나는 자신이 돌보는, 자신이 가장 잘 알아야 하는 개에게 많은 관심을 쏟는 것이 가장 빠르고 손쉬운 처방이라고 말한다.

내가 만난 수많은 개들 중에는 '너무도 다정하고 사랑스러운' 핏불 테리어도 있다. 알다시피 핏불 테리어는 대표적 투견이다. 그의 반려자 역시 투견으로 키울 생각으로 녀석을 샀는데, 기대와 달리 녀석은 완전 겁쟁이였다. 투견으로 돈을 벌겠다는 기대는 보기 좋게 빗나갔다. 개가 싸우기를 거부하는 바람에 개도, 반려자도 웃음거리가 되었지만 그는 이 일을 계기로 개들을 개성을 가진 존재로 보고, 다시는 투견에 발을 들이지 않기로 맹세했다.

핏불이나 특정 품종의 장점에 이의를 제기하려는 의도에서 이 이야기를 꺼낸 게 아니다. 오히려 무분별한 품종주의, 그러니까 어떤 품종의 개는 어떻다 하는 주장이 대단히 그릇될 수 있음을 지적하려는 것이다.

통설에 따라 생각하면 편리하다. 그러나 그릇된 정보에 바탕을 둔 행동은 이런 편견의 희생자들에게 참혹한 결과를 초래한다. 언젠가 동네 개 산책 공원에서 내 친구 마티는 이런 말을 했다.

"개에 관해서라면 정설이 없더라고."

개 행동의 일반화에는 신중해야 한다. 여기엔 실질적으로 중요한 측면도 있다. 플로리다대학교에서 법수의학 석사학위를 받고 경찰 부서장으로 근무하다 은퇴한 동물 행동 컨설턴트 제임스 크로스비는 개에게 물려 죽은 사람들을 연구하니 각 사례들과 개들을 개별적으로 평가하는 것이 매우 중요했다고 말한다. 이런 비극적 사건들에 대한 손쉬운 대답은 없는 것이다.

나는 코요테, 늑대, 울새, 금붕어에 대한 일반화도 좋아하지 않는다. 이런 동물들에 대한 연구들을 보면 과학자들이 '종 내 변이'라고 부르는, 동일한 종 내에서의 변이가 어류, 곤충, 거미를 포함한 다양한 동물 종들에게 매우 큰 폭으로 존재한다는 사실을 알게 된다. 나는 학생들과 함께 와이오밍주 잭슨 북쪽의 그랜드티턴국립공원에서 8년 반 동안 야생 코요테를 연구했다. 그 결과 코요테의 행동에 대한 일반적 서술은 극히 제한적으로만 타당하며, 특히 사회적 행동이나 상호작용과 관련해서는 더욱 그러하다는 점을 깨달았다. 태어난 지 3주밖에 안 된 코요테도 안전한 굴에서 처음 밖에 나올 때 뚜렷한 기질 차이를 보인다. 매우 조심스러운 녀석들이 있는가 하면 매우 용감한 녀석들도 있다. 집에서 기르는 개와 마찬가지로 야생동물들도 자신들이 누구인지, 왜 그런 행동을 하는지 종을 포괄하는 일반화된 설명을 들이대는 것을 거부한다.

비비언 팔머와 반려견 바틀비(왼쪽. 치위니 품종의 네 살짜리 유기구조견)와 블루(오른쪽. 그레이트 데인 품종의 여섯 살 반 된 유기구조견).

궁극적으로, 개와 우리 사이에 형성되는 상호관계에 초점을 맞출 때 개라고 부르는 개별적 존재를 더욱 깊이 이해하고 파악할 수 있다. 우리는 그들이 누구인지 이해해야 할 뿐 아니라 그들이 우리라는 존재를 어떻게 이해하는지도 이해해야 한다. 알다시피 우리는 개 산책 공원을 포함해 여러 배경 속에서 개들을 연구하면서 개들뿐만 아니라 다른 사람들과도 관계를 맺는다. 이러한 관계는 개의 행동과 개의 행동에 대한 이해에 영향을 준다. 이렇게 누군가의 마음속으로 들어간다는 것은 어떤 것도 지레짐작하지 않겠다는 의미다. 나는 항상 스스로 **개별적 개**의 앞발과 머리와 가슴속에 들어가고자 노력했다. 열광적 기쁨에서 숨막히는 슬픔까지 그들의 모든 감정을 경험하고 깊이 공감하려고 애썼다. 개들은 자신의 생각과 감정의 많은 부분을 기꺼이 우리와 나눈다. 그 모든 것을 알아차릴 만큼 세심해지기만 하면 된다.

당연한 일이지만, 나는 항상 개의 머리와 가슴속에서 어떤 일이 벌어지는지 궁금해하며, 이 책에서의 주제들을 늘상 생각한다. 어느 날 아침 자전거를 타고 볼더 시내를 가다가 비비언 팔머가 자그마한 반려견 바틀비, 거대한 반려견 블루와 함께 걸어가는 모습을 보았다. 바틀비와 블루가 동일한 종이라는 사실을 떠올리니 웃음이 났고, 가던 길을 되돌아와 비비언에게 사진을 찍어도 되는지 물었다. 그녀는 흔쾌히 허락했다. 개 일반에 대해 말한다는 게 얼마나 터무니없는 일인지를 똑똑히 보여준 개들이었다.

개 산책 공원에서

말 못하는 존재에게 목소리를 부여한다는 것은 그들이 무슨 말을 하는지 아는 체하기 전에 먼저 그들에게 귀를 기울이는 것이다.

-매트 마지니

"많은 사람들이 동물에게 말을 하지." 푸가 말했다.

"어쩌면 그럴지도……."

"그렇다고 많은 사람들이 **듣는다**는 뜻은 아니야." 그가 말했다. 그리고 한마디 덧붙였다.

"그게 문제지."

–벤저민 호프, 《푸의 도道》

확실히 개 산책 공원은 온갖 종류의 마주침과 대화와 만남이 벌어지는 장이다. 물론 사람과 개들이 드나드는 곳이라면 뒷마당이나 산책로, 자전거길도 마찬가지다. 개들은 누구한테나 낯가림 없이 다가가는 경향이 있는데, 이를 계기로 사람들끼리도 서로 인사를 나눈다. 그 때문에 연구자들은 흔히 개를 '사교의 촉매'라고 부른다. 이렇듯 개는 사람들이 서로 마음을 터놓도록 윤활유 역할을 하며, 특히 개 산책 공원에서 그러하다. 대개 사람들은 자신의 개가 즐겁게 뛰어놀고 다른 개들과 어울리게 하려고 개 산책 공원을 찾는데 그러면서 자신도 다른 사람들과 어울리게 된다.

개 산책 공원에서 사람들은 대부분 개에 관한 대화를 한다. 내용도 뻔하다. 개가 어떤 행동을 하는지, 어떤 품종인지, 어떤 사정이 있어 자기 집에 왔는지, 문제가 생기면 어떻게 해결했는지, 개와 반려자의 관계는 어떤지 등등. 하지만 조금 더 세심하게 관찰하면 자신의 반려견에 대해 그리고 개와 사람의 관계, 사람과 사람의 관계, 나아가 친구들과 신나게 노는 각 개들의 능력과 성향에 대해 귀중한 데이터를 얻을 수 있다.

나는 사람들에게 시민과학자•가 되어 자신의 반려견에 대한 지식을 넓히고, 그 지식을 이용해 다른 건 몰라도 자기 반려동물과의 관계를 더욱 발전시키라고 권한다. 때로는 이런 일상적 관찰이 과학자들에게 영감을 주어 더욱 체계적 연구로 이어지는 촉매 역할을 하는데, 이에 대해서는 8장에서 살펴볼 것이다. 개 산책 공원은 동물의 마음을 연구하는 인지 동물행동학cognitive ethology과 인간과 동물의 상호 행동을 연구하는 동물유대학anthrozoology을 연구하기에 최적의 장소다.

개 산책 공원과 각 가정에서 이루어지는 시민과학은 과학자 탄생의 모태가 될 수도 있다. 세계적 영장류 학자이자 환경보호 운동가 제인 구달은 자신이 키우던 개 러스티에게 많은 영향을 받았다고 했다. 러스티 덕분에 동물에 관심을 가졌다는 것이다. 구달은 말한다.

"어린 시절 내내 동물행동학 분야의 멋진 스승이 있었다. 바로 나의 개 러스티였다."

《개들과 약자들Dogs and Underdogs》의 저자 엘리자베스 애보트는 구달이 과학자로 성장하는 데 러스티가 어떤 도움을 주었는지 설명한다.

> 러스티는 어린 제인에게 개들이 눈앞에서 사라진 사물, 이를테면 이층 창문 밖에 던진 공을 기억하고 생각한다는 사실을 알려주었다. 러스티는 공이 시야에서 사라져도 공을 찾아내 물고 왔는데, 이는 집 안에서 바깥까지 이어지는 일련의 전략적 움직임을 구상해야

• 저자는 전문 훈련을 받고 엄밀하게 정립된 방법론을 따르는 과학자들에 대비해 일상에서 탐구 활동을 시도하는 평범한 시민들을 시민과학자라 부르며, 책 전체에서 이들의 활동을 격려하고 북돋운다.

만 가능했다. 또 러스티는 옳고 그름에 대한 판단력이 있어서 자신이 뭔가 나쁜 행동을 했을 때는 수긍하는 반면 가끔 제인이 화를 벌컥 내거나 부당하게 대할 때는 수긍하지 않았다. 장난을 칠 때는 영리했고, 파자마를 입히면 좋아했다. 그러다가 누군가가 자신의 꼴을 보고 소리 내어 웃으면 낑낑거리며 끝내 파자마를 벗어 질질 끌고 갔다.

러스티가 제인에게 가르친 가장 중요한 교훈은 동물 저마다의 개성과 감정, 지능을 부정하는 현대 과학자들을 무시하라는 것이다. 그들과 달리 제인은 자신의 연구 대상인 침팬지들을 피피, 플로, 피건, 데이비드 그레이비어드 등의 이름으로 불렀고, 그들의 행동과 활동을 기록하고 해석함으로써 마침내 과학이 동물을 이해하는 방식을 바꿔놓았다. 그녀의 비전과 방법은 한때 비과학적 의인화라는 비판도 받았지만 점차 과학 연구의 규범으로 받아들여졌고, 결국에는 확고한 표준이 되었다.

오래전 1928년에, 컬럼비아대학교 심리학자 워든과 워너는 "평균적 사람들이 자신의 개와 개 일반에 대해 '아는' 사실들 중 많은 것들을 동물심리학자들은 까맣게 모른다"라고 썼다. 이 말은 학자들이 시민과학자들한테서 개에 대해 얼마나 많이 배울 수 있는지를 말해준다. 이제 우리는 개의 반려자들을 잘 관찰하면 과학 연구들을 통해 얻은 엄정한 데이터들을 뒷받침하거나 보완하는 데 크게 도움이 된다는 사실을 알게 되었다. 2015년, 한 국제 연구 단체는 "미래에는 시민과학자들이 가설을 검증하고 질문에 답하는 유용한 자료들을 만들며, 이로써 개의 심리 연구에 이용되는 관행적 실험 기법들을 보완할 것이다"라고 결론지었다.

나도 그런 경험이 있다. 몇 년 전 한 여성이 내게, 자신이 기르는 수컷 개가 걸핏하면 주위를 둘러본 뒤 뒷다리를 들어 오줌 누는 자세만 하고 실제로 오줌을 누지는 않으며, 그러다 몇 초 뒤에 양동이를 채울 정도로 오줌을 눈다고 이야기한 적이 있다. 그 개는 다른 개들이 가까이 있을 때에만 이런 행동을 한다고 했다. 나도 몇 차례 개와 코요테가 비슷한 행동을 하는 것을 본 적이 있지만 그때는 그다지 주목하지 않았다. 한참 뒤 나는 학생들과 함께 우리가 '마른 표시dry marking'라고 불렀던 이 행동, 즉 주로 수컷 개가 뒷다리를 들지만 오줌을 누지는 않는 행동을 연구하기 시작했다. 5장에서 설명하겠지만 연구 결과 이 여성이 자기 개의 행동을 참으로 정확하게 관찰했음이 확인되었다.

개에 대한 관심과 헌신은 다양한 형태로 나타난다. 언젠가 세계 최고의 사이클 선수 로한 데니스와 함께 자전거를 타다가 그의 몸에서 개 문신을 발견했다. 그는 핏불과 스태퍼드셔 불 테리어 사이에서 난 잡종견이 '사악한 광대'에게 질질 끌려가는 것을 보고 문신을 했다고 했다. 아는 개였는지, 그런 잡종견을 좋아하는지 물었더니 전혀 아니라고 했다. 다만 그 개가 그의 뭔가를 건드렸기에 문신을 하고 싶었다고 했다. 이후 그는 다음과 같은 메일을 보냈다.

"당시에는 내게 중요한 의미가 있어서 그런 게 아니에요. 난 열여덟 살에 불과했고, 그 나이에는 누구나 생명에 대해 아주 천진난만한 생각을 하잖아요."

로한이 오른쪽 이두박근에 문신을 새김으로써 그 개를 영원히 기억하기로 했다는 사연 때문에 나는 이 이야기를 좋아한다. 개는 우리에게 영감을 주고 감정을 일으키지만 우리는 그 이유를 알지 못할 때가 많다.

나는 자신이 기르는 개를 문신으로 새긴 사람들을 여러 명 보았다. 도표와 그래프까지 동원해 갖가지 상황에서 자신의 개가 보이는 행동을 공유하는 사람들도 많다. 그들은 그런 활동을 즐기며, 이러한 세심한 관찰은 틀림없이 그 개들에게도 유익할 것이다. 로한이나 이런 초보 동물행동학자들만큼은 아닐지라도 여러분이 개들과 함께 많은 시간을 보내기를 바란다. 자신의 개든, 아니든 상관없다. 개들이 우리를 지켜보면서 우리 마음을 읽으려고 노력하는 것만큼 그들을 지켜보고 그들 마음을 읽는 법을 배워야 한다. 동물행동학자처럼 관찰한다는 것의 의미에 대해 관심 있는 분들을 위해 책 뒤에 부록으로 기본 지침들을 실었으니 참고 바란다.

'개 행동학'을 하려면 개가 무엇을 알고, 느끼고, 행하는지에 초점을 맞추어야 한다. 그러려면 개를 읽을 줄 알아야 하고 또 가능하면 최대한 '개가 되어야' 한다. 그렇다고 개처럼 행동하라는 말은 아니다. 코를 킁킁대거나 개의 행동에 끼어들 필요는 없다. 개를 유심히 관찰함으로써 그들 마음을 읽는 법을 배우고, 그들 눈으로 보아야 한다는 뜻이다. 개 행동에 대한 연구 결과와 특정한 맥락에서 실제로 우리가 본 개의 행동을 결부하라. 그런 다음 상식을 더해야 한다. 특정한 개가 무엇을 느끼는지, 그들이 왜 그런 행동을 하는지 이해하려면 이 모든 관점을 조합해야 한다. 배워야 할 것은 늘 차고 넘친다.

솔직히 말하면 실제로 자신의 개를 세심하게 지켜보는 사람이 너무나 드물다는 사실이 놀랍다. 업무 여건 탓도 있지만, 내가 개 교사라고 즐겨 부르는 개 훈련사들이 개 연구에 들이는 시간은 충격적일 만큼 적다. 물론 그들이 형편없이 일한다는 뜻은 아니지만, 이렇게 되면 아무래도 개나 개와 인간의 관계에 대한 이해, 문제 해결 방법에 대한 이해가 부족해질 수밖에 없다. 개와 같이 살거나 개와 함께 일한다면 모든 상황에서 개를 관찰하는 것이 매우 중요하다. 이는 매우 흥미로운 일이기도 한 데다 개들이 좋아하는 환경과 문제가 생긴 사례 모두를 관찰하면 어떤 지점에서 개가 반응하는지 알아낼 수 있기 때문이다.

이런 지식은 그다지 어렵지도, 딱딱하지도 않다. 또 이런 지식을 활용하면 반려동물을 더 잘 돌볼 수 있다. 존탁과 카렌 오버올은 말한다.

> 개와 고양이의 필요를 더욱 효과적으로 충족시키고 그들이 겪는 애로를 더 잘 파악하려면 반려동물 주인과 전문가들의 동물 행동에 대한 이해가 증진되어야 한다. 또한 그것이 동물들 삶의 질 향상을 보장하는 객관적 복지 평가기준의 밑받침이 되어야 한다. 유전적 다양성을 증가시키는 동시에, 급변하는 세상에서 개와 고양이가 살아갈 공간을 확보하는 데 도움이 되는 방향으로 반려동물의 형질을 선택하는 책임 있는 육종 관행은 복지 리스크를 최소화하도록 증거에 기반을 두어야 한다.

개에게 마음 쓰는 법

사람들에게 늘 어릴 때 '동물들에게 마음을 쓰던' 것처럼 반려동물들에게 마음을 쓰라고 권한다. 앞서 말했듯이 이 말은 그들의 인지적·감정적 삶, 즉 그들이 무엇을 알고 무엇을 느끼는지 속속들이 이해하고, 그들 또한 우리에게 마음을 쓴다는 사실을 알아차리려고 애쓰라는 뜻이다. 또한 이런 태도는 우리가 개의 안녕에 전적으로 책임이 있다고 인식하는 것이다. 우리는 그들의 생명줄이며, 그로 인해 우리가 갖게 된 힘은 무한한 책임감으로 다가온다. 이 힘이 마음대로 해도 된다는 허가증은 아니기 때문이다. 우리는 우리가 원하는 개의 모습이 아닌 있는 그대로의 모습대로 개들을 존중하고 사랑해야 한다.

동물들에게 마음 쓰기는 우리가 사용하는 언어에서부터 시작된다. 나는 함께 사는 개나 고양이, 또는 그 밖의 동물들을 '반려동물' 또는 '수호동물'이라고 즐겨 부른다. 흔히 사람들은 인간을 제외한 살아 있는 모든 존재를 '동물'이라고 지칭한다. 하지만 실은 인간도 동물의 하나다. 그리고 우리는 스스로가 동물 왕국의 일원임을 뿌듯하게 여겨야 한다. 그래서 내가 '동물'이라는 단어를 사용할 때는 대체로 인간을 포함하려는 의도가 있으며, 그렇지 않을 때는 '인간 이외의 동물'이라고 쓴다. 또 동물을 가리키는 대명사도 '그것', '저것' 대신 '그', '그녀', '그들' 같은 단어들을 사용한다.

물론 직접인용인 경우에는 개인적 선호를 반영하지 않고 그대로 두었으며, 이따금 더 적절하거나 더 명확한 의미를 위해 '반려견'이나 '주인' 등의 표현도 사용한다. 나는 오래전부터 언론, 기자, 과학자들은, 마치 인간 이외의 동물을 사물처럼 대하는 부지불식간의 편향이 언어에 반영될 수 있다는 점에 유의해야 한다고 말해왔고, 최근 들어 차츰 그런 편향에서 벗어나는 경향을 다행스럽게 여긴다.

이 책에서 개의 행동에 대해 논의할 때는 '실천적 전환', 말하자면 우리가 아는 바를 활용해 개들에게 최고의 삶을 주는 데 초점을 맞춘다. 이때 **개별적** 존재로서 그들의 있는 그대로의 모습과 세상에 하나밖에 없는 존재로서 그들이 원하는 것, 그들에게 필요한 것을 염두에 두어야 한다는 점이 중요하다. 개를 집과 마음속에 받아들이기로 했다면, 개한테 최선의 삶을 주기 위해 모든 것을 해야 할 의무가 발생한다. 이는 타협할 수 없는 절대적 의무다. 바쁘다는 이유 또는 개보다 사람이 중요하다는 이유로 이 의무를 소홀히 해서는 안 된다.

우리는 개들에게서 삶 전반에 관한 많은 것을 배울 수 있다. 이 책은 개에 대한 유익한 '현장 안내서'로 의도되었지만, 여기 나오는 지식들도 잘 활용되길 바란다. 9장 '개 반려자를 위한 가이드'에는 개를 돌보고 개와 함께 살면서 생기는 문제들에 대한 구체적 조언과 교육법에 대한 생각을 적었다. 몇몇 사람들이 '개 주인 매뉴얼'이라는 제목을 추천했는데 당연히 바람직하지 않다. 개의 관점에서 볼 때 그들은 소유되는 것이 아니며, 주인/소유라는 말은 관계의 본질을 제대로 반영하지 못한다. 소파나 난로는 망가지면 고치거나 버리고 새로 구입한다. 그것이 소유다. 개와 함께 산다는 것은 늘 수많은 협상이 이루어지는 평생 동안의 헌신이다.

많은 점에서 이 책은 자유를 지향하는 현장 안내서이기도 하다. 인간이 지배하는 세상에서 개로 산다는 것이 어떤 것인지를, 개와 더불어 산다는 것이 당사자 모두의 이해관계 조정을 필요로 한다는 사실을 알면, 개와 인간 모두 더 많은 자유를 누릴 테니까. 서로에게 긍정적이고 유익한 관계가 지속되려면 서로 주고받음이 필요하다는 인식은 개와 인간 모두에게 더 많은 자유를 부여한다.

나는 개 훈련 전문가는 아니지만 과학자로서 지배•나 협박이 배제된 긍정적 훈련 방법을 열성적으로 지지한다. 하지만 모두에게 통하는 하나의 방법이란 존재하지 않는다. 아이들이 그렇듯이 개들 중에도 다른 개들이나 반려자와 잘 지내는 방법을 배우려면 특별히 많은 교육과 돌봄, 사랑이 필요한 녀석들이 있다. 이와는 별개로 모든 개에게는 친절함이 필요하다. 개들이 원하고 필요한 것에 대해 서술할 때 나는 주로 그들의 **감정**을 판단 지표로 삼는다. 지능은 각자가 겪는 고통과는 무관하다. 말하자면 이른바 덜 똑똑한 개가 더 영리한 개보다 고통을 덜 느끼느냐는 질문은 무의미하다. 사람이 지능에 따라 고통을 느끼는 정도가 다른가? 모든 존재가 느끼는 고통의 크기가 똑같다는 점은 가장 유용한 기준이 된다. 개는 쥐나 생쥐보다 더 많은 고통을 겪지도, 사람보다 더 적은 고통을 겪지도 않는다.

개를 포함해 인간 이외의 동물들과 함께 살기로 한 사람들에게 이 책은 사전적 의미에서 인도주의 교육을 제공한다. 돌보는 것만으로는

• dominance. 서열관계에서의 우위, 또는 그것을 바탕으로 일방적 지시-복종관계를 강요하는 행위.

불충분하다. 돌봄의 감정을 행동으로 옮겨 모든 개체의 삶을 최고로 만드는 것이 중요하다. 이 책 마지막에는 개의 권익을 옹호하고 그들의 편에서 행동에 나서자고 촉구하는 내용을 담았다.

동물을 자신의 집과 가슴에 받아들이기로 하는 결심은 대단히 근본적인 것이다. 우리는 사랑을 베풀고 우리를 사랑해줄 동반자를 갈구하지 않았던가. 그러나 이런 관계와 우리의 의무는 금세 복잡한 국면에 빠진다.

동료 제시카 피어스는 자신의 책《달리고 찾아내고 달리다: 반려동물 기르기의 윤리Run, Spot, Run: The Ethics of Keeping Pets》에서 이를 "다른 동물에게 최고의 삶을 선사할 준비가 됐는가?"라는 근본 질문으로 압축했다. 예를 들어 집의 환경은 동물에게 적합한가? 생활 방식은 동물에게 적합한가? 평생 들어가는 경비를 계산했는가? 삶을 마감하는 결정을 내릴 수 있는가?

까다로운 현실적·윤리적 문제들이 기다린다. 사람들은 뒤늦게 다른 존재의 삶을 전적으로 책임진다는 것이 무슨 의미인지 충분히 깊게 생각하지 않았음을 깨닫기도 한다.

제시카 피어스는 2016년, 메일을 하나 받았다. 메일은 이러한 사실을 보여주는 좋은 예가 되었다. 그 내용은 시민과학과 아마추어 동물행동학자로서의 관찰이 좋은 질문을 제기하는 데 도움이 되고, 이로써 더 나은 돌봄을 하게 하고, 개들에게 최고의 삶을 주는 데 필요한 정보를 제공한다는 사실을 보여준다.

열한 살 된 손자가 몇 년 전에 개를 입양했어요. 그들은 뉴욕시에 살고 나는 뉴저지주에 삽니다. 대개 내가 개를 산책시키죠. 녀석을 주로 두 군데 데려가는데 하나는 개 놀이터, 다른 하나는 센트럴 파크입니다.

개 놀이터에서 녀석은 다른 개들과 몸싸움을 벌이고 여기저기 마구 달립니다. 때로는 상당히 거칠게 굴죠. 킁킁거리며 다른 개의 냄새를 맡고, 때로는 올라타려고도 합니다. 이런 일이 벌어지면 거의 모든 개 주인은 행동을 저지합니다.

센트럴 파크에서는 그저 나와 함께 산책을 합니다. 대개 다른 개들을 쳐다보고 그들의 존재를 확인하는 데 그치죠. 아주 가끔 그들과 몸싸움을 하려는 시도도 합니다.

최근에 이렇게 우리가 개와 고양이를 기르는 방식, 특히 도시에서 기르는 방식에 문제가 있지는 않은가 생각했습니다.

이런 질문을 해봤습니다. 개는 어떤 과정을 거쳐 필요한 지식을 알까? 아무리 가축화된 동물이라고 해도 인간에게서 모든 걸 다 배울 수 있을까? 사회적 동물은 아니라지만 다른 개들에게 뭔가를 배워야 하지 않을까? 인간의 지성과 지식은 세대를 거쳐 전달되고 그 과정에서 차곡차곡 축적됩니다. 내 손자는 지금의 나보다 틀림없이 더 많은 것을 배울 겁니다. 하지만 내 손자의 개는 개 놀이터에서 뛰어노는 짧은 시간을 빼면 대부분 다른 개들과 떨어져서 지냅니다.

그래서 이런 의문이 들었습니다. 뭔가를 보고 배울 다른 개들이 없는 상태에서 개들은 어떻게 필요한 지식을 얻을까? 결국에는 항상 옆에 있는 반려자, 그러니까 인간처럼 생각하고 행동하게 되진 않을까? 개는 모든 걸 스스로 알아낼 뿐 다른 개들의 지식을 전혀 활용할 수 없을까?

다른 개들에게 배울 수 없다는 건 개에게 가장 큰 비극이 아닐까요?

개로 살아간다는 것의 의미

개는 놀라운 존재다. 나는 어깨에 온갖 짐을 짊어지고서도 그토록 많은 개들에게 최고의 삶을 제공하려고 최선을 다하는 모든 사람을 존경한다. 이 장 마지막과 이 책 마지막에서는 한 걸음 뒤로 물러나 이 세상에서 개라는 존재가 갖는 더 큰 맥락을 살펴보고 싶다. 개 산책 공원에서 이루어지는 수많은 논의들이 결국 이러한 근본 주제로 귀착되기 때문이다.

개는 개인의 삶을 더 좋게 만들 뿐 아니라 세상을 더 좋게 만드는 데 영감을 주기도 한다. 예를 들면 1925년 독일의 저술가이자 잡지《개와 인간Mensch und Hund》발행인이었던 하인리히 치머만은 **세계 동물의 날**을 처음으로 제정했고, 지금도 매년 10월 4일에 이를 기념한다. 페퍼라는 이름의 개는 1966년 미국 연방 동물복지 법안이 통과되도록 함으로써 동물복지에 크나큰 기여를 했다. 달마티안 품종인 페퍼는 1965년 펜실베이니아주의 한 농장에서 유괴되어 브롱크스의 병원에 팔려갔고, 그곳에서 심장 박동 조율기 실험에 동원되어 죽음을 맞았다. 페퍼와 그녀가 겪은 고통은 공감 격차를 줄이는 데 기여했다. 이 일을 계기로 우리는 모든 종이 감정을 느끼고 고통을 받는다는 것을 알게 되었다.

개들은 온갖 종류의 분열, 심지어 정치적 분파까지 뛰어넘게 한다. 미국 의회에서 민주당과 공화당이 합의한 몇 안 되는 사항 가운데는 의원들이 반려견을 의사당 안에 데려가도록 허용하는 법안이 있고, 1800년대 초부터 그렇게 해왔다. 2016년 8월, 미네소타주 코모런트 마을은 듀크라는 아홉 살 먹은 그레이트 피레니즈를 3선 시장으로 선출했다. 나중에 많은 사람들이 개를 행정직에 앉히는 것이 충분히 합당하다고 말하는 걸 들었다.

개들은 인기가 있다. 이 글을 쓰는 지금도 거의 8,000만 가구, 그러니까 미국 가구의 65퍼센트가 반려동물과 공간과 시간을 공유하며, 44퍼센트의 가구가 개를 키운다. 현재 미국에는 총 7,800만 마리의 반려견이 있다고 추정된다. 이는 개 관련 산업이 어마어마한 돈이 지출되는 거대 산업임을 뜻한다. 미국인들은 사료비 300억 달러, 치료비 160억 달러를 포함, 매년 거의 700억 달러를 반려견에게 쓴다. 개와 함께 사는 것은 연간 1,600달러나 비용이 드는 값비싼 일일 수 있다. 실제로 미국에서 반려견 의료비는 사람 의료비보다 더 가파르게 증가하는 중이다. 1996~2012년 반려견 구입과 의료품, 의료 서비스에 지출한 비용은 60퍼센트나 증가했다. 같은 기간 사람의 의료비는 50퍼센트 증가에 그쳤다. 전 세계 사람들 누구나 반려동물이 위태로우면 기꺼이 목숨을 구하기 위한 모험을 할 것이다.

세계 많은 나라들에서 개를 소유하는 사람들이 늘어난다. 2012년 통계를 보면 브라질에 3,500만 마리, 중국에 2,700만 마리, 러시아에 1,500만 마리의 개가 산다. 인도에서는 개 소유 건수가 2007년 이후 50퍼센트 넘게 늘었고, 베네수엘라와 필리핀에서는 30퍼센트 이상 늘었다.

다른 동물들에 대한 태도와 비교하면 사람들은 유독 개를 각별하게 대한다. 심지어 가족보다 개를 더 애지중지하는 사람들도 있다. 아이들이 형제자매보다 반려견과 더 사이좋게 지낸다는 연구도 있다. 힘들 때 든든한 친구가 됨으로써 아이에게는 개가 부모보다 스트레스 극복에 도움이 된다는 연구도 있으니 그렇게 놀랄 일도 아니다. 많은 사람들이 거주지를 정할 때 동물들에게 우호적 환경인지 아닌지를 중요한 판단 기준으로 삼고, 아예 주거지 개발 계획에 반려견을 위한 시설을 포함하려는 움직임도 있다.

그러나 불행히도 이러한 사실들이 오늘날 개들이 충분한 보살핌을 받으며 잘 살아간다는 의미는 아니다. 인기가 있다고는 해도 개들은 다른 많은 동물과 마찬가지로 인간이 지배하는 시대, 즉 '인류세'라고 하는 시대에 갇혀 있다. 인류세는 '인간의 시대the age of humanity'라는 뜻이지만 실은 '비인간성의 격류the rage of inhumanity'라고 불러도 무방하다. 인간의 수가 너무 많다 보니 다른 동물들이 부당한 취급을 당할 때가 지나치게 많기 때문이다. 개의 경우, 안 그래도 짧은 목줄이 더 짧아졌다.

사랑스러운 집에서 돌봄을 받는 개들도 많지만 전 세계 개의 75퍼센트는 혼자서 살아가며, 이 중 다수가 불결함과 심각한 질병, 육체적·

정신적 고통을 버티며 힘겨운 삶을 이어간다. 미얀마 양곤에는 광견병에 걸려 아이들을 공격하는 떠돌이 개가 12만 마리나 있다. 타이완에서는 2015년에만 떠돌이 개 1만 900마리가 안락사를 당했고, 2016년에는 보호소에 있던 개 8,600마리가 질병을 비롯한 여러 이유에서 죽음을 맞았다.

인간의 무관심에 고통받는 게 다가 아니다. 직접 해를 입는 경우도 있다. 개들은 여전히 유혈이 낭자한 스포츠에 내몰리고, 개 경주에서 죽도록 달리고, 쇼와 영화에 강제로 출연한다. 오늘날에는 래브라두들, 골든두들 같은 이른바 '디자이너 개'•들이 대단히 인기 있고 선호되는데, 이렇게 특정한 형질을 얻으려고 의도적으로 품종 간에 교배하면 건강에 해로운 형질이 나타날 수도 있다. 스코틀랜드에서는 디자이너 개에 대한 수요가 매우 높아 불법 교배가 성행한다. 스코틀랜드 동물학대방지협회 마크 래퍼티에 따르면 일부 사람들은 이런 개들을 '소모품'처럼 취급한다.

사람들은 근친교배로 인해 숨을 쉬거나 걷기조차 어려운 형질로 태어나 짧은 삶을 비참하게 살 가능성을 알면서도 여전히 그런 개들을 교배한다. 한 관찰자가 표현했듯이 "건강보다는 아름다움"을 위해 "공감은 내팽개치고" 교배하는 것이다. 사람들은 얼굴 주름살을 없애려고 몇백만 달러를 쓰면서도 의도적으로 고통받고 일찍 죽을 수밖에 없는 쭈글쭈글한 얼굴을 가진 개를 만든다. 이게 끝이 아니다. 텍사스 A&M 대

• 특정한 외관을 얻고자 여러 품종을 의도적으로 교배해서 얻은 개.

학교에서는 다양한 형태의 근육 위축을 연구할 목적으로 의도적으로 기형 개들을 만든다. 이런 실험용 개들은 대부분 태어나서 여섯 달이 지난 후에는 심각한 불구가 되고 절반은 열 달을 넘기지 못한다. 이는 분명 '가장 좋은 친구'를 대우하는 방식과는 거리가 멀다. 개에 대한 일부 사람들의 사랑은 개들의 이른 사망으로 귀결되기도 한다. 예컨대 프렌치불도그는 평균수명이 수컷 2.5년, 암컷 3.8년에 불과하다.

그러니 개가 항상 우리의 절친한 친구처럼 굴진 않듯이 우리 역시 그들의 절친한 친구로 행동하진 않는다는 사실을 명심해야 한다. 개들은 무조건적 사랑을 주지 않으며, 우리도 그러하다. 개들은 대부분 어느 정도 우호적이지만 우리가 개를 차별하듯 개들도 우리를 차별한다. 게다가 심각한 학대를 받은 개는 인간에 대한, 어떤 경우에는 다른 개들에 대한 무조건적 사랑의 밑바탕이 되는 믿음을 결코 회복하지 못한다.

또 하나 되새길 점은 개인적·사회적 차원 모두에서 우리가 개에게 의지하는 것 이상 개가 우리에게 많이 의지한다는 사실이다. 유타대학교 대학원생 엘리즈 가티는 내게 다음과 같은 메일을 보냈다.

"우리는 개들 삶의 전부지만 개는 우리 삶의 일부에 지나지 않아요."

이 말에 동의한다. 우리는 이 점을 잊어서는 안 된다. 그 같은 의존성을 생각할 때 개들에게 최고의 삶을 제공해야 한다는 책임감은 더욱 막중해진다.

그렇다면 지금부터 반려견의 머릿속, 마음, 코에서 무슨 일이 벌어지는지, 우리가 실제로 얼마나 많이 아는지를 진지하게 한번 물어보자. 개로 살아간다는 건 무슨 의미일까? 우선 개들이 세상을 이해하기 위해 다섯 가지 감각을 어떻게 이용하는지부터 살펴보자. 개들이 세상을 감지하는 방식은 당연하게도 그들의 행동, 즉 다양한 상황에서 그들이 그런 행동을 하는 이유와 밀접하게 연관된다. 개로 산다는 것이 어떤지 깨달으려면 우리는 그들이 어떻게 보고, 듣고, 감촉하고, 맛보는지를, 무엇보다 어떻게 냄새 맡는지를 이해해야 한다. 개는 코로 모든 것을 파악하는 동물이니까.

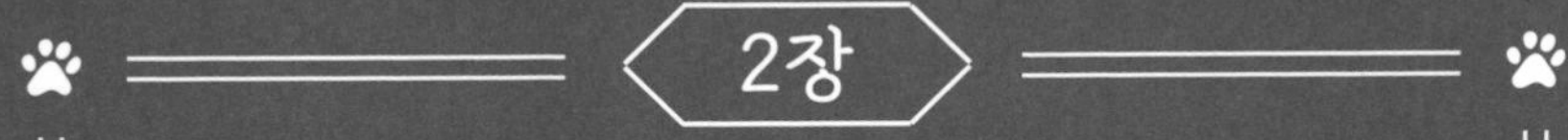

2장

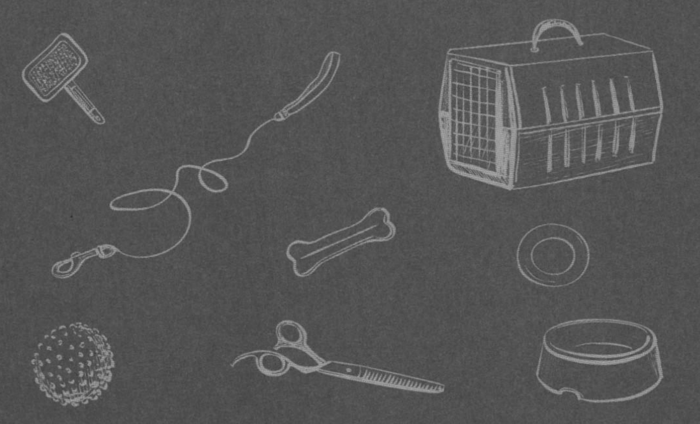

개와 공감하는 방법

알다시피 개들은 저마다 코의 생김새와 크기가 다른데 그건 대개 머리나 안면의 크기와 모양과 관련이 있다. 내가 좋아하는 개 중에 새미라는 덩치 큰 잡종견이 있다. 별명이 '콧방망이'로 평생 그렇게 코가 큰 개는 본 적이 없다. 코가 꼭 개미핥기처럼 생겼는데, 녀석도 그 사실을 아는 듯했다. 그의 코는 장소를 가리지 않아서 다른 개들의 엉덩이, 귀, 몸, 얼굴을 훑고 다니는 것은 예사고, 아차 하는 순간 사람의 사타구니, 귀, 입에까지 코를 들이댄다. 개 산책 공원 방문자들은 마치 진공청소기처럼 행동한다고 해서 후버•라고 부른다. 한번은 개 두 마리가 노는 모습을 넋 놓고 지켜보는데 새미가 내 뒤로 다가와 두 다리 사이에 코를 불쑥 들이밀었다. 난생처음 개 코에 꿰인 꼴이 우스워 큰 소리로 웃자 새미는 내가 좋아한다는 신호로 여겨 더 거세게 나를 밀어붙였다. 여차하면 그 거대한 주둥이로 들어 올릴 기세였다.

어느 날 유기구조견으로 첫 번째 개를 들인 한 여성이 내가 개 연구자란 사실을 알고는 이렇게 물었다.

"얘는 왜 온갖 것에 코를 킁킁거리죠? 왜 내 눈에 괜찮아 보이는 걸

• 청소기의 대명사로 통하는 미국 청소기 브랜드.

보지 못해 안달하고, 내 귀엔 들리지도 않는 소리를 듣고는 불안해하고 흥분하죠?"

이런 질문을 숱하게 듣는데, 그때마다 개가 바라보는 세상은 우리가 보는 세상과 다소 다르다고 설명한다.

개가 세상을 어떻게 이해하는지 알고 싶다면 개로 태어나 개의 감각을 가지면 어떨지 상상해보면 가장 좋다. 물론 개들도 인간처럼 다섯 가지 감각을 가지지만 우리와 똑같이 경험하고 사용하지는 않는다. 여러분에게 개가 된다는 것이 어떨지 상상해보라는 요구가 무리라는 것을 잘 안다. 개의 놀라운 코와 왕성한 혀가 제공하는 모든 정보를 우리가 제대로 이해하기란 불가능하다. 게다가 개들은 우리가 생각도 못 할 당혹스러운 곳에도 습관적으로 코와 혀를 갖다 댄다!

그러므로 나는 우리가 적절한 행동으로 받아들일 만한 범위에서 '감각의 행동학', 즉 개들이 냄새 · 광경 · 소리 · 맛 · 접촉을 통해 세상을 어떻게 감지하는지 간략하게 알아볼 생각이다. 물론 인간을 포함한 여타 동물들처럼 개도 동시에 연속적으로 밀려드는 복합적 자극을 처리해야 할 때가 많다. 동물행동학자들은 이를 복합 신호라고 부른다. 일반적으로 복합 신호는 단일한 감각 양상의 신호들보다 더 많은 정보를 담고 있다.

어지럽게 나타나고 변형되는 감각 자극들을 통해 개는 그 순간 무슨 일이 벌어지는지 엄청난 양의 세부 정보들을 얻는다. 어쩌면 과거에 무슨 일이 있었고, 미래에 무슨 일이 일어날지를 알아내는지도 모른다. 이런 정보들은 그 상황에서 어떤 행동을 할지 판단할 때 결정적으로 중요하다. 개는 짖기는 하지만(7장에서 논의할 예정이다) 인간처럼 상대방을 이해하고, 소통하고, 감정을 나타내려고 말을 하지는 않는다. 대신 주로 다섯 가지 감각과 비언어적 소통을 이용한다.

개의 코는 예술작품과 매한가지

냄새는 모든 곳에 존재한다. 인간은 모든 냄새를 감지할 수 없고 굳이 그럴 필요도 없지만 개는 사정이 다르다. 냄새는 개에게 모든 것이나 마찬가지이며, 개의 코는 냄새를 찾아내는 데 선수다. 개 연구자이자 저술가인 알렉산드라 호로비츠 박사는《개로 산다는 것Being a Dog》이라는 책에서 개를 '코의 동물', '몸이 부착된 코'라고 부르기도 했다. 연구자들은 개가 살아가는 데 냄새가 너무도 중요하고 필수적이어서 개를 '후각 민감 포유동물macrosmatic mammal'로 분류한다. 나는 코가 작동하지 않는다면 개가 아니라고 생각한다. 개에게는 제2의 코로 기능하는 서골비기관(야콥슨 기관)이 있다. 이 기관은 보조 후각계의 일부로, 휘발성 기체보다 액상 자극에 반응한다.

개는 아무 데나 코를 들이대며, 그 순간 또는 그 직후에 자주 숨을 들이마신다. 개의 코가 극도로 민감하다는 건 누구나 아는 사실이다. 그들이 살아가는 방식을 '일단 냄새를 맡은 뒤 질문하기'로 요약해도 될 정도다. 개의 코가 왜 그토록 민감하게 진화했는지는 명확히 밝혀지지 않았다. 연구자들한테 물어보니 개의 코가 땅과 아주 가깝다는 사실과 관련이 있다고 대답했다. 그 동물에 유리하도록 선택 적응해온 진화의 증거일 뿐이라고 대답하는 사람도 있었다. 어찌 됐든 개는 한시도 코를 멈추지 않고 킁킁거린다.

그런데 우리가 금기시하는 장소나 물건에 개가 코를 들이밀 때는 참으로 곤혹스럽다.

"그만, 거긴 코 갖다 대지 마!", "어이쿠, 내가 미쳐. 엉덩이에서 코 떼지 못해?" 따위는 개 산책 공원에서 가장 자주 듣는 말이다. 어디 그뿐이랴. 개들은 지대한 관심을 가진 정보를 알아내려고 은밀한 부위에 코를 들이대거나, 오줌을 누고 똥을 싼다. 냄새에 관해서라면 개는 개로 내버려두고, 그들에게 인간의 에티켓 기준을 들이대지 말아야 한다. 그 말인즉슨 개가 원하는 대로 서로 냄새 맡게 내버려두고, 더러 당혹스럽고 황당하더라도 그들이 원하는 산책이 되도록 허용해야 한다는 뜻이다. 근육과 심장과 폐처럼 감각기관도 훈련이 필요하기 때문이다.

개는 왜 냄새에 집착할까?

앞서 여러분에게 별명이 '엉덩이'인 버니와 베아트리체, '사타구니'라 불리는 거스와 그레타, '콧방망이' 새미까지 호기심 많은 코를 가진 여러 개들을 소개했다. 이 개들의 코는 염치가 없다. 그들은 누구한테나 쪼르르 달려가 은밀한 부위에 코를 들이댄다. 이렇듯 냄새 맡기를 즐기는 모습을 보면 개들이 무슨 냄새를 맡는지, 왜 그토록 냄새에 집착하는지 수많은 질문이 떠오르는 게 당연하다.

우리는 개들이 냄새를 통해 온갖 중요한 정보를 모은다는 사실을 알지만, 그 정보가 정확히 무엇인지는 때로 불명확하다. 수컷 개가 냄새를 통해 암컷의 짝짓기 의향에 대한 정보를 모은다는 사실은 잘 알려져 있다. 냄새를 통해 다른 개들을 식별하는 것도 분명해 보인다. 또한 자신의 냄새와 다른 개의 냄새를 구별하고, 다른 개가 어디에, 누구와 함께 있었는지, 기분은 어떤지도 파악하는 듯하다. 개들이 열정적으로 다른 개나 인간의 신체 부위에 코를 들이대거나 마치 진공청소기처럼 땅바닥과 무생물 대상을 훑어대는 것을 지켜보며 많은 사람들이 당황스러워하고 때로는 깔깔거리며 웃는다. 그런데 이상하게도 우리가 실제로 아는 게 거의 없다. 확실히 이 분야에서는 시민과학이 정식 연구에 동기를 부여하는 역할을 할지 모른다.

개가 냄새로 시간을 파악할 수 있는지 궁금해하는 사람들이 있다. 대부분의 개들이 식사 시간을 알고 주인의 귀가 시간을 예측하는 것으로 보아 개들에게도 틀림없이 시간관념이 있다. 그러나 개들이 어떻게 시간을 파악하는지, 어떻게 시간을 이해하는지 우리는 전혀 알지 못한다. 알렉산드라 호로비츠는 개가 증발 과정에 있는 냄새를 맡고서 이를 통해 시간을 추적한다는 가설을 제기했다(이로써 개가 반려자의 귀가 시간을 어떻게 알아내는지 설명할 수 있다). 실제로 그런지 확인할 순 없지만 특정한 상황에선 그렇지 않을까? 내가 여러 사람과 관찰한 바로는 개들은 누가 오줌을 눴는지, 또 얼마나 오래전에 눴는지 상당히 정확하게 알아내는 듯하다. 물론 아직 입증되진 않은 사실로 만만치 않은 연구겠지만 이 흥미로운 가능성을 더 탐색할 필요가 있다.

개들이 무엇을 알아내는지 확실히는 몰라도 어쨌든 그들은 쉴 새 없이 냄새를 맡는다. 어쩌면 잠을 자면서도 냄새를 맡는지 모른다. 그들은 덜 친한 개나 낯선 개뿐 아니라 이미 친한 친구가 된 개에게도 맹렬히 코를 갖다 대고 킁킁거린다. 불과 몇 분 떨어져 있었는데도 그럴 때가 있다. 제시카 피어스가 키우는 개 벨라는 같은 집에 사는 마야가 병원에 갔다 오기만 하면 코를 킁킁댄다고 했다. 제스로가 겨우 1분 정도 떨어졌던 제크에게 맹렬히 코를 갖다 대는 모습을 보니 웃음이 나왔다. 제크는 제스로가 코로 자신의 온몸을 더듬도록 참을성 있게 허락한다. 가끔은 이렇게 말하는 것 같다.

"이봐, 좀 전에 길 저편에서 오줌을 누다가 우리 친구 롤로를 만났지 뭐야."

개들은 코로 킁킁대는 것을 당연하게 여기는 듯하다. 그들은 분명 자신이 왜 그러는지 알 것이다. 어쩌면 방금 헤어진 사람에게 곧바로 휴대폰으로 문자를 보내는 사람의 행동과 비슷한지도 모른다. 아직 뭔가 할말이 더 남았을까? 가끔은 그저 확인하려는 것뿐일 수도 있다.

개들이 무엇을 알아내는지는 모르지만, 어쨌든 개들은 무의식적으로 코를 통해 탐구한다. 냄새에 너무 몰입한 나머지 때로는 주변 상황이 어떤지, 자신이 뭘 하는지 깜박하기도 한다. 킁킁거리고 숨을 들이마시는 데 정신이 팔려 바로 뒤에 있는 내 존재를 까맣게 잊어버리는 경우를 수도 없이 보았다. 이 글을 쓰면서도 볼더의 자전거길에서 냄새에 이끌려 곧장 개울로 내려가는 개를 한 마리 보았다!

한번은 산악지대인 우리 집 근처 흙길을 걷는데 반려견 제스로가 성능 좋은 코에 이끌려 선인장 숲속에 돌진했다. 깜짝 놀라서 소리를 지르며 제지하려 했지만 때가 늦었다. 녀석은 가시와 조우했고 난 제스로가 뭔가를 배웠기를 바랐다. 하지만 슬프게도 그러지 못했다. 다음 날 똑같은 곳에서 제스로의 코는 또다시 제스로를 선인장 숲으로 이끌었다. 제스로가 대체 무엇을 혹은 누구를 느끼는지 알 길이 없지만, 그 순간 다른 무엇보다 제스로에게 중요한 것이었다는 사실만은 확실하다. 그런데 제스로와 어울리는 친구 개들은 어느 누구도 선인장 냄새에 관심이 없었다.

개의 코가 가진 능력은 냄새의 이동에 대한 궁금증을 유발한다. 다시 살펴보겠지만 개의 코는 인간은 명함도 못 내밀 정도로 세밀하게 냄새를 구별해낸다. 개는 우리에게 다 똑같이 느껴지는 냄새를 세세하게 구별한다. 알다시피 개를 훈련해 폭탄이나 마약, 금지 식품을 탐지하는 일에 동원하기도 한다. 개는 그저 탐지하는 수준이 아니라 특정 종류의 식품만을 찾아낸다. 훈련받은 개는 섬세한 후각을 동원해 의사의 질병 진단을 돕기도 한다. 이들은 범죄 현장이나 실종자 수색 등 다양한 상황에서 냄새의 흔적을 찾아내거나 추적하는데, 이럴 때 냄새가 날아오는 방향, 냄새가 희석되는 정도까지 탐지한다.

개들은 또 자연을 보호하는 생물학자 역할도 한다. 희귀종을 찾을 때, 동물의 먹이, 약물이나 중금속, 독소의 부존 여부를 파악하려고 동물의 배설물을 찾을 때, 상아나 뿔을 얻기 위한 코끼리와 코뿔소의 무자비한 밀렵과 밀거래를 막고자 할 때 개를 활용하면 함정이나 올가미를 사용하지 않고도 관심 대상인 동물 개체들을 추적할 수 있다. 자연보호 활동에 활용되는 개들과 관련해 흥미진진한 사실이 있다. 그중 많은 개들이 유기견 보호소 출신이며, 자연보호 활동가와 야생동물 보호요원들을 도우면서 흥미롭고 풍요로운 삶을 산다는 것이다.

콜로라도주 볼더 외곽 산악지대에서 나와 함께 살던 개들은 흑곰과 퓨마가 근처에 있는지 여부를 귀신같이 알아차렸다. 나는 녀석들을 따라 그들 코가 이끄는 곳으로 갔고, 배설물이 어떻게 생겼는지 보았으며, 곰과 퓨마가 근처에 있는 것이 확실하면 집으로 돌아갔다. 한 녀석은 한 번도 본 적이 없는 짧은꼬리살쾡이의 존재를 알리기도 했다. 참으로 대단하다.

훈련받은 개들 덕분에 개들이 냄새로 사람에 대해 무엇을 배우는지 조금 알게 되었다. 개들은 우리의 감정을 파악하고 몇 가지 질병을 판별한다. 사실 개들은 자력으로 의학적 상태를 파악할 수 있음을 지속적으로 보여주었고, 우리는 그제야 그들을 그렇게 훈련할 생각을 했다. 흥미롭게도 인간의 질병은 반드시 똑같은 식으로 감지되지는 않는다.

2016년 노바스코샤예술대학교 매슈 라이허츠 교수는 '개 산책 공원'이라는 테마로 전시회를 열고 공기 중에 떠돌아다니는 다양한 냄새들을 개의 관점에서 표현한 일련의 그림을 소개했다. 라이허츠 교수는 이렇게 설명했다.

"나는 냄새가 어떻게 울퉁불퉁한 땅 위로 퍼지는지, 개의 코가 어떤 식으로 작동하는지, 개가 냄새를 추적할 때 어떻게 행동하는지 연구했습니다. 개의 후각을 이해할수록 개의 후각 경험은 그들이 기거하고 돌아다니는 일종의 건축물에 대한 탐색과 같다는 생각이 들었습니다."

개들의 수면 시간 동안 무슨 일이 일어나는지 나는 늘 궁금했다. 개들이 잠을 잘 때, 그러니까 실제로 잠을 자는지는 모르지만 최소한 그렇게 보일 때, 천천히 코가 양옆으로 움직이고 가끔은 숨을 들이마시거나 소리를 내거나 눈이 움직이는 것을 숱하게 보았다. 코로 들이마시는 소리가 크게 들릴 때면 마치 개가 평화롭게 잠든 동안 방 안 곳곳을 코가 날아다니는 것만 같았다. 어쩌면 맛있게 먹은 음식이나 친구들과의 즐거운 하루에 대한 꿈을 꾸는지도 모른다.

개의 코는 어떻게 작동할까?

이미 인간의 후각에 대해서는 상당히 많이 알려져 있어서 개와 비교해보면 도움이 된다. 후각은 개에게서 가장 진화한 감각이다. 뇌의 일부를 이루는 개의 후각 피질은 인간보다 40배 크다. 개는 뇌의 대략 35퍼센트를 냄새 처리에 쓴다(인간은 뇌의 5퍼센트만이 냄새에 관여한다). 개는 양쪽 콧구멍을 따로 움직여 후각 능력을 극대화할 수 있다. 개의 코 내부에서의 공기 흐름을 연구한 학자들은 개가 콧구멍으로 숨을 들이마시고 코 옆에 난 좁고 기다란 구멍으로 숨을 내쉰다는 것을 알아냈다. 덕분에 냄새는 코 깊숙한 곳에 오랫동안 머물 수 있다. 또한 개들은 한 번 콧김을 내뿜을 때 모든 냄새 분자를 밀어내진 않는다. 인간의 코는 4,000~1만 가지 냄새를 구별하지만 개는 3만~10만 가지 냄새를 감지한다. 그로 인해 개는 인간보다 10만~100만 배나 더 후각이 민감하다.

알렉산드라 호로비츠는 개의 코에 있는 상피조직을 펼치면 그들의 신체 전체를 덮을 수 있다고 말한다. 인간의 경우 기껏 어깨에 있는 반점 하나를 덮는 정도에 그친다. 개들은 초당 5회 냄새를 들이마시며, 자유롭게 내버려두면 하루 3분의 1을 냄새를 맡는 데 쓴다. 개들은 킁킁거릴 때 숨을 내쉬지 않으므로 희미한 냄새까지 감지할 수 있다. 양쪽 콧구멍을 따로 움직여 사용할 수도 있다. 개에게 단백질을 줄이고 지방을 더 먹이면 후각 능력이 향상된다.

개는 지나치게 냄새를 많이 맡으면 후각 피로 증상을 겪을 수 있다. 그래서 나는 후각 과부하를 염려하기도 한다. 예를 들어 강아지용 향수, 샴푸, 비누는 개가 생물학적으로 더 중요한 냄새를 지각하는 데 어떤 영향을 미칠까? 개들이 애초에 이런 비누를 좋아하기는 할까? 혹시 이러한 것들은 인간을 위한 물건이 아닐까? 이렇게 인간이 선택한 냄새에 개가 어떻게 반응하는지 면밀히 살펴보는 것은 대단히 중요하다.

노르웨이의 연구자로 개 후각 전문가인 프랭크 로젤에 따르면 개의 콧구멍은 흡입하여 폐로 들어가는 공기의 조절과 여과를 돕고 공기를 축축하게 만든다. 모든 생명체의 콧구멍이 숨쉬기 기능과 냄새 맡기 기능을 겸하지만, 개의 콧구멍은 인간의 콧구멍보다 훨씬 잘 조직되고 발달했다.

다음은 로젤 박사의 말이다.

> 개가 코로 숨을 쉴 때는 개의 기다란 코에 있는 호흡 부위를 거쳐 공기가 곧장 폐에 들어간다. 반면 개가 냄새를 맡을 때는 공기가 측면 통로를 따라 후각 함요olfactory recess라고 부르는 곳에 들어간다. 후

각 함요는 후각 상피조직으로 덮여 있는데, 여기엔 후각 수용체(하나하나가 특정 유전자에 의해 만들어진 한 개의 단백질이다)를 만들기 위한 유전자들과 냄새 분자를 흡수하는 후각 수용체 세포들이 들어 있다. 인간과 영장류처럼 후각 둔감 포유동물microsmatic mammal은 개들과 구조가 달라서 이런 후각 함요가 없다. 개가 냄새를 맡을 때는 재빨리 콧구멍이 펼쳐지는데, 이때 위쪽 통로가 열리면서 공기가 곧장 후각 함요 맨 뒤쪽에 보내진다. 또한 확장된 후각 함요는 날숨과 들숨 때 공기 흐름을 증가시키는 것이 분명해 보인다. 공기는 감각기관을 통해 천천히 여과되어 폐에 들어간다.

품종에 따른 차이도 있다. 다시 로젤 박사의 말이다.

후각 점막은 품종에 따라 다르고, 같은 품종 내에서도 나이에 따라 다르다. 저먼 셰퍼드는 후각 점막 부위가 가장 넓어서 96~200cm^2에 이르고 코커 스패니얼은 67cm^2쯤 된다. 반면에 어린 폭스테리어는 11cm^2밖에 되지 않는다. 후각 점막의 표면적이 클수록 희미한 냄새 신호도 잘 흡수할 가능성이 크다.

연구자들은 표면적을 측정하면서 품종별 후각 수용체 세포 수를 확인했는데, 공식 기록을 보면 블러드하운드가 거의 3억 개로 가장 많다. 블러드하운드는 최고의 후각을 가진 개로 인간보다 무려 1천만~1억 배 더 민감하다. 참고로 저먼 셰퍼드는 2억 2,000만 개, 폭스테리어는

1억 4,700만 개, 닥스훈트는 1억 2,500개의 후각 수용체 세포를 가진 것으로 확인되었다.

인간의 코와 개의 코 비교

인간 코의 중요성에 비하면 개의 코는 개에게 얼마나 중요할까? 다음 비교를 참고하기 바란다.

- 개의 후뇌•는 인간에 비해 거의 일곱 배가량 크다.
- 개들은 후각 점막의 표면적이 67~200cm^{2}에 이르고, 인간의 후각 점막은 3~10cm^{2}에 불과하다.
- 개는 후각세포가 1억 2,500만~3억 개, 인간은 500만 개다.
- 개는 후각세포당 섬모가 100~150개, 인간은 6~8개다.
- 개는 1조 분의 1 농도ppb의 화합물 냄새를 맡을 수 있다. 인간은 10억 분의 1 농도까지 냄새를 맡을 수 있다.

로젤 박사는 이렇게 말한다.

개가 숨을 들이마실 때 콧구멍에서 가까운 공기가 흡입되며, 개는 흡입된 공기가 어느 쪽 콧구멍으로 들어가는지 안다. 개의 콧구멍은 그저 한 쌍의 구멍 이상으로 복잡하다. 각각의 콧구멍에는 코에 들어가는 공기 흐름 조절을 위해 여닫는 날개 같은 덮개가 있어서 코로 드나드는 공기 방향을 결정한다. 개가 숨을 들이마시면 덮개 위와

• rhinencephalon. 후각 중추를 포함한 대뇌의 일부.

옆이 열린다. 숨을 내쉬면 구멍이 닫히고 공기가 덮개 아래와 옆으로 나와 다른 구멍에 들어간다. 그 결과 안에서 내쉬는 따뜻한 공기는 뒤로 흘러 흡입된 냄새와 섞이지 않고 덕분에 개는 계속 다른 냄새들을 수집한다. 들이마신 냄새와 밖으로 내쉬는 공기가 분리되는 것이다. 냄새 분자는 안에서 데워지고 난 다음 더 쉽게 기체 형태로 바뀌며, 덕분에 냄새 수집 능력은 더욱 강화된다. 개는 코를 바닥 가까이 대고 재빨리 킁킁거림으로써 무거운 비휘발성 냄새 분자까지 띄워 올려 콧구멍 안에 빨아들인다.

종합하면 개의 코는 예술작품이라고 할 만큼 절묘한 적응과 최고의 진화가 낳은 산물이다. 그러는 동안 아무런 계획이나 목표도 없었다. 간혹 개처럼 민감한 코를 가지면 좋겠다는 사람들이 있는데 이들에게 다시 한 번 잘 생각하라고 말해준다. 이토록 놀라운 적응에 대해 알게 되어 기쁘지만 그런 나도 개들이 수집하고 명백히 즐기는 그 많은 냄새들을 모두 경험하고 싶단 생각은 조금도 없기 때문이다.

개의 눈으로 바라본 세상

개들은 예민하고 고도로 진화된 후각을 갖고 있다. 마찬가지로 세상살이에 대처하는 데 중요한 멋진 눈도 한 쌍 갖고 있다. 개가 똑바로 눈을 맞추는 바람에 당혹스러웠던 경험이 분명 나만의 것은 아니리라. 인간을 제외한 동물 가운데 개가 사람과 눈을 맞추는 유일한 동물은 아니다. 우리 집 근처 산악지대를 배회하는 야생 코요테, 흑곰, 퓨마한테서도 똑같은 시선을 받은 적이 있다.

개 연구자 존 브래드쇼와 니콜라 루니는 말한다.

> 개들은 시각적으로 잡식성이어서 다양한 수준의 밝기에서 볼 수 있다. 개들은 2색형 색각을 가지고 있다. 그래서 녹색과 회색, 노란색과 오렌지색을 구별하지 못하고, 빨간색을 검은색으로 볼 것이다. 색깔이 시각적 소통에서 어떤 역할을 한다는 증거는 희박하다. 개의 시각 능력은 종마다 다르다. 그레이 하운드는 최고의 시력을 가진 품종으로 홍보되었지만, 완전하게 증명된 사실은 아니다.

인간은 개보다 근접 시력이 뛰어나다. 개는 근접한 자극을 판별하려고 냄새와 소리를 함께 활용하는 경우가 많다. 개들은 정지된 자극보다 움직임에 예민하게 반응한다. 확실히 이런 능력은 (7장에서 살펴볼) 꼬리 흔들기 같은 사회적 신호를 읽어내는 데 중요하다. 우리는 또 개들이 머리의 시각적 생김새를 바탕으로 종을 구별한다는 것도 안다.

사람들은 자신의 개가 멀리서도 다른 개를 '읽을' 수 있으며, 그 개가 친절한지, 놀고 싶어 하는지, 물러나려고 하는지 제대로 판단하는 것 같다는 말을 꾸준히 했다. 그런데 개는 시력의 정확성이 20/75 정도에 불과하다. 우리가 75피트(약 23미터) 떨어져서 보는 정도를 개는 20피트(약 6미터) 거리에서 볼 수 있다는 말이다. 안경을 써야 할 수준이다! 그러니 개가 다른 개를 먼 거리에서 어떻게 알아보는지 신기할 따름이다.

클레이본 레이는 도미니크 오티에-데리앙 연구팀이 쓴 논문을 검토하면서 다음과 같이 썼다.

"자그마한 몰티즈에서 거대한 세인트 버나드까지 체구도 다르고 털·주둥이·귀·꼬리·골격 모양도 천차만별인 개들은 하나의 종에 속하는 것으로 보이지도 않는다. 그런데도 개들은 냄새나 움직임, 발성 같은 단서가 없을 때조차 쉽게 서로를 알아본다."

자신의 개가 다른 개와 처음 만날 때 같은 품종끼리는 호감을 보이고 품종이 같지 않은 개체들에게는 다르게 대한다고 말하는 사람들이 많다. 일부 설치류가 친족을 알아보듯 이 또한 냄새에 바탕을 둔 것일까? 자신에게 어떤 냄새가 나는지는 알아도, 자신이 어떻게 생겼는지를 개들이 반드시 아는 건 아닐 테니. 1960년대의 조류 연구에서는 새들이 물에 비친 이미지를 통해 자신의 깃털 색깔을 안다고 했다.

개가 색맹은 아닐지라도 지각할 수 있는 색의 범위는 인간에 비해 제한적이며, 대체로 적록색맹 인간과 비슷한 수준으로 색을 구분한다. 또한 개들은 밤에는 인간보다 더 잘 볼 수 있어서 인간보다 다섯 배 흐릿한 밝기에서도 볼 수 있을 걸로 추정된다.

개가 듣는 소리, 개가 내는 소리

개의 귀는 길고 축 늘어진 것도 있고, 짧고 똑바로 선 것도 있다. 모양도, 크기도 제각각이다. 하지만 귀 모양이 어떻든 간에 개는 인간이 전혀 감지할 수 없는 소리를 듣는다. 개의 귀는 회전 포탑처럼 움직일 수 있어서 소리의 발원지를 잘 파악한다. 품종과 나이에 따라서 개들은 4만~6만 헤르츠(헤르츠는 초당 진동 주기 횟수)의 주파수를 들을 수 있다. 인간의 가청 주파수는 1만 2,000~2만 헤르츠다. 개 호루라기는 일반적으로 2만 3,000~5만 4,000헤르츠의 소리를 낸다.

개들은 18개가 넘는 근육으로 유연하게 귓바퀴를 제어한다. 전체적으로 개는 인간보다 대략 두 배 더 높은 주파수를 지각하며, 소리를 판별하고 구별하는 능력은 네 배에 이른다는 것이 대체적 추정이다. 인간이 20피트(약 6미터) 떨어진 거리에서 듣는 소리를 개는 대략 80피트(24미터) 떨어져서도 듣는다는 뜻이다. 물론 개의 귀는 자신이 내는 소리에 맞춰져 있다. 존 브래드쇼와 니콜라 루니는 연구를 통해 야생 개과 동물이 열두 가지 소리를 내는데, 개는 이 가운데 열 가지 소리를 낸다고 보고했다. 하지만 다양한 소리를 하나로 묶는 과학자들이 있는가 하면 더 세밀하게 나누는 과학자들도 있으므로 개가 정확히 몇 가지 소리를 내는지는 아직 논란의 여지가 있다.

미각, 촉각, 복합 감각

이 장에서 나는 주로 개의 코, 귀, 눈에 집중했다. 아무래도 가장 중요한 감각들이고, 가장 잘 알려진 감각들이기 때문이다. 상대적으로 개의 미각과 촉각에 대해서는 별로 알려진 바가 없다.

개의 미각은 우리보다 훨씬 둔감한 것으로 밝혀졌다. 개는 맛봉오리가 대략 1,700개이고 인간은 9,000개다. 개가 무턱대고 혀로 핥고 입에 마구 집어넣는다는 점을 생각하면 이렇게 맛봉오리가 적은 게 실은 축복이다.

개에게는 촉각도 중요하지만 개체에 따라 차이가 있다. 어떤 개들은 자신들이 원하는 방식으로 껴안으면 좋아한다. 또 쓰다듬거나 어루만지면 좋아하는 녀석들도 있는데 초조하거나 짜증이 날 때 그렇게 하면 진정이 되는 것 같다. 이런 접촉을 썩 좋아하지 않는 개들도 있다. 그럴 때는 접촉을 기피하는 개의 성향을 존중해야 한다.

개들끼리의 접촉은 근접 거리에서 맞닥뜨렸을 때 이뤄진다. 이때 접촉은 전달하려는 메시지를 강화할 수도, 손상시킬 수도 있는 것으로 보인다. 스트레스를 받은 개에게 천천히 다가가 마치 "괜찮아질 거야" 하고 말하듯이 옆에 엎드리고 상대방 등에 앞발을 올리는 개를 본 적이 있다. 개들도 가끔 서로서로 털 고르기를 하며, 배와 등을 붙이고 잠을 자기도 한다. 하지만 접촉을 좋아하는 개도 있고, 그렇지 않은 개도 있다는 것 말고는 개의 촉각에 관해 제대로 알지 못한다.

앞으로의 개 연구에서의 진정한 과제는, 각각의 감각이 어떻게 작동하는지 알아내는 것만이 아니라 여러 감각기관을 통해 들어온 복합 신호가 어떤 식으로 결합되어 세상을 이해하고 결정을 내리게 하는지 알아내는 것이다. 개 연구자 루트비히 후버의 연구는 묶인 상태의 개가 시각 정보와 소리 정보를 통합해 다른 개의 품종을 정확하게 알아낸다는 사실을 입증했다. 개들은 스크린에 투사된 제각각 크기와 덩치가 다른 개들이 일반적으로 내는 발성을 연결 지었다.

연구가 더 진행되면 냄새, 시각, 소리가 각각의 개에게 얼마나 중요한지, 또 어떻게 함께 작동하는지 정확히 파악하게 될 것이다. 이를 바탕으로 우리는 개가 세상을 지각하는 방식을 풍부하게 이해하게 될 것이다. 현재 우리가 아는 건 여러 감각에서 끊임없이 입력되는 자극을 어떻게 처리하든 간에, 코를 땅에 대거나 다른 개의 엉덩이에 들이대는 개들은 지금 이 순간 냄새의 교향곡에 흠뻑 취해 있다는 사실이다.

3장

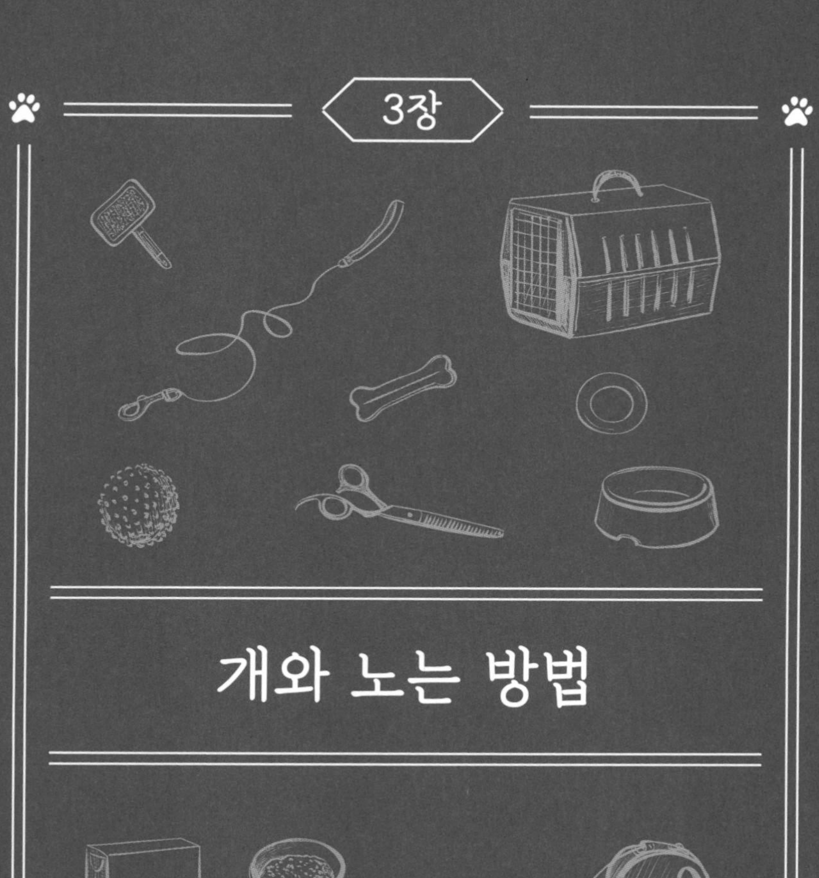

개와 노는 방법

제스로는 껑충껑충 달려가 제크 바로 앞에 멈췄다. 그러고는 앞발을 쭉 편 채 쭈그리고 앉아 꼬리를 흔들며 짖어댔다. 그러고 나서 곧바로 제크에게 달려들어 목덜미를 물고는 그의 머리를 양옆으로 세차게 흔들고, 뒤쪽으로 돌아 그의 위에 올라탔다가 다시 내려와 고개 숙여 인사했다. 그런 후 옆으로 돌아가 그의 엉덩이를 툭 치고 뛰어올라 그의 목을 문 뒤 달아난다.

제크는 맹렬히 제스로를 쫓아가 뒤에서 올라타고는 잇달아 그의 코와 목덜미를 물고 양옆으로 세차게 머리를 흔든다. 수키도 합세해 제스로와 제크를 뒤쫓아가더니 세 녀석이 한꺼번에 엉켜 몸싸움을 벌인다. 그러다 몇 분 동안 서로 떨어져서 여기저기 코를 킁킁거리며 쉬는가 싶더니 제스로가 천천히 제크에게 다가가 그의 머리 쪽으로 앞발을 내밀고 귀를 꼬집는다. 그러자 제크가 일어나서 제스로 뒤쪽에 가서 올라타고는 물면서 허리를 움켜잡는다. 둘은 바닥에 넘어져 뒹군다. 그러고 나서 다시 서로의 뒤를 쫓고 몸을 굴리며 논다. 수키까지 합세해 세 녀석은 지칠 때까지 신나게 뛰어논다. 놀이가 끝난 후 다들 이보다 더 행복할 수 없다는 표정을 짓는다. 롤로가 다가오자 이 모든 것이 다시 시작된다.

이는 내가 기록한 현장일지의 일부다. 개들이 노는 모습을 관찰한 수많은 사례들도 이와 비슷하다. 나는 몇십 년 동안 개들이 노는 모습을 옆에서 지켜보았지만 한 번도 지루하다고 느끼지 않았다. 개들은 그저 즐기고 싶을 뿐이다. 왜 아니겠는가?

나는 혼자 공원에 나가서 느긋하게 돌아다니며 개들이 노는 모습을 지켜볼 때가 많다. 사람들이 자신의 개에게 마음껏 뛰어놀고 킁킁거리도록, 말하자면 개가 개답게 놀도록 허용할 때는 그렇게 흐뭇할 수가 없다. 개에게 놀이는 무엇과도 바꿀 수 없는 자유를 선사한다. 개들은 30초마다 제지당하고, 불려가고, 지적당하지 않으면서 냄새를 맡고, 뛰어다니고, 오줌을 싸고, 놀 수 있어야 한다. 아무리 개 산책 공원이라도 개들에게 무한정 자유를 허용할 수는 없지만, 인간의 시계로 측정하지 않는 '개의 시간'이 꼭 필요하다.

사람들이 간혹 자신의 개에게 "2분간 시간을 줄게" 하고 말하는 걸 들으면 웃음이 난다. 개의 몸속에 시계라도 들어 있는가? 사람들은 "좋아. 5분 동안 여기 있을 테니 얼른 오줌도 싸고 친구들이랑 놀다 오렴" 하고 말하고는 잠시 후 개를 부른다. 그래 놓고 곧바로 오지 않으면 짜증을 낸다.

"왜 이렇게 꾸물거려? 10분 동안이나 불렀잖아. 이제 가야 할 시간이야."

그럴 때 개들이 어떻게 생각할지 참으로 궁금하다.

"음, 10분이 얼마나 긴 시간이지? '이제'는 무얼 말하는 거지?"

개들이 실제로 '시간을 냄새 맡을' 수 있다 해도, 즉 냄새가 희미해지는 정도를 파악해 얼마나 오래전에 어떤 일이 일어났는지 알아낸다 해도, 인간의 용어로 시간을 파악할 도리가 없다. 놀이는 개가 최고로 좋아하는 활동이며, 본래 놀이를 하는 동안에는 시간이 순식간에 녹아내리는 법이다. 개들은 대부분 놀 시간이 부족한 상태다.

놀이에는 자유에 더해 두 가지 중요한 요소가 필요하다. 바로 즐거움과 친구다. 놀이는 개의 머리와 마음속에서 벌어지는 수많은 일들을 들여다볼 수 있는 창이므로 그 자체로 풍요로운 연구 영역이기도 하다. 예를 들어 나는 그야말로 절친인 새디와 록시라는 개를 안다. 새디는 여러 계통이 뒤섞인 털북숭이에 몸집이 작은 잡종견이고, 록시는 몸집이 호리호리한 복서 품종의 잡종견이다. 새디는 개 산책 공원에 도착한 즉시 킁킁거리고, 오줌을 싸고, 고개를 바싹 들어 눈과 냄새로 누가 있는지를 확인한 다음 곧바로 다시 공원 입구에 달려가 록시를 기다린다. 록시가 이미 공원에 와 있을 때는 100에 95번은 곧장 새디에게 달려간다. 그러고는 둘은 마치 세상에 둘밖에 없는 것처럼 놀기 시작한다.

흥미로운 일은 록시가 나타나지 않은 날에 벌어진다. 새디는 다른 개들이 와서 인사하고 같이 놀자고 해도 천천히 울타리를 따라 걸으며 주위를 두리번거리기만 한다. 록시의 행방을 찾는 게 틀림없다. 새디는 보통 20초 정도 걷는다. 그 정도면 록시가 없다는 사실을 확인하기에 충분하다. 그런 다음에야 새디는 단념하고 어울려 놀 다른 상대를 찾는다.

새디는 록시가 그곳에 없다는 사실을 어떻게 그토록 빨리 알아낼까? 새디가 기다리기를 포기하고 어울려 놀 친구를 찾았다면 록시가 오지 않을 확률은 99퍼센트로 정확하다. 그렇다면 새디와 록시가 단짝친구고, 특별히 둘이서 어울려 놀기 좋아한다고 말해도 될까? 물론이다. 둘의 반려자들도 그렇게 생각한다. 새디는 모든 감각을 동원해서, 어쩌면 시간 감각까지 사용해서 록시가 올지 말지 기가 막히게 알아내는 게 확실하다. 그런데 만약 록시가 없으면 새디가 개 산책 공원에서의 자유를 허비할까? 절대 그렇지 않다. 어떤 개가 그러겠는가?

놀이를 즐기는 개, 카니스 루덴스

개들은 때로는 아무 이유 없이 그냥 재미 삼아 논다. 지금 이 순간 그들 말고는 아무도 없다는 듯 정신없이 뛰어다니며 신나게 논다. 개들은 다른 개들이 노는 걸 보면 따라서 놀려고 한다. 놀이는 사회적으로 전염성이 있어서 유행병처럼 급속도로 번지곤 한다. 개들을 관찰하면 불쑥불쑥 나도 함께 놀고 싶다는 생각이 든다. 물론 그렇게 하진 않는다. 난 환영받지 못하는 존재일 테니. 나는 개가 함께 노는 무리에 끼려고 이리저리 뛰어다니고, 짖다가 지쳐 나가떨어지고, 합세해 같이 놀기도 하는 광경을 자주 보았다. 놀이는 틀림없이 재미있지만, 때로는 진지한 일이기도 하다.

개의 놀이와 관련해 많은 질문을 받는다. 개에게 놀이는 어떤 의미인지, 그들은 왜 놀려고 하는지, 어떻게 놀아야 하는지 등등. 사람들은 놀이가 거칠어지는데도 개들이 계속 놀아도 될지, 개가 지나치게 많이 노는 건 아닌지, 놀이가 공평하게 진행되는지 알고 싶어 한다. 개 산책 공원 방문자들은 결코 마르지 않는 샘처럼 개의 놀이에 관한 자신들의 생각을 펼쳐놓는다. 사람들은 흔히 이렇게 말한다.

"저렇게 놀다가 싸움으로 번지지."

"저 녀석은 등에 올라타려고 해. 정말로 원하는 건 놀이가 아니라 짝짓기거든."

"쟤들은 지금 노는 게 아니야. 너무 세게 물어서 미안해하는 거지."

이 장에서는 이런 질문들을 포함해 놀이에 관한 여러 질문에 답할 것이다. 개들이 놀 때 무엇을 하는지를 신중하게 분석하면 그들이 느끼는 공감, 협동, 정의, 공평함, 도덕성 등에 대해 어느 정도 알 수가 있다.

찰스 다윈은 《인간의 유래와 성 선택The Descent of Man and Selection in Relation to Sex》에서 "강아지, 새끼 고양이, 새끼 양 같은 어린 동물들이 아이들처럼 함께 어울려 놀 때보다 더 행복한 모습은 없다"라고 썼다. 또 같은 책에서 "중요한 점은 자연학자들이 특정 동물의 습성을 연구할수록 이성의 결과로 보이는 것이 많아지고 타고난 본능으로 보이는 건 줄어든다는 사실이다"라고 썼다.

사회적 놀이•는 우발적이거나 자동적인 것이 아니며, 개들은 누구라도 놀이에 참여한다. 놀이 욕구는 마치 생물학적 충동처럼 개의 본성에 내재되어 있는 듯하다. 나는 개의 학명을 '카니스 루푸스 파밀리아스'에서 '카니스 루덴스*Canis ludens*'로 바꿔야 한다는 생각을 자주 한다. 라틴어 '루덴스'는 스포츠와 놀이를 뜻하는데, 개는 지쳐 나가떨어질 때까지 놀이에 몰두한다. 그러고 나서 몇 분 쉬고 나면 활력을 되찾아 또 다시 놀이에 나선다.

• 주로 사교적 목적으로 여럿이 함께 어울려 노는 행위.

실제로 많은 동물들이 놀이를 한다. 쥐도 간질이면 웃는다. 간지럼에는 진정 효과가 있다! 놀이를 하면 뇌에 도파민(어쩌면 세로토닌, 노르에피네프린) 같은 신경화학물질이 분비되어 놀이 욕망을 불러일으키고 놀이 자체를 조절하는 것을 돕는다. 놀이 기회를 예감하는 쥐들한테서는 도파민 분비가 늘어나는데 그들은 장난스럽게 간질이는 것을 즐긴다.

개들은 무모하리만치 제멋대로 놀 때가 많다. 사람들은 내게 묻곤 한다. 저렇게 정신없이 빠르게 뛰고 구르고 달려들고 물고 도망치는 와중에 개들이 어떻게 자신들이 놀이를 한다는 사실을 잊지 않는지를, 또 어떻게 서로에게 해를 끼치지 않는지를. 개들이 노는 모습을 지켜보면 놀랍게도 그들은 대체로 자신들의 신체적 허용치, 즉 상대방, 오가는 사람들, 사물들과의 관계 속에서 자기 몸이 어떤 위치인지 아는 듯하다. 나로파대학교 심리학과 교수 크리스틴 콜드웰의 말처럼 개들은 겉으로 보이는 것과 달리 마음을 의식하고 "몸도 의식하고" 있는 것이다.

바로 다음에 나올, 개들을 촬영한 영상을 꼼꼼히 분석하면 개들은 상대방의 의도와 욕구를 지속적으로 타진하고 파악한다. 그래서 다소 거칠어 보여도 놀이가 계속 이어진다. 언젠가 개의 놀이에 대한 다큐멘터리를 제작하며 촬영진은 개의 머리와 목에 고프로 카메라를 부착했다. 개의 관점에서 그 영상을 보면서 나는 몹시 흥분했다. 이런 카메라를 사용한 프로젝트가 준비 중이다.

개들은 혼자 노는 것도 즐긴다

이 장에서는 주로 사회적 놀이에 초점을 맞추지만 개들이 혼자서도 논다는 사실을 알아둘 필요가 있다. 놀이 자체가 보상이 되므로 반드시 사회적 맥락이 필요하지는 않다. 개를 기르는 사람은 개들이 가끔 아무 이유 없이 그냥 재미로 논다는 것을 안다.

혼자서 놀기의 주인공이 될 만한 다윈이라는 멋진 개가 있다. 그는 '분수대 개'라는 별명으로 통한다. 다윈의 반려자 새러 벡셀은 다윈이 "호주산 셰퍼드와 카타훌라 하운드 사이에서 난 잡종견으로, 에너지가 넘치는 데다 영악하고 똑똑해서 최고로 잘해주는 사람에겐 1년 365일 헌신할 준비가 되어 있다"고 했다. 동감이다! 나도 그런 다윈의 모습을 수없이 보았으니까.

새러는 말한다.

> 다양한 것들이 다윈을 매혹하지만 먹을 것과 다람쥐를 빼면 단연 물이 일등이에요. 물웅덩이에 들어가면 아예 나올 생각을 안 하죠. 그래서 다윈이 물에 들어가 두어 시간쯤 지나면 나는 결국 샌들을 신고 물에 들어가 녀석을 끌어내죠.
>
> 다윈은 빠르게 움직이는 물만 보면 무작정 마시려 들어요. 콜로라도주 포트콜린스의 올드타운 광장에서 분수 쇼가 열렸을 때 처음 알아낸 사실이었죠. 그때 다윈은 솟구치는 물기둥마다 쫓아다니며 고개를 쳐들고 물을 마시는 익살스러운 행동으로 주변 사람들을 웃

졌죠.

이런 행동은 매일 샤워를 할 때도 어김없이 나타납니다. 그래서 얘 앞에서는 '샤워'라는 말도 함부로 못해요. (가령 욕조 앞에 깨끗한 타월을 준비하는 등) 샤워의 낌새만 보여도 기대감에 차서 잽싸게 욕조로 달려가 욕조 주둥이에 입을 갖다 대거든요. 샤워 전 잠깐만 자리를 비우면 다윈은 사라져버립니다. 어디 갔을까요? 바로 욕조 안 샤워 커튼 뒤에 숨어 이제나저제나 물이 떨어지기만 기다리죠. 정원 가꾸기 시간도 좋아하는데, 바로 호스 때문이죠!

다윈은 진실로 카니스 루펜스의 영예로운 대표자라 할 만하다. 다윈을 지켜보면서 터져 나오는 웃음을 참을 수 없을 때가 많았다. 아마 그의 물에 대한 집착은 멋진 연구 프로젝트가 되지 않을까. 이 같은 다양한 유형의 놀이는 개를 비롯한 포유류 동물들의 뇌와 감정, 마음속을 엿보는 멋진 창문이 되어준다.

개들도 개체마다 다양한 것을 좋아한다. 자신의 꼬리를 쫓아 뱅글뱅글 돌기를 좋아하는 개, 여러 가지 물건을 갖고 놀기를 좋아하는 개, 마치 발작이 나거나 무도병•에라도 걸린 것처럼 여기저기 미친 듯이 펄쩍거리며 뛰어다니기를 좋아하는 개도 있다. 그들은 순전히 혼자서도 이런 '발광'을 즐긴다. 칼 사피나의 반려견 출라의 사진을 보면 이 개가 롱

• 신체 각 부의 근육이 의도하지 않게 불규칙한 운동을 일으키는 증상. 얼핏 보면 춤을 추는 것처럼 보여 무도병이라 부른다.

롱아일랜드 아마간세트 해변을 마음껏 질주하는 출라.

아일랜드 아마간세트 해변을 정신없이 뛰어다니는 걸 얼마나 좋아하는지 알 수 있다. 누가 보아도 출라는 엄청 기분 좋은 상태로 보인다. 《소리와 몸짓: 동물들이 생각하고 느끼는 것Beyond Words: What Animals Think and Feel》의 저자 사피나 박사는 자신의 개 출라와 주드가 노는 모습을 찍은 사진을 여러 장 보내면서 이렇게 덧붙였다.

"선생님도 우리만큼 이들의 즐거움을 (그리고 출라의 혀를) 느껴보시기 바랍니다."

놀이를 하지 않는 개도 있을까?

"조금 더 놀고 싶어요. 조금만 더."

집에서 데리고 사는 모든 개들, 개 산책 공원이나 개가 자유롭게 뛰놀 수 있는 대다수 공간에서 만난 모든 개들에게서 이런 욕망을 듣고 보았다. 물론 상대적으로 더 열정적 개들이 있고, 개보다는 사람에 가까운 개들도 있다. 언젠가 개를 비롯한 여타 동물들은 놀이를 하지 않는다는 어느 동물행동학자의 말에 큰 충격을 받은 적이 있다. 다행히 그 같은 주장을 하는 사람은 그가 유일했으므로 간단히 그 주장을 무시했다.

나의 커리어가 막 시작되던 시기에 연구자들이 포함된 몇몇 사람이 내게 개의 놀이 행동 연구는 시간 낭비라고 충고했다. 개는 인공적 산물, 즉 '인간의 창조물'에 지나지 않으므로 '진지한 동물행동학자'는 개를 연구하지 않는다고 말하기도 했다. 그들은 개 연구로는 야생동물들의 행동에 대해 별로 알아낼 게 없다고 했다. 놀이 연구는 쓰레기 더미나 다름없으니 특별히 건질 게 없다고 덧붙이는 사람도 있었다. 놀이 연구는 처리가 곤란하거나 아예 처리 불가능한 데이터만 잔뜩 쌓인 쓰레기통에 불과하다는 주장이었다. 당시에 개를 연구하는 사람들이라고는 수의사들과 행동학 데이터의 응용에 관심 있는 사람들 정도였다.

그 후 이런 과거의 잘못된 생각은 지속적으로 재검토되고 완전히 반박되었다. 분명히 말하지만 놀이 행동 연구는 동물행동학자들의 꿈이 될 수 있다. 나는 40년이 넘는 커리어 전부를 개들과 그 야생 친척들의 놀이 행동 연구에 바쳤다. 현재 많은 연구자들이 나와 함께 놀이의 다양한 측면들, 즉 왜 놀이가 진화했는지, 왜 놀이가 적응 행동인지, 무엇이 놀이를 유발하는지, 놀이가 어떻게 전개되는지, 놀이를 하며 동물들이 무엇을 느끼는지 등의 진지한 질문을 제기한다.

놀이는 자발적 행동이며 하고 싶지 않을 때는 빠져나올 수 있다. 원하면 언제라도 그만둘 수 있고, 이만하면 충분히 놀았다고 느끼는 순간을 개들도 대개 아는 듯하다. 아마 모든 개가 놀이를 한다고 볼 수 있지만, 그렇다고 그들이 항상 놀이를 하는 것은 아니다. 내 경험상 유일한 예외는 어린 시절 극심한 트라우마를 겪은 개들이다. 내가 지켜본 압도적 다수의 개들은 놀이를 즐기지만, 어릴 때 학대당한 몇몇 개들은 나중에 사랑을 베푸는 인간과 함께 살아도 노는 법을 모르는 것 같았다. 참으로 슬픈 일이다. 제시카 피어스의 말대로 그들은 학대로 인해 삶에서 놀이를 도둑맞았고, 그 가운데 일부는 영원히 다른 개들이나 인간과의 놀이에서 편안함을 느낄 만큼 회복되지 못했다. 놀이 상대를 지나치게 까다롭게 고르는 개들도 있다. 나와 함께 살던 개 두 마리는 놀이를 좋아하면서도 다른 개들과 쉽게 어울리지는 못했다.

또 그저 노는 법을 잘 모르는 떠돌이 개들을 만난 적도 있다. 그들은 오로지 다음 끼니를 확보하는 데만 관심이 있는 듯했다. 하지만 전반적으로 보면 내가 만난 개들은 대부분 혼자서 혹은 다른 이들과 함께 놀이를 즐겼다.

지칠 줄 모르는 프리스비 선수 애리.

개들에게도 '베스트프렌드'가 필요하다

대부분의 개들이 하고 있고 잘하는 일이 바로 친구와 노는 것이다. 친구와 재미, 그들에게 너무도 중요한 문제다. 그러니 개를 비롯한 여타 동물들이 친구를 사귀는지, 재미를 느끼는지 여부를 놓고 일부 연구자들이 갑론을박하는 모습을 보면 세상에 그런 시간 낭비가 있을까 싶다. 그 당연한 사실은 상세한 비교연구를 통해 다양한 종들에서 이미 확인되었다. 몇몇 개 훈련사들을 포함해 많은 사람들이 내게, 이런 논쟁 때문에 사람들이 과학을 외면할까 봐 걱정된다고 말한다. 하지만 개에 조금만 관심이 있다면 개가 친구를 사귄다는 사실을 모를 수가 없다.

언젠가 한 여성에게 매일같이 개 산책 공원을 방문하는 이유를 물었다. 그녀는 대답했다.

"난 아무리 바빠도, 또 아무리 궂은 날씨여도 최소한 이틀에 한 번은 꼭 공원에 옵니다. 그래야 롤리타와 론도가 친구들과 재밌게 놀 수 있으니까요. 내가 그걸 대신할 순 없거든요. 그러다 보니 이 공원 단골이 되었네요."

앞에서 이야기한 록시와 새디처럼 개들도 특별히 선호하는 놀이 상대가 있다. 개들이 특정한 개를 놀이 상대로 삼는 경우를 수도 없이 보았다. 고개를 빼 들고 단짝친구를 찾아 두리번거리느라 다른 개들의 놀이 요청을 본 체 만 체하는 모습을 보면 항상 웃음이 나온다.

개도 재미를 느끼느냐, 개도 친구를 사귀느냐 따위를 정색하고 묻는 사람들을 보면 참으로 의아하다. 그들은 개 산책 공원에서 눈에 뻔히 보이는 것을 무시한다. 그보다는 개를 비롯한 여타 동물들이 왜 재미와 우정을 중요시하는 방향으로 진화했는지 물어보라. 결코 경박하거나 비과학적 주제가 아닐 테니. 실제로 학술 저널《커런트 바이올로지Current Biology》에서는 재미의 생물학을 논의하는 데 한 권을 통째로 할애하거나 다양한 동물들의 놀이 행동에 초점을 맞춘 저명한 과학자들의 에세이를 여러 편 싣기도 했다.

인간 이외의 다양한 동물 종들이 보이는 재미와 우정을 정말 회의적으로 보는 사람은 갈수록 줄어든다. 그럼에도 나는 이 분야가 계속 과학 연구에서 큰 줄기로 유지되기를 희망한다. 개를 이해하고 그들에게 최고의 삶을 제공하는 방법을 배우는 건 너무나 중요하기 때문이다.

개가 '지나치게' 놀아도 문제없을까?

이따금 개들이 지나치게 많이 놀기도 하는지 사람들이 묻는다. 보통은 결코 그렇지 않다고 대답한다. 물론 개는 놀이에 너무 열중한 나머지 기진맥진해지거나 목이 마르다는 사실을 알지 못할 때가 있다. 가끔은 개가 자신의 행동과 주변 상황에 주의를 기울였으면 할 때도 있다.

다행히 이 주제에 대해 준 그루버 박사와 이야기할 기회가 있었다. 그는 인간의 '과도한 행복'이 지닌 부정적 측면에 대한 전문가로, 우리가 나눈 논의는 〈긍정적 감정의 폐해에 대한 종들 간의 비교 접근A Cross-Species Comparative Approach to Positive Emotion Disturbance〉이라는 연구 논문으로 발표되었다.

대체로 개들은 지나치게 흥분하거나 피로한 상황에서도 포식자나 다른 동물의 공격을 걱정할 필요가 없다. 반면 파키스탄의 쿤저랍국립공원•에 사는 노란배마멋••을 현장 관찰한 연구를 보면 마멋은 놀이에 열중한 동안 포식자에게 당할 위험성이 높았다. 또 남방물개는 바다에

• 해발 4,000미터가 훌쩍 넘는 파미르고원에 자리 잡은 자연생태 공원. 세계적 희귀종인 아이벡스를 비롯한 고산지대 야생동물들의 낙원으로 알려져 있다.

•• 다람쥐과에 속하는 설치류로 미국 서부 산악지대 높은 곳에 서식한다.

서 놀이를 하는 동안 경계심이 낮아져 남방바다사자에게 희생될 위험성이 상대적으로 높았다. 나는 중간 크기의 잡종견 로키가 지나치게 흥분하고 '놀이에 푹 빠져서' 자기만큼 거칠게 놀고 싶어 하진 않는 낯선 개들과 노는 모습을 두 번 정도 보았다. 로키가 다른 개들의 메시지를 명확히 이해했다는 사실은 나를 매료했다. 들릴락 말락 한 짤막한 그르렁거림을 포함해 단 두 차례의 가벼운 질책만으로 로키는 수위를 낮춰 모두가 원하는 수준으로 함께 즐겼다. 10분 뒤에 내가 공원을 떠날 때에도 그들은 여전히 놀고 있었다. 개들은 그르렁거림으로 자신의 말을 표현한다는 연구가 있다.

이런 관찰은, 놀이가 어떻게 특별한 방식으로 진화해서 모든 개들이 통하는 것과 그렇지 않은 것, 성공적으로 노는 방법을 본능적으로 아는 듯이 보일까 하는 질문으로 이어진다. 일정한 한계 안에서 놀이를 하는 것은 진화론에서 말하는 '안정화 선택'에 포함된다. 안정화 선택이란 "자연선택의 한 유형으로, 그 결과 유전자 다양성이 줄어드는 대신 집단의 평균값이 특정 형질 값으로 안정화" 되는 것을 말한다. 안정화는 여러 범주의 형질들(활동 수준, 크기, 색깔 등)에서 극단을 배제하는 쪽으로 작용한다. 따라서 지나치게 소심하거나 공격적인 개체, 지나치게 작거나 큰 개체, 지나치게 색깔이 밝은 개체, 지나치게 둔감한 개체가 도태되듯이, 지나치게 많이 혹은 적게 놀이를 하는 개체도 도태된다.

개 산책 공원에서 개들을 지켜보면서 이런 대화를 들으면 매우 흐뭇해진다. 이는 진화생물학과 심리학의 일반 원칙, 그리고 여러 유형의 사회적 행동들에 대한 살아 있는 지식이 되고 개들에게도 도움을 준다. 동물들의 행동과 진화에 대해 알수록, 또 개들이 왜 그런 행동을 하는지 알수록 개에 대한 전반적 이해가 높아진다고 말하는 사람들도 있었다.

개들의 사회적 놀이

이제부터 개들의 사회적 놀이에 대해 살펴보기로 하자. 먼저 사회적 놀이가 무엇인지, 개들이 왜 그런 행위를 하는지 알아보려 한다. 그런 다음 그 행위의 여러 측면을 분석하고, 개들이 다른 개에게 "너랑 놀고 싶어"라고 말하는 법, 그때그때 신중하게 타협해가며 놀이가 공평한 게임으로 유지되도록 하는 법을 집중적으로 알아볼 것이다.

놀이가 심각한 공격으로 번질까 봐 조마조마할 필요는 없다. 대부분의 개들은 '도덕적'이어서 공평하지 못하면 놀이를 중단한다. 관찰해보면 매우 흥미로울 것이다. 특히 여러 마리가 함께 어울려 놀 땐 너무나 많은 사회적 신호들이 동시에 오고가는 바람에 서로의 마음을 읽어내는 능력이 손상된다. 서로의 행동을 재빨리 읽고 해석하기가 어려워지면 실수가 발생한다. 나는 친숙한 개들이나 낯선 개들과 놀이를 할 때 개들이 어떻게 달라지는지 새로운 데이터를 바탕으로 살펴볼 예정이다. 이 주제를 집중적으로 다룬 학계 연구가 아직 없다는 사실이 일반인들에겐 오히려 뜻밖일지도 모른다.

놀이의 일반 원칙을 다루면서 솔직히 말하고 싶은 점은 사실 모든 규칙에는 '예외'가 많다는 것이다. 어쩌면 그 때문에 놀이 연구는 더욱 흥미롭고 도전적 과제가 되는지도 모른다. 만약 여러분의 개가 보이는 행동이 여기서 논의되는 원칙과 전혀 또는 부분적으로 일치하지 않는다면 그 이유를 찾아보는 기회로 삼기 바란다. 대부분의 개들은 놀이를 할 때 지금부터 서술할 경향들을 보인다. 그러나 모든 개가 항상 그러지는 않는다. 그러니 기왕에 아는 바를 개별 개의 개성과 살아온 이력에 맞춰 언제라도 수정할 준비를 하기 바란다.

개들에게 놀이란 무엇일까?

"놀이란 무엇인가?"라는 질문에 답하려면 개와 여타 동물들이 놀 때 어떤 행동을 하는지 유심히 살펴야 한다. 그러므로 놀이를 연구하려면 허리를 숙이고, 흙을 묻히고, 개와 함께 놀아야 한다. 그래야 개가 무엇을 놀이로 여기는지, 누구랑 놀고 싶어 하며, 좋아하는 놀이 상대가 아닌 사람은 누군지 따위를 알아낼 수 있다. 아주 쉽다. 여러분의 개가 무엇을 원하는지, 무엇이 필요한지, 누구와 어울리고 뛰어다니기를 좋아하는지 살펴보라.

하지만 일반적으로 볼 때 "놀이란 무엇인가?"라는 너무도 단순해 보이는 질문은 오랫동안 연구자들의 골칫거리였다. 사회적 놀이에 대한 다음 정의는 동물행동학자 존 바이어스와 함께한 놀이 연구에서 얻은 결론이다. 존은 멧돼지의 일종인 페커리를 연구했고, 나는 가축화된 개·늑대·코요테·자칼·여우 등 다양한 개과 동물들을 연구했다. 우리 둘은 다른 연구자들과 함께 여러 포유동물의 놀이에서 많은 공통된 특징을 찾아냈고 놀이를 정의할 수 있었다. 사회적 놀이란 놀이가 아닌 맥락에서 사용되는 행동을 수정된 형식과 변형된 순서로 가져와 다른 개체들을 향해 행하는 활동이다. 동물들이 놀이를 할 때는 놀이가 아닐 때 하는 것만큼 오래 하지 않는 행동들도 있다.

우리의 정의가 동물이 놀이를 할 때 행하는 것, 즉 놀이의 구조에 초점을 맞춘다는 사실을 알아차렸는가. 테네시대학교 심리학과 교수 고든 버가르트는《놀이의 기원The Genesis of Play》에서 놀이 행동에 다섯 가지 기준이 있음을 확인한다. 놀이는 자발적이고, 즐겁고, 자체 보상이 있고, 연관된 실제 상황에서의 행동 체계와는 구조적 · 시간적 차이가 있고, 우호적 상황에서 일어난다.

여기서 보듯이 동물들은 놀이를 할 때 포식(사냥)이나 생식(짝짓기), 공격 등 놀이가 아닌 맥락의 활동에서 사용되는 행동을 차용하거나 흉내낸다. 놀이에서는 전면적 위협과 굴복이 매우 드물다. 포식자에 대한 대항 행동에 사용되는 행동 패턴 역시 놀이에서 관찰된다. 사슴, 말코손바닥사슴, 가젤 등 흔히 포식자의 먹잇감이 되는 발굽이 있는 유제동물들이 놀이 도중 종잡을 수 없는 지그재그 패턴으로 달리는 것이 대표적인 예다. 동물들이 놀이를 할 때는 이런 행동들의 형식과 강도가 달라지고, 예상할 수 없는 다양한 순서로 조합되기도 한다. 예를 들어 스컹크, 코요테, 미국흑곰의 경우, 실제 상황에서 싸울 때는 이빨로 물지만 놀이로 싸울 때는 상당 부분 억제된다. 곰의 경우 발톱으로 할퀴는 일을 자제하며 덜 격렬하게 한다. 또 곰은 놀이에서는 대체로 으르렁거리지 않으며, 물기와 할퀴기도 실제 공격에 비해 상대방의 다양한 부위를 겨냥

몰리(왼쪽)와 샬럿이 줄다리기를 한다. 이 놀이는 5분 이상 계속되었고, 전후론 사회적 놀이와 혼자 놀이가 있었다(위 왼쪽 사진).
(왼쪽에서 오른쪽으로) 예킬라, 샬럿, 몰리가 노는 모습. 그들은 재빨리 자리를 바꿔 가며 여러 행동(인사하기 · 물기 · 고개 흔들기 · 몸 부딪히기)을 했다(위 오른쪽 사진).
루비(왼쪽)가 스콘 앞에서 놀이를 청하는 인사를 한다(아래 왼쪽 사진).
스콘(오른쪽)이 루비 위에 올라탄다(아래 오른쪽 사진).

한다. 놀이 순서도 한층 다양하고 가변적이다.

놀이가 아닌 맥락에서 차용한 행동들을 어지럽게 뒤섞는다는 의미에서 나는 놀이를 만화경이라고 부른다. 엄격한 분석 결과 이 말은 사실로 입증되었다. 과학자이자 종교학자인 도노반 셰퍼는《종교 감정: 동

칼 사피나 박사의 반려견 출라(오른쪽)와 주드가 롱아일랜드 아마간세트 해변에서 물장난을 친다.

칼 사피나 박사의 반려견 출라(왼쪽)와 주드가 롱아일랜드의 아마간세트 해변에서 놀고 있다. 그들이 놀이를 한다는 사실을 모른다면 싸운다고 착각할지도 모른다. 놀이가 아닌 맥락에서의 행동을 차용하는 것은 개를 비롯한 여타 동물들의 사회적 놀이에서 나타나는 공통된 특징이다.

물성, 진화, 권력Religious Affects: Animality, Evolution, and Power》에서 놀이를 "정서적 혼합물affective concoction"이라고 부른다. 실제로 놀이가 아닌 맥락에서의 행동 순서에 비해 놀이 순서의 변동성이 심한 사실은 놀이가 얼마나 본질적인지 개들에게 알려주는 표식일지도 모른다.

놀이를 할 때 개들은 완전히 정신이 나간 것처럼 보인다. 맹렬히 몸싸움을 하고, 짖고, 물고, 뒤쫓고, 구른다. 놀이가 아닌 맥락에서 차용한 행동들을 그야말로 종잡을 수 없는 방식으로 사용한다. 그런데 놀이를 자세히 관찰하면 짝짓기나 실제 싸움, 사냥을 할 때 나타나는 행동들과는 순서가 다르다. 놀이 전문가이자《동물의 놀이 행동Animal Play Behavior》이라는 고전적 책을 쓴 로버트 페이건은 오래전, 내가 학생들과 함께 어린 강아지, 코요테, 늑대의 놀이와 공격에서 보이는 행동 순서에 대해 수집한 데이터를 분석한 적이 있다. 그는 놀이를 할 때의 행동 순서가 공격성을 보일 때보다 확연히 더 가변적임을 확인했다.

놀이를 할 때의 행동 순서가 실제 상황에서보다 한층 가변적이고 예측 불가능한 것은 여러 맥락에서의 행동들을 뒤섞어 놀이를 하기 때문이다. 개가 놀이에서 활용하는 행동은 평소에 비해 훨씬 다양하다. 따라서 놀이에서 다음 행동을 예측하기란 그야말로 어렵다. 정말로 공격성을 드러내거나 짝짓기를 할 때의 행동 순서는 그보다 훨씬 더 구조적이고 예측 가능하다. 이런 행동에는 특정한 목표가 있다. 일반적으로 공격하는 개는 차츰 다음 단계로 이어지는 공통된 순서를 따른다. 일단 위협하고, 뒤쫓고, 달려들고, 공격하고, 물고, 이어서 한쪽이 굴복할 때까지 몸싸움을 벌인다. 그러나 개, 코요테, 늑대가 놀이를 할 때 보이는 순서는 훨씬 다양하다. 예컨대 물기·뒤쫓기·몸싸움·몸 부딪히기·다시 몸싸움·짖기·뒤쫓기·달려들기·다시 물기·몸싸움 등의 순서로 이어지곤 한다.

마지막으로, 사람들은 개들의 놀이에서 암컷과 수컷이 차이가 있는지 자주 묻는다. 개를 포함해 일반적으로 개과 동물들의 경우 놀이에서 성별 차이가 드러나지 않는다. 하지만 대형 유인원과 산양을 비롯한 여러 동물에게서는 차이가 보인다.

개들은 왜 놀이를 할까?

모든 개들에게 놀이가 중요하지만 특히 어린 녀석일수록 더 그렇다. 놀이는 개들이 다른 개들이나 인간과 사회적 관계를 형성하는 생후 3주~12주에 가장 중요하다. 그렇다고 이때 하지 않으면 영원히 놀이를 하지 않는다는 말은 아니다. 다만 사회성을 개발할 시기에 다른 개들이나 인간과 어울려 노는 것이 특별히 더 중요하다는 뜻이다. 대부분의 개들은 인간의 돌봄을 받는 덕분에 성체가 된 후에도 놀이를 한다. 반면에 성체가 된 후 독립생활을 하는 동물 종들은 어렸을 때 놀이를 더 많이 한다.

물론 개를 비롯한 여러 동물들이 놀이를 하는 이유가 단 하나는 아니다. 그러므로 여러 동물들에게서 놀이가 진화하고 현재까지 이어진 이유에 대한 옳고 그름을 딱 잘라 말할 수는 없다. 단지 여러 가지 해석이 가능할 뿐이다.

짐작건대 놀이는 다양한 기능을 동시에 수행하게 한다. 상세히 연구한 결과, 놀이는 사회성 발달, 신체 발달(관절·근육·힘줄·뼈 발달·유산소 훈련·무산소 훈련 등), 인지 발달, 돌발 상황 대처 훈련에 중요하다. 게다가 신경생물학적 연구는 놀이를 할 때 재미가 있으며, 동물들은 그저 기분이 좋아져서 놀이를 한다는 주장을 강력하게 시사한다. 재미에는 놀람이라는 측면이 있는데, 이는 놀이가 돌발 상황에 대처하는 훈련으로 진화했다는 견해와 연결된다.

놀이는 만화경 같고 가변적 순서를 보인다는 점이 이러한 이론의 바탕이 된다. 또한 놀이는 어색함을 누그러뜨리고, 긴장된 상황에서 불안을 가라앉힘으로써 공격으로의 비화를 차단하는 항불안 효과도 있다. 개가 다른 개나 인간에게 천천히, 적어도 내가 보기에는 무엇을 기대할지 모른 채 다가가는 것을 많이 목격했다. 다가가던 개가 걸음을 멈추고 인사를 하면 곧바로 놀이가 시작된다. 침팬지, 보노보, 고릴라에게서는 어른이 되기 전에 사회적 놀이가 증가하며, 사람도 긴장 완화를 위해 놀이를 이용한다.

놀이의 다른 기능이 무엇이든 많은 연구자들은 놀이가 뇌 성장에 중요한 자양분을 공급하고, 뇌가 배선을 바꾸는 것을 도와 대뇌피질에서 신경세포들 사이의 연결을 강화한다고 믿는다.

개들의 놀이법

사람들은 개들이 어떻게 노는지 관심이 많다. 개들은 상대방에게 어떻게 놀이를 청할까, 어떻게 놀이의 분위기를 이어갈까, 놀이를 하는 중에 어떻게 타협을 할까, 온갖 부산스러운 행동을 하면서도 어떻게 공평성을 유지할까, 어떻게 잠재적 갈등을 해결할까?

개들은 놀자는 신호를 보내기 위해 여러 가지 동작들을 사용한다. 바로 인사하기, 얼굴 긁기, 다가갔다가 재빠르게 물러나기, 한 방향으로 가는 척하다가 다른 방향으로 가기, 입으로 물기, 놀아줄 상대를 향해 달려가기 등이다. 놀이 신호는 동물행동학자들이 말하는 '정직한 신호'를 보여준다. 사회적 놀이가 조작 행동으로서 진화한 증거는 어떤 종의 동물에게서도 찾을 수 없다. 놀이 신호는 개과 동물에서든 다른 종에서든 상대를 기만하려고 사용되는 경우가 거의 없다. 나는 오랜 세월 개, 포획된 어린 코요테와 늑대, 야생 코요테들의 놀이 과정을 몇천 번 관찰했지만 그 가운데 기만적 신호는 단 몇 차례에 불과할 만큼 극히 드물었다.

하지만 앞서 말했듯이 여러 가지 이유에서 연구 결과가 달라질 수 있다. 가령, 연구마다 다른 개들을 다른 맥락에서 연구한다는 점, 나이와 성별에 따른 결과가 다를 수 있다는 점, 개마다 삶의 이력이 다르다는 점 등이 대표적이다. 이런 변동성을 문제로 간주하기보다 후속 연구를 위한 자극으로 삼아야 한다.

개들의 놀이엔 전염성이 있다

흔히 시각적 놀이 신호, 특히 놀이 요청 인사•에 주목하지만, 개 연구자 존 브래드쇼와 니콜라 루니가 지적했듯이 모든 놀이 신호가 시각적인 것은 아니다. 개들은 놀고 싶을 때 장난으로 헐떡이고, 짖거나 으르렁거리기도 한다. 템스강 기슭에 서식하는 둑방쥐처럼 개들에게도 놀이를 청하는 냄새 신호가 있을지도 모른다. 다른 동물들도 그렇지만 개들의 세계에서는 놀이 자체가 전염성이 무척 강해서 처음에는 그다지 놀 생각이 없던 개들도 쉽게 놀이에 동참한다. 이런 전염성은 친구들과 즐겁게 놀고 있음을 알려주는 강력한 복합 신호에서 비롯된 것으로 보인다. 종의 경계를 넘어 인간은 물론 심지어 앵무새에게까지 전염성이 파급되기도 한다.

지칠 줄 모르는 동물보호 활동가로 앵무새 행동을 연구하는 제니퍼 밀러라는 학생은 2009년 1월, 집에 들인 맬컴이라는 고핀유황앵무••가 럭키라는 반려견의 행동을 흉내내는 걸 즐긴다고 말했다.

> 맬컴과 럭키는 둘 다 버려진 동물이었어요. 입양 가정을 찾는 과정에서 잠시 우리 집에 임시로 맡겨졌지요. 맬컴은 2009년 1월, 럭키는 2012년 9월에 우리 집에 왔어요. 그런데 지금까지 함께 살고 있으

• 잠재적 놀이 상대에게 놀이를 청하는 자세. 상대방 앞에서 앞다리를 쭉 뻗어 바싹 엎드리는 행동은 대표적 놀이 인사다.

•• 앵무목 관앵무과에 속하는 몸집이 작은 유황앵무로 인도네시아에 서식한다.

니 '임시 거처'가 '입양 가정'이 되었네요. 맬컴은 개 흉내를 잘 내기로 유명합니다. 우리가 잘 아는 '놀이 인사를 하고 천천히 걸음 떼기'는 맬컴이 특히 잘 따라 하는 동작입니다. 어떻게 된 일인지 맬컴은 이 동작을 '우호적'이고 '공격적이지 않은' 행동으로 해석하는 것 같아요. 또 개들이 놀이를 할 때는 자기도 날개를 활짝 펼치고는 막 흔들어댑니다. 녀석의 놀이 인사죠.

개들이 놀이 인사로 전하려는 건?

개가 인사하는 모습은 누구나 본 적 있을 것이다. 앞발을 쭉 뻗고 납작 엎드리는 동작인데, 그 자세로 꼬리를 흔들거나 짖을 때도 많다. 촬영과 연구가 용이한 이 동작은 이미 꽤 많이 알려져 있다.

인사하기는 본질적으로 놀이를 위한 계약이며, 놀이를 청하고 이어가기 위해 사용되는 대단히 정형화되고 알아보기 쉬운 신호다. 또 인사하기는 진정시키는 신호calming signal로도 쓰인다. 놀이 신호로 쓰일 때가 압도적으로 많지만 여러 연구들을 통해 다른 기능들도 밝혀졌다. 인사는 어린 개들끼리, 좀 더 나이든 개들끼리, 그리고 어린 개들과 나이든 개들끼리 다르게 쓰기도 한다. 개 전문가 패트리샤 맥코넬이 정확히 지적했듯이, 과학은 가정하고 검증해야 하며, 이 과정에서 결과가 달라질 수도 있다.

어린 개와 코요테, 늑대의 놀이 요청 인사는 놀이 도중의 인사보다 형식과 지속 시간이 더 정형화되어 있다. 딴짓하지 않고 계속 놀겠다는 의사를 드러내는 것보다 처음에 놀고 싶다는 뜻을 표명하는 게 우선이어야 하니까. 어떻게 보면 인사하기는 그 후 이어지는 행동들, 가령 물기와 올라타기의 의미를 바꿔놓으며, 또 대단히 다양한 행동들을 위한 여지를 만든다.

사라-엘리자베스 바이오시어 연구팀은 성견 한 쌍에 대한 연구를 통해 인사하기가 공격적이고 모호한 행동을 중재하는 행동이 아니라 잠깐 쉰 뒤 놀이를 재개하는 역할을 한다는 것을 알아냈다. 그들은 또 415번의 인사 중에 409번이 상대방을 볼 수 있을 때 일어났다고 보고했다. 이런 결과는 인사하기가 놀이 중에 전략적으로 사용되는 일종의 구두점이라는 다른 연구자들의 관찰 결과와 합치되고 이를 보완한다. 인사하기가 제멋대로 행해지는 것이 아님을 많은 연구들이 보여주었는데 이는 인사하기가 놀이의 공평성 유지를 위해 사용되는 방식과도 관련이 있다.

개들이 공평하게 놀이하는 비결은?

개 산책 공원에서 생김새, 크기, 속도, 힘이 너무도 다른 개들이 갈등을 겪거나 부상을 입지 않고 성공적으로 함께 어울려 노는 모습을 보면 경이롭기까지 하다. 대체 어떻게 그것이 가능할까? 개와 여러 동물들은 놀이가 이루어지려면 그 놀이가 공평해야 한다는 것을 안다. 그래서 크고 힘이 세고 우세한 개는 역할 바꾸기 또는 자기 불구화•를 통해 힘 빼기를 한다. 이러한 절충이 놀이의 공평한 지속을 돕는다. 역할 바꾸기란 우세한 동물이 일반적으로 진짜 공격할 때는 하지 않는 행동을 놀이 중에 하는 것을 말한다. 예를 들면 우세하거나 서열이 높은 개, 코요테, 늑대는 진짜 싸울 때는 절대 바닥에 등을 대고 몸을 뒤집지 않지만 놀이에서는 그렇게 한다. 에리카 바우어와 바버라 스뮈츠는 역할 바꾸기가 놀이를 이어가는 데 반드시 필요하진 않아도 놀이를 용이하게 한다는 사실을 알아냈다. 그들은 "뒤쫓기와 넘어뜨리기에서는 역할 바꾸기가 일어나지만 올라타기, 주둥이 물기, 주둥이 핥기에서는 결코 역할 바꾸기가 일어나지 않았다. 이는 후자가 집에서 기르는 개들의 놀이에서 상호간에 우위를 인정하는 불변의 지표임을 말해준다."

자기 불구화 역시 놀이의 지속성과 공평함을 위한 방법이다. 예를 들면 많은 종의 개체들이 놀이를 할 때는 살살 무는 것으로 규칙을 지키고 놀이 분위기를 이어간다. 연구마다 다소 결과가 다르지만, 몸 뒤집기는 역할 바꾸기인 동시에 자기 불구화일 수 있다. 몸 뒤집기는 단순 명료한 동작이 아니다. 사실 어떤 행동에서도 단순한 일대일 대응관계를 기대해서는 안 되지만 더군다나 놀이처럼 변화무쌍한 행동에서라면 더더욱 그러하다. 예를 들어 케리 노먼 연구팀은 몸 뒤집기 같은 드러누운 자세가 개들의 놀이를 촉진했으며, 그 자세들 중 어느 것도 굴복의 메시지는 아니었다고 썼다. 몸집이 작은 개도 큰 개보다 자주 몸을 뒤집진 않았으며, "몸을 뒤집는 개들은 대부분 방어(목덜미를 물리지 않기)나 공격(공격 개시)에 목적이 있었다. 굴복으로 볼 만한 경우는 전혀 없었다."

• 자존감 보호를 위해 일부러 노력이나 힘을 덜 들이고 핑곗거리를 마련하는 전략.

이 연구에서는 등을 대고 누운 자세를 복종의 의미로 보지 않았다.

이와 대조적으로 바바라 스뮈츠 연구팀은 "개들이 몸 뒤집기를 하며 놀 때 결국 나이들고 몸집이 큰 개들이 위에 올라타는 것으로 끝나거나 몸을 뒤집은 쪽이 방어적인 경우가 많았다"고 보고했다.

다음은 개 연구자 줄리 헥트의 몸 뒤집기에 대한 의견이다.

(1) 개 두 마리의 놀이에서 몸 뒤집기는 대부분 놀이를 **촉진한다**. 예를 들어 바닥에 누운 개는 다른 개와 장난으로 싸우며 목을 물거나 물리는 것을 피하고 입을 벌린 채 상대방에게 달려드는 경우가 많다. 연구자들은…… 놀이 도중의 몸 뒤집기는 대부분이 장난 싸움(**진짜** 싸움이 아니라 놀이로 하는 싸움)이란 사실을 알아냈다. 놀이 중에 하는 몸 뒤집기는 놀이일 뿐 '공격성'과 관련된 것이 **절대 아니라는** 점이 중요하다.

(2) 놀이 도중의 몸 뒤집기를 자기 불구화 행동으로 볼 수도 있다. 몸집이나 사회성이 다른 개들이 함께 어울려 노는 데 도움이 되기 때문이다. 자기 불구화는 놀이에 중요한 역할을 한다. 이는 개가 어떤 식으로든 자신의 행동을 완화하는 것을 뜻한다. 예를 들어 개들은 놀이를 할 때 세게 물지 않으며, 큰 개가 바닥에 드러누워 작은 개로 하여금 올라타거나 물게도 한다. 알렉산드라 호로비츠는 《개의 사생활: 개가 보고, 냄새 맡고, 아는 것Inside of a Dog: What Dogs See, Smell, and Know》에서 그러한 행동을 이렇게 기술했다.

"몸집이 큰 개들은 수시로 바닥에 드러누워 자기보다 작은 상대에게 배를 보이고 잠깐 동안 멋대로 하도록 허용한다. 나는 이러한 행동을 자발적 굴종self-takedown이라고 부른다."

자발적 굴종은 놀이를 촉진하는 일종의 자기 불구화 행동일 수 있다.

인사하기, 역할 바꾸기, 자기 불구화에 대해 전반적으로 많은 연구가 필요하다. 이 책의 초기 독자는 몸 뒤집기가 항상 우호적 놀이 신호만은 아님을 시사하는 다음과 같은 메일을 보냈다.

> 예전에 몸무게가 13킬로그램쯤 되는 개를 키운 적이 있어요. 녀석은 노란색 래브라도를 어찌나 좋아했는지 그들을 찾으러 공원 곳곳을 누비고 다녔죠. 그 녀석은 래브라도가 아니었어요. 그런데 내 개는 희한하게도 로트바일러 품종이라면 넌더리를 쳤어요. 녀석은 땅바닥에 등을 대고 누워 배를 드러내고는 그들을, 그리고 마찬가지로 못마땅한 다른 개들을 유인했어요. 그러곤 그들이 가까이 다가오자 순간적으로 벌떡 일어나 아무 두려움이나 의심도 없이 자기보다 20킬로그램도 더 나가는 개들을 공격했습니다. 이게 무슨 꿍꿍이속인가요? 흔한 행동인가요?

솔직히 말하면 알 수가 없다. 그리고 이게 바로 이 책이 던지는 주요 메시지를 단적으로 보여준다. 바로 개에 대한 신화를 조심하라는 메시지다. 모든 개가 공평하게 놀지는 않으며, 모든 상황에서 공평하게 놀지도 않는다. 개들은 그들이 어떻게 행동하는지, 왜 그렇게 행동하는지를 설명하는 관행적 이론들을 무산시켜버리기 일쑤다.

놀이에 승자와 패자가 있을까?

커밀 워드, 레베카 트리스코, 바버라 스뮈츠는 한배에서 난 강아지들 간의 놀이에 대한 제3자 개입을 연구했다. 그리고 한배에서 태어난 형제들이 "이런 개입 기회를 활용해 이미 종속적으로 행동하는 형제에게 공격적 행동을 실행한다는 것"을 발견했다. 그들은 이런 식의 개입이 한배 형제들의 서열관계 구축에 이바지한다고 결론 내렸다.

나의 연구에서는 놀이를 '이기고' '지는' 것으로 보지 않았다. 그 가장 큰 이유는 놀이들이 사회적 서열에서 한 개체가 차지하는 위치, 집단의 리더십, 놀이 상대의 사회적 지위와 분명한 관련성을 보이지 않았기 때문이다. 지아다 코르도니 연구팀도 이탈리아 팔레르모의 개 산책 공원(여기서는 목줄을 하지 않아도 된다)에서 한 개 연구를 바탕으로 나와 동일한 의견을 냈다. 그들은 놀이가 개들의 지배관계 형성에 어떤 역할을 한다 해도 제한적일 뿐이라고 썼다. 고든 버거드 역시《놀이의 기원》에서 놀이에서 승자와 패자는 존재하지 않는다고 썼다. 마찬가지로 세르지오 펠리스와 비비엔 펠리스가 쓴《놀기 좋아하는 뇌The Playful Brain》에서도 놀이로 하는 싸움(치고받는 놀이)은 실험실 쥐의 싸움 기술 습득을 위한 운동 신경 발달에 중요해 보이지 않는다고 했다. 비슷한 의미에서 존 브래드쇼와 니콜라 루니도 개들이 놀이를 할 때 사회적 지위를 강화하려는 욕망이 거의 없는 것 같다고 했다.

이 책을 쓰면서 나는 놀이와 지배에 관해서 더 알아보려고 놀이 전문가 세르지오 펠리스 박사에게 문의했다. 그는 아내, 학생들과 함께 쥐·개·비사얀워터피그•를 포함한 다양한 종들의 사회적 놀이를 연구한다. 그는 다음과 같은 메일을 보내왔다.

> 놀이를 지배하려고 하면 심각한 싸움으로 번지거나 놀이 상대로 외면받는다는 것을 보여주는 데이터가 있습니다(어린이들·붉은털원숭이·쥐를 대상으로 한 연구에서도 드러났습니다). 이는 놀이의 분위기를 좋게 하면서 놀이가 서로에게 도움이 되도록 하는 규칙이 있고, 동물들이 이런 규칙을 준수한다는 뜻이죠. 내 생각에는 이것이 놀이의 보편 원칙일 가능성이 큽니다.
>
> 개들의 경우 상황이 복잡하다는 당신 말도 옳습니다. 우리는 놀이 시합에서 무엇이 중요한지 개별 개들의 마음을 전혀 파악하지 못합니다. 따라서 우리의 관점에서 만든 단순한 이론적 예측은 빗나가기 십상입니다. 실제로 여러 종의 쥐를 대상으로 한 연구에서 최근 확인한 바로는, 싸움 전략에서는 종들 간의 뚜렷한 차이가 나타났지만 역할 바꾸기 비율은 30퍼센트로 거의 일정했습니다. 행동 자체에만 집중하는 것이 유용할 수도 있지만 오해를 부를 수도 있습니다. 행동은 당사자의 관점에서 바라보아야 올바로 해석될 수 있습니다.

• 필리핀 비사얀섬에 분포하는 멧돼지과의 동물.

결과론적 수치를 통한 불균등성의 평가에는 한계가 있다고 봅니다. (놀이가 불균등하다고 하려면) **인간 관찰자가 아니라 개가 놀이를 불균등한 것으로 봐야 합니다.**

펠리스 박사는 메일에서 개들 스스로가 자신들의 사회적 상호작용을 불평등하거나 불공평하다고 여기는 상황을 뜻하는 '불균등성'이라는 단어를 사용한다. 다시 말해 지켜보는 사람이 아니라 놀이에 참여한 각각의 개가 '이 놀이로 서로에게 다른 결과가 나타나는군' 하고 생각할 때 불균등한 놀이라는 뜻이다.

친숙한 개들끼리의 놀이는 낯선 개들끼리의 놀이와 다를까?

몇 년 전 볼더에 사는 알렉산드라 웨버라는 중학교 8학년 학생이 과학 박람회에 개의 놀이를 주제로 한 프로젝트를 출품하려는데 도와줄 수 있는지 묻는 메일을 보냈다. 나는 메일을 받고 전율을 느꼈으며 그 요청을 흔쾌히 받아들였다. 우리는 친숙한 개들끼리는 낯선 개들끼리 놀 때와 어떻게 다른지 탐구하기로 했다. 그녀의 어머니 리사와 여동생 소피아는 현장에서 보조요원 역할을 하기로 했다. 알렉산드라는 그처럼 단순한 질문은 이미 충분히 연구되지 않았느냐고 했지만 실상은 전혀 그렇지 않았다. 이런저런 연구들에서 가볍게 언급된 적은 있지만 어느 누구도 이 문제를 본격적으로 파고들지는 않았다. "내가 관찰한바, 덜 친한 개들끼리는 친한 개들끼리 하는 것보다 서로에게 더 많이 인사하는 경향이 있는 듯하다"는 패트리샤 맥코넬의 연구가 그 전형적 예라고 할 수 있다.

알렉산드라는 자신이 키우는 두 마리 개를 이용해 볼더의 동네 개 산책 공원에서 연구를 실시했다. 그중 팅커벨은 어떤 개와도 잘 어울려 노는 사회성이 좋은 개였고, 허긴스는 놀이 상대를 까다롭게 고르는 편이었다. 알렉산드라는 친한 개들끼리 놀 때는 놀이가 난투 양상으로 이어진다는 사실을 알아냈다. 또 개들은 아는 상대와는 절차에 얽매이지 않고 곧바로 놀이에 돌입했다. 관찰 대상이던 모든 개들이 비슷한 행동을 보였다. 또 개들은 자신들이 아는 개들, 모르는 개들 모두에게 내가 개인적으로 잘 아는 개들에게 대하는 것과 똑같은 방식으로 대했다. 서로 아는 개들은 더 거칠게 놀았고, 냄새 맡거나 인사하는 데 시간을 들이지 않는다. 서로 모르는 개들끼리는 형식과 예를 갖추었고, 냄새 맡거나 코를 비비는 등의 행동으로 놀이 상대를 파악하는 데 많은 시간이 걸렸다.

아마도 이 주제에 관해서는 더 많은 연구가 필요할 것이다. 아무튼 나는 알렉산드라와 그녀의 가족들이 동물행동학자가 되어 이 주제에 대한 답을 찾도록 도왔고, 그녀 아버지까지 개에 한층 더 관심이 많아졌으니 자부심을 느낀다. 그들에게 여러 번 말했듯이 무척 즐거운 일이었고, 그들 역시 개들과 공원의 사람들에 대해 많이 배울 수 있었다. 알렉산드라는 이 연구로 과학 박람회에서 상을 받았다.

개들의 공평한 놀이 규칙은 무엇일까?

집에서 기르는 개들에 대한 연구는 공평함과 정의의 진화 과정을 탐구하기 위한 독특한 접근법을 제공한다. 개는 대단히 사회적인 개과 동물의 후손일 뿐만 아니라 인간과 협력하도록 길러진 동물이다. 개들은 사회적 놀이에서 협력해 행동하며, 여러 가지 사회적 인지 과제들을 능숙하게 해낸다. 따라서 개들이 '다른 사회적 맥락에서 영장류와 비슷한 방식으로 행동하는가'라는 질문은 지극히 타당하다. 과연 개들은 불공평함과 부당함을 인식하고 반응하는가? 그렇다면 그것은 인간과의 장기적 제휴와 인간에 의한 선택에서 비롯된 특징일 것이다.

놀이가 진짜 공격으로 비화되는 경우는 극히 드물고 환경과도 무관하다. 우리는 광범위한 연구를 바탕으로 동물의 공평한 놀이에는 네 가지 기본적 측면이 있음을 확인했다. 먼저 의사를 묻고, 정직하게 하고, 규칙을 지키고, 잘못했을 때 인정한다. 개와 그 밖의 동물들은 이런 놀이 규범을 공유한다. 놀이 규칙을 어기는 바람에 공평함이 무너지면 놀이도 무너진다. 그들은 놀이에서 벌어지는 일들을 놓치지 않고 추적한다. 그러므로 우리 역시 한눈팔아서는 안 된다.

물론 개들도 가끔 규칙을 어긴다. 속임수를 쓴 개는 그들 나름의 방식으로 '벌'을 받는다는 것이 연구에서 확인되었다. 다른 개들이 속임수를 쓴 개와는 놀지 않으려고 하니 놀이 상대로 선택될 가능성이 줄어든다. 놀이를 하는 것처럼 속여서 상대방을 제압하려 한 어린 야생 코요테는 다른 코요테들과 어울려 노는 데 어려움을 겪었다. 이는 실질적 결과로 이어진다. '속임수를 쓰는' 개체는 같이 자라는 무리에서 따돌림을 받아 사망률이 높아지기 때문이다. 따라서 공평하게 놀지 않거나 게임 규칙을 지키지 않는 개체라는 꼬리표가 붙는다는 건 아마도 자손을 남길 확률과 부정적 상관관계가 있으리라 짐작된다. 정보가 많진 않지만 실제로 이 관계가 얼마나 확고한지 알아보면 흥미로울 것이다.

한 가지 덧붙이면, 공평한 놀이의 네 가지 규칙은 개들이 '마음 이론',• 즉 '다른 개체들도 저마다 생각과 감정이 있다는 관념'을 보유한다는 믿음의 근거가 된다. 이에 대해서는 6장에서 자세히 살펴보자.

사회적 놀이는 싸움으로 번질 때가 많을까?

"개들 사이에서 놀이가 자주 싸움으로 번지나요?"라는 질문을 종종 받는다. 이런 질문에 많은 사람들이 "개들은 놀 때마다 공격적으로 돌변해요"라고 즉각 단언한다.

이는 사실과 다르다. 놀이가 심각한 공격으로 번지는 경우는 극히 드물며, 실제로 그런 일이 일어나면 주변의 이목을 끈다. 드물지만 이런 사태가 발생하면 사람들은 개 놀이 공원과, 원인 제공을 한 개의 반려자를 싸잡아 비난한다. 또 사람들은 놀이가 싸움으로 번질 것 같은 신호를

• 마음이 어떻게 이루어졌으며 이것이 행동에 어떤 영향을 미치는지에 대한 이해를 일컫는다. 여기에는 마음 상태와 행동이 언제나 일치하지는 않으며, 따라서 이를 행동적으로 관찰할 수 없다는 가정도 포함된다. 우리는 모두 '마음'을 가지고 있다. 하지만 마음은 직접 관찰될 수 없으며 행동으로 구현된다. 그리고 그 행동에는 마음 상태, 예를 들어 의도나 믿음, 욕구 등이 반영된다. 즉 마음은 행동의 원인으로 기능하고, 따라서 행동을 예측하는 데 사용될 수 있다는 이해가 마음 이론이다.

어떻게 포착하는지 묻곤 하는데, 워낙 개체마다 다르니 딱 잘라서 답하기 어렵다. 예컨대 개들이 서로를 얼마나 잘 아는지, 전에 얼마나 같이 놀았는지, 상대적 크기가 어떤지에 따라 신호가 달라진다. 그러므로 그 개만의 특징과 평소 놀이 방식을 면밀하게 관찰해두라고 강조하고 싶다. 사실 싸움으로 번지는 경우가 워낙 드물기 때문에 정확한 예측을 위한 자료 자체가 부족하다.

학생들과 나는 아직 개가 하는 놀이의 이러한 측면에 대한 상세한 기록을 갖추지 못했지만, 몇천 번이 넘게 놀이를 관찰해도 심각한 싸움으로 번진 경우는 기껏해야 2퍼센트 정도라는 데 다들 동의한다. 현재 콜로라도주 볼더의 개 산책 공원에서 관찰이 진행되는데 여기서 드러난 사실도 이런 결론을 뒷받침한다. 한편 학생들과 나는 주로 어린 야생 코요테들의 놀이를 1,000번 정도 관찰했는데, 그 가운데 심각한 싸움으로 번진 경우는 딱 5회뿐이었다. 멜리사 쉬얀 연구팀도 개의 놀이가 갈등으로 확장된 사례는 0.5퍼센트 이하이며, 그중 절반만이 확연한 공격적 양상을 나타냈음을 보고했다.

개 산책 공원에서 이 주제를 연구한 린지 머컴도 이런 메일을 보내왔다.

> 우리 연구에서 심각한 싸움은 거의 보지 못했고, 700회가 넘는 놀이들 중에서 딱 한 번 확인 가능한 부상이 있었습니다. 흥미롭게도 규모가 작은 개 산책 공원에서 공격/갈등으로 번질 가능성이 확연히 더 높게 나타났습니다(아마도 장소가 비좁거나 주인이 제대로 개를 살피지 못

해서겠지만 이런 차이에 영향을 미치는 변수들이 분명 많습니다). 그래서 제가 데이터에서 얻은 결론은 개들끼리의 공격이 공원에서 일어나는 건 확실하고, 그럴 위험성도 분명히 존재하지만(둘 이상의 개들이 개입된 경우 어떤 시나리오도 가능합니다), 개 훈련사를 비롯해 많은 사람들이 생각하는 것처럼 흔하지는 않다는 사실이었습니다.

물론 가끔은 놀이에 너무 몰두한 나머지 과하게 흥분해 놀이 상대를 지나치게 꽉 물거나 세게 쳐서 공격적으로 돌변하기도 한다. 나도 흥분한 나머지 난폭해져서 '다른 개의 얼굴에 돌진한' 자신의 개에게 놀란 반려자가 "그렇게 거칠게 놀지 마!" 하고 소리를 지르는 장면을 본 적이 있다. 인간이 개입하기 전에는 모든 게 공평하고 무리가 없었다. 그러나 이는 오히려 규칙을 입증하는 예외일 뿐이다. 놀이는 공평함에 입각해 참가자들에게 상당한 협조를 요구한다. 놀이가 유지되려면 지속적 협상을 통해 주고받기가 이루어져야 한다. 규칙이 준수되는 한 놀이가 진짜 싸움으로 번지는 경우는 아주 드물다.

집단의 크기가 놀이에 영향을 미칠까?

사람들은 많은 개들이 정신없이 뛰어다니며 노는 와중에 상대방 의중을 얼마나 잘 읽어내느냐고 자주 묻는다. 내 대답은 아무도 이 문제를 신중하게 연구하지 않았지만 상당히 잘 읽어내는 것처럼 보인다는 것이다. 놀이를 포함한 여러 맥락에서의 개들에 대한 연구는 거의 발전이 없지만 속사포처럼 오가는 신호들, 마구 뒤섞인 복합적 신호들은 현재 무슨 일이 벌어지고 앞으로 어떤 일이 벌어질지 많은 정보들을 담고 있다.

현재 내가 진행하는 연구의 예비 자료는 두 가지 다소 다른 결론을 보여준다. 하나는 놀이가 싸움이나 공격으로 번지는 대단히 드문 사례에서 집단의 크기가 요인이 되진 못한다는 것이다. 둘, 셋, 넷, 다섯, 그 이상 되는 개들끼리의 놀이를 서로 비교한 결과 실질적 차이가 없었다. 하지만 큰 집단일수록 작은 집단의 놀이에 비해 상대적으로 더 빠르게 놀이가 무너진다는 점도 확인했다. 놀이가 공격으로 번져서가 아니라 개들이 큰 집단으로 어울려 놀 때 서로의 의중을 항상 잘 읽어내지는 못하기 때문이다. 개들은 싸움이 일어나기 전에 놀이를 끝냈다. 이 연구가 조금 더 진척되면 더 많은 자료를 바탕으로 실제 상황을 분명하게 밝혀내리라 믿는다. 엘리사베타 팔라기 연구팀의 데이터들은 개들이 공감의 기초 요소인 빠른 흉내내기와 감정의 전염을 바탕으로 놀이 분위기를 이어간다는 것을 강력하게 시사한다. 그런데 빠른 흉내내기와 감정의 전염이 큰 집단에서는 잘 돌아가지 않았다.

팔라기의 연구에서 흥미로운 점은 "빠른 흉내 내기의 확산은 참여자들끼리의 친밀도에 큰 영향을 받는다"는 것이었다. "사회적 유대가 강할수록 빠른 흉내내기의 수준도 더 높아진다." 이는 친숙한 개들이 낯선 개들보다 더 곧바로 거칠게 노는 데 돌입한다는 알렉산드라 웨버의 과학 박람회 프로젝트 결론과도 일맥상통한다.

놀이는 즉흥적이며, 그때그때 달라진다

놀이는 혼란스러운 행동으로 보이며 실제로도 그러하다. 여러 다양한 맥락에서 가져온 행동들을 이리저리 뒤섞어 사용하므로 놀이는 본질적으로 변화무쌍하다. 달리 말하면 놀이는 즉흥적이어서 개들은 저마다 자신만의 방식으로 논다. 그러니 앞서 말했듯 놀이는, 개들이 친구들과 즐겁게 뛰어놀 때 왜 그렇게 행동하는지를 설명하려는 우리의 관행적 이론들을 엉망으로 만들어버린다.

개의 놀이 행동에 대해 더 많은 연구가 필요한 건 분명해 보인다. 하지만 내 경험을 통해 놀이 연구는 즐겁다는 것을 분명히 말할 수 있다. 놀이를 진지하게 여기는 연구자들이 많아지기 바란다. 예를 들어 애나 밸린트 연구팀은 〈알아둬, 나는 크고 위험하지 않아! Beware, I Am Big and Non-dangerous!〉라는 매혹적 논문에서 이렇게 말했다.

"개들은 놀이 중에 으르렁거림으로써 신체 크기를 과장하는데 이는 놀이 활동의 유지와 강화를 돕는다."

실제 상황에서 개의 으르렁거림은 "신체 관련 정보를 정직하게 드러내는 것으로 밝혀졌다. 따라서 우리는 연구 결과, 동물들의 발성에서 과장이 놀이 신호로 작용한다고 결론 내렸다."

놀이에서 정설은 통하지 않으며 여러 이유로 다양한 결과가 나타난다. 최근 나는 성견을 대상으로 한 연구에서 물고 나서 머리를 흔드는 행동이 결코 발견되지 않았다는 내용을 접했다. 하지만 나와 학생들은 어린 개와 성견 모두에서, 야생 코요테, 늑대, 붉은여우의 전 연령에서 여러 차례 그 같은 행동을 목격한 바 있다. 다른 사람들에게 말했더니 해당 연구에서 왜 그런 행동이 관찰되지 않았는지 모르겠다며 고개를 갸우뚱했다. 어떻게 된 일일까? 우리가 말하는 게 똑같은 행동이 맞을까?

최근 캠퍼스에서 개 세 마리가 노는 모습을 보았는데, 그들은 서로의 등에 올라타서 물고 제법 격렬하게 머리를 흔들어댔다. 그들과 함께 있던 사람은 그들이 항상 그렇게 논다고 했지만 한 번도 우월적 지위를 주장하는 행동으로 진행된 적은 없었다고도 말했다. 하지만 훈련받지 않은 사람들 눈에는 이 모습이 서로를 사정없이 무는 것으로 비쳤을 수도 있다.

개를 비롯한 많은 동물들에 대한 비교 행동 연구는 실제로 이런 다양함을 보여준다. 놀이 인사처럼 의례화된 신호도 개체와 사회적 맥락, 연구 조건에 따라 다르게 사용된다. 공격적 상황에서 사용되는 의례화된 신호도 마찬가지다. 특정한 특징들은 공유하겠지만, 싸움을 거는 개체나 다툼이 발생한 맥락에 따라 다르게 사용된다. 어떤 개들은 물거나 머리를 양옆으로 흔드는 행동을 하지 않는다.

그렇다고 해서 다양함이 능사는 아니다. 모든 연구에서는 놀이 인사가 진화를 통해 명료하고 분명하게 형성된 고도로 의례화된 신호라는 경향성이 나타난다. 그 신호는 놀고 싶고 중단된 놀이를 재개하고 싶다는 의향을 나타낸다. 개들은 놀이를 매우 좋아하므로 놀고 싶다는 의향과 다른 의향의 구별은 그들에게 대단히 중요하다. 우리는 개의 놀이 연구를 통해 놀고 싶지 않을 때는 인사를 하지 않는다는 것 그리고 카니스 루덴스는 공평함을 사랑한다는 사실을 배웠다.

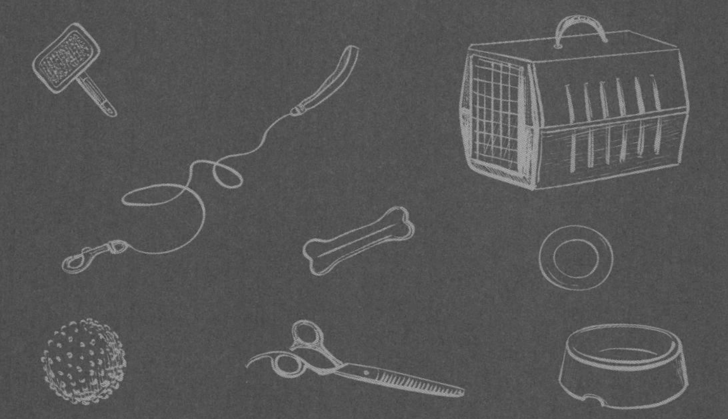

개의 서열을 이해하는 방법

윌리엄(30킬로그램)은 매일 오전 7시 무렵 개 산책 공원에 나타난다. 밀리(6.8킬로그램)는 대체로 윌리엄보다 몇 분 먼저 공원에 온다. 밀리는 윌리엄을 보자 곧바로 달려가서 냅다 올라탄다. 그런 뒤에는 언제나 다시 내려와 마치 자신이 대장이라고 모두에게 알리려는 듯이 으르렁거리며 윌리엄의 주위를 돈다. 순둥이 윌리엄은 자신의 푹신한 털에 파리 한 마리 내려앉은 것처럼 아무렇지도 않게 너그러운 태도로 친구들(개와 인간 모두)을 맞이하러 간다. 모두가 윌리엄을 좋아한다.

한편 밀리는 계속해서 윌리엄에게 올라타고, 주위를 빙글빙글 돌고, 으르렁대고, 돌진하고, 때로는 윌리엄에게 몸을 부딪쳤다가 넘어지기도 한다. 두 녀석 사이에서는 이제 어떤 일도 벌어지지 않는다. 그냥 그러다 만다. 밀리가 윌리엄에게 신체적으로 해를 입히는 일도 없고, 윌리엄이 반격하지도 않는다. 심지어 화를 내는 기색도 없다. 밀리는 분명 윌리엄을 통제하고 싶어 하며, 어디로 갈지, 누구와 어울릴지 영향을 미치는 데 성공하기도 한다. 밀리는 분명 부드럽지만 강압적 방식으로 윌리엄에게 우월적 지위를 행사한다.

존슨은 덩치가 자그마한 개인데, 딱히 품종을 분류하기가 어렵다. 녀석은 자신의 반려자처럼 남들을 통제하기 좋아하는데, 이 점은 그의 반려자도 멋쩍게 웃으며 인정한다! 개 산책 공원에는 존슨의 친구들이 많다. 어디로 가는지, 무엇을 하는지, 누구와 어울리는지 모두들 항상 존슨을 지켜보는 것 같다. 하지만 존슨은 다른 개들에게 눈길을 주지 않는다. 자신이 우두머리라도 되는 양 자유롭게 돌아다니며 친구들이 갈 곳을 조종하고, 능숙하고 교묘하게 그들 행동을 통제한다. 존슨이 돌아다니는 것 말고 별다른 행동을 하는 것을 본 사람은 아무도 없다. 자신이 원하는 곳에, 원하는 순간에, 원하는 방식으로 가는 것이 전부다. 심지어 아무도 다른 개가 제스로를 향해 가볍게 으르렁거리는 소리조차 듣지 못했다. 다른 개들은 마치 "오, 저게 바로 존슨이 할 일이지" 하고 생각하는 것처럼 고분고분 따른다.

몇 년 전에 난데없이 "개들에게도 지배관계•가 있나요?" 하고 묻는 사람에게 깜짝 놀란 적이 있다. 나의 첫 반응은 "농담이시죠?"였다.

하지만 그는 진지했고, 우리는 이와 관련해 귀중한 대화를 나누었다. 이 문제에 대한 논란은 여전히 계속된다. 개와 지배관계에 대한 문제는 연구자들과 개 훈련사들, 일반 대중 사이에서 날카로운 논쟁이 벌어지는 뜨거운 이슈다 보니 많은 사람들이 내게 똑같은 질문을 한다.

몇 년 전 개가 주제인 학술대회에서 일어났던 일을 한 동료가 소개했다.

• 사회적으로 지배적 지위 혹은 그러한 지위를 적극적으로 드러내는 행동을 의미한다. 이 책에서는 문맥에 따라 '지배,' '지배관계,' '지배 행동,' '지배적 지위' 등으로 번역했다.

아, 그 이야기군. 한 대학원생이 개의 놀이에 대해 발표했는데, 바로 그 단어를 언급했다네. 지배관계 말일세. 놀이 이외의 상황에서의 지배관계가 놀이 중 행동에 미치는 영향에 대한 내용이었거든. 그런데 발표자가 '지배관계'라는 단어를 입에 올리는 순간 한 여성이 벌떡 일어나 큰 소리로 말하더군.

"지배관계라니, 개들에게는 그딴 거 없어요!"

그러자 많은 청중이 박수를 치더군.

나도 언젠가 개 산책 공원에서 존이라는 남자와 비슷한 맥락의 이야기를 한 적이 있다. 그는 상당히 온화한 사람이었지만, 공원에서 다른 모든 개를 거칠게 대하는 가브리엘이라는 개를 언급하며 역정을 냈다.

"가브리엘은 여기 오는 모든 개에게 권세를 부려요. 정말 진저리가 난다니까요. 그런데도 녀석의 주인은 남들의 불평을 무시해버려요. 개 훈련사들은 하나같이 개들은 지배 행동을 하지 않는다는 겁니다. 나 참, 그렇다면 내가 본 건 도대체 뭐죠?"

개들의 세계에 지배 행동이 존재하는지 여부가 왜 논쟁거리가 되는가. 솔직히 참으로 의아하다. 야생 개과 동물을 포함해 내가 아는 모든 종의 동물 가운데 어떤 식으로든 지배 행동을 보이지 않는 동물을 본 적이 없다. 개라고 해서 다른 동물과 다를 이유가 없다. 하지만 나는 '지배 행동'이 개들의 세계에서 실제로 무엇을 의미하는지에 대한 근본적 오해가 있다는 사실을 깨달았다. 사람들은 가혹한 훈련 방법을 정당화하고 원치 않는 행동에 벌을 줄 때 지배 행동을 구실로 삼는다. 그렇다면

이 용어를 잘못 사용한 것이다.

예를 들어 사람들은 종종 고집스럽거나 흥분되거나 공격적인 행동, 가령 무절제하게 교미를 하거나, 사람에게 올라타거나, 목줄을 잡아끌거나, 장난감을 달라고 으르렁거리는 행동에서 '지배 행동'을 본다.

개 훈련사이자 저널리스트인 트레이시 크룰릭은 이렇게 말했다.

"우리는 개들이 하지 않았으면 하는 거의 모든 행동을 지배 행동이라는 한 단어로 뭉뚱그린 다음 관찰을 중단하며, 개들이 왜 그러는지 이유를 알아보려고 하지 않는다. 사람들이 개들에게 '지배 행동'이란 혐의를 씌워 처벌한다는 점은 더 큰 문제다."

한마디로 개가 자신들 위에 올라서려고 했다, 자신에게 권력투쟁을 벌였다는 것이다.

그러다 보니 지배 행동이 존재한다는 사실을 알면서도 의도적으로 이 사실을 무시하는 것이 최선이라고 주장하는 사람들도 있다. 지배 행동이 존재한다고 말하는 순간 이 단어에 대한 오해와 오용 때문에 개 훈련사의 지배 행동을 정당화할 우려가 있다는 것이다. 한편 진심으로 지배 행동의 존재를 거짓 신화로 믿는 사람도 있다. 개는 지배 행동을 하지 않는 유일한 포유동물이라는 사람, 아예 **모든** 동물이 지배 행동을 하지 **않는다**고 주장하는 사람도 있다. 그러나 이는 말 그대로 믿음일 뿐 다양한 척추동물과 무척추동물들의 지배 행동 진화를 비교연구한 상세한 자료들을 무시한 것이다.

왜 사실을 무시하는지 모르겠으나 이미 밝혀진 사실을 인정하면서 개들이 서로 어떻게 관계를 맺는지, 우리가 그들과 어떻게 관계를 맺고 그들을 어떻게 대할지 세심하게 들여다보는 데 집중할 필요가 있다. 개들과 여타 동물들이 지배 행동을 한다고 해서 우리가 그들에게 지배 행동을 해도 좋다는 뜻은 아니다. 우선 개들의 사회적 서열을 살펴보고, 그 안에서 어떻게 지배 행동이 이뤄지는지, 개들의 세계에서 지배 행동을 어떻게 규정할지 알아보자. 그러고 나면 사람들이 개와의 관계에서 지배 행동을 어떻게 오해하는지, 어째서 개 훈련에 지배 행동이 들어설 자리가 없는지 알게 될 것이다.

개를 비롯한 동물들이 지배 행동을 한다고 해서, 우리 인간은 물론 다른 개들과 조화롭게 살도록 개들을 가르치는 과정에서 개에게 마음대로 지배 행동을 해도 좋다는 뜻은 아니다. 우리는 집을 공유하고 마음을 나누는 개들과 항상 동반자 관계를 유지해야 한다. 이 점을 명심하면 모두에게 이롭다.

개들의 사회적 서열

요점을 말하면, 앞서 언급한 여러 종들의 상세한 비교연구와 갈수록 늘어나는 방대한 자료를 바탕으로 지배 행동이 분명히 존재한다고 확신할 수 있다. 그러므로 이제부터 그것이 무엇을 의미하는지 살펴보자. 존 브래드쇼 박사 연구팀은 지배 행동이 순전히 관계에 관한 것임을 정확히 지적한다. 바로 이 책에서 온갖 종류의 사회적 상호 행동과 관련해 일관되게 강조하는 점이다.

특히 개들과 그 야생 친척들은 지배-복종관계를 비롯한 사회적 지위의 서열을 뚜렷이 보여준다. 동물행동학에서는 "지붕에서 뛰어내리면 바닥에 떨어질 거야"라고 말하는 것만큼이나 자명한 사실이다. 말이 나온 김에 몇 가지 그릇된 신화를 몰아내기로 하자.

첫 번째는 지배적 개체가 종속적 개체보다 항상 더 많은 자손을 낳는다는 신화다. 그렇지 않다.

두 번째는 개들은 무리를 이루지 않는다는 속설이다. 그러나 개들은 무리를 이룬다. 직접 보기도 했고, 이탈리아 로마 외곽의 떠돌이 개들에 대한 로베르토 보나니 연구팀의 상세한 연구와 그 밖의 여러 학자들이 해온 연구에서도 확인할 수 있다.

사회적 서열은 흔히 '모이 쪼기 순서'라고 불리며 노르웨이의 동물학자이자 비교심리학자인 토를레이프 셸데루프-에베의 고전적 닭 연구에서 유래한 용어다. 그는 닭에 관심이 많았고, 1921년 이 연구로 박사학위 논문을 썼다.

저명한 동물학자인 에드워드 윌슨은 고전적 저작《사회생물학: 새로운 합성Sociobiology: The New Synthesis》에서 각기 다른 세 가지 유형의 서열을 확인했다. 그 세 가지는 폭정, 선형적 서열, 비선형적 서열이다. 폭정에서는 한 개체가 집단의 나머지 모든 성원을 지배하며 다른 성원들끼리는 위계의 차이가 없다. 이를 A＞B=C=D=E로 표시할 수 있다.

선형적 서열에서는 각각의 개체가 사다리처럼 위의 개체에 종속되고 아래 있는 개체를 지배한다. 이는 A＞B＞C＞D＞E로 표시되며, B＞D, C＞E의 관계가 보존된다.

마지막으로, 비선형적 서열에서는 다른 모두를 지배하는 하나의 개체가 반드시 존재하지 않아도 되며, 개체들의 관계가 선형적 순서를 따르지 않는다. 여기서는 A>B, B>C, C>D, D>E이면서 E>A, D>B일 수 있다.

지배 서열과 비슷한 '종속 서열'이 존재할 수도 있다. 상세한 연구를 통해 개들은 선형적 서열을 이룬다는 사실이 밝혀졌다. 〈개의 사회적 서열 이해하기Understanding Canine Social Hierarchies〉라는 논문에서 제시카 헤크만은 네덜란드에서의 개 집단 연구에 대해 다음과 같이 언급했다.

> 이 집단은 특별히 평등하지 않았다. 거의 항상 지위 구분이 엄격해서 개들은 자기보다 한 단계라도 지위가 높은 개체에게는 자세를 낮추는 등 공손한 행동을 보였다.

그리고 다음과 같이 앞서 언급한 로베르토 보나니의 연구에 동의했다.

> 실제로 이 집단의 사회적 서열은 사다리를 닮았다. 어떤 종은 지위 서열이 완전히 비선형적인 어지러운 서열 구조를 갖는다. 하지만 개 집단의 서열은 엄격하게 선형적이었다. A가 B보다 서열이 높고 B가 C보다 높으면, A는 항상 틀림없이 C보다 서열이 높았다. 예컨대 C가 뜻밖에도 A를 지배하는 식의 혼란스러운 관계는 전혀 관찰되지 않았다.

다른 많은 연구자들처럼 나는 포획된 개들과 자유롭게 돌아다니는 개들에게서 온갖 유형의 서열관계를 보았다. 이런 관계는 안정적으로 이어지지만 이따금 조정되기도 했는데, 어느 정도 시간이 지나면 거의 항상 선형적 서열을 회복했다.

산악지대에서 나와 함께 살던 개 두 마리는 길에서 사는 다른 개들을 지배하기를 좋아했다. 그들만 보면 으르렁거리고 자신들의(나의) 구역 근처에 얼씬도 못하게 했다. 이런 대립은 결코 전면적 싸움으로 번지지 않았고(딱 한 번 그럴 뻔한 적이 있다), 어떤 개가 다른 개를 두려워한다는 느낌도 들지 않았다. 이웃들도 그렇게 생각했다.

하지만 다섯 마리 모두가 돌아다닐 때는 선형적 서열이 확연하게 드러났다. 다른 동물들도 그렇듯이 이런 서열은 개체의 행동을 규정한다. 그 결과 집단에서 각자의 지위를 계속 다시 정해야 하는 번거로움 없이 어울려서 놀고 돌아다닐 수 있다. 시간이 흐르면 서열 순서가 바뀌었지만 대부분은 각자의 위치를 그대로 받아들였고 집단은 훌륭하게 유지되었다. 집에 걸어갈 힘도 없을 때까지 마음껏 킁킁거리며 놀 수 있는데 왜 공연히 시간을 낭비하겠는가?

어떤 개 훈련사는 최소한 몇 마리 정도 되면 선형적 서열을 이루는지 묻기도 했다. 자신은 최소한 여섯 마리는 되어야 한다고 들었다고 했다. 나도 여러 번 그런 말을 들었는데 사실이 아니다. 단 세 마리만으로도 쉽게 안정적인 선형적 서열을 이룬다. 일례로 모드, 맬컴, 매디는 개 산책 공원에서 석 달 동안 선형적 서열을 이루었으며, 나뿐 아니라 남들도 그 사실을 인정했다. 그 기간 동안 갈등이 빚어진 것은 딱 한 번, 리더인 모드가 매디에게 으르렁거리며 물려고 든 것이 전부다. 이런 상황을 보면서 이 개들이 싸움 없이 선형적 서열을 이루었으며, 모두 어느 정도 그 관계에 만족스러워한다고 이해했다. 그들은 모드가 우두머리임을 특별히 드러내지 않은 채 거칠고 과도하다 싶을 만큼 어울려 놀았다. 그들의 관계는 매디의 반려자가 다른 도시로 이사하면서 끝났다. 모드와 맬컴은 마치 아무 일도 없던 것처럼 계속해서 어울려 놀았다.

나는 개 두 마리가 서로 으르렁거리다가 자기 몫의 서열을 받아들이고는 어느 쪽도 방금 일어난 상황에 불편한 기색 없이 공평하게 놀이를 시작하는 모습을 여러 차례 보았다. 한 여성은 이렇게 물었다.

"제시는 항상 마틸다에게 이빨을 드러내며 으르렁거리다가도 금세 바닥에 엎드려 놀이 인사를 하고는 함께 신나고 공평하게 어울려 놀아요. 도대체 어떻게 그럴 수 있죠?"

나는 놀이를 청하는 인사를 비롯한 놀이 신호들이 어떻게 놀이를 시작하게 하고 유지해주는지를 설명했다. 자발적 행위인 놀이가 이루어지려면 협력과 동의가 필요하며, 놀이에서는 경우에 따라 위협으로 여겨질 만한 동작과 행동도 허용된다. 간단히 말하면 제시와 마틸다는 둘 다 놀고 싶어서 놀았고, 서로의 행동이 정해진 관계를 무너뜨리지 않도록 서로 공평하게 대했다.

지배적 지위에 있는 개는 과도하게 공격성을 드러내거나 위협하거나 군림하는 일이 드물다. 이것이 사람들이 개들의 지배 행동을 오해하거나 또는 아예 그런 것이 존재하지 않는다고 주장하는 이유 아닐까. 지배관계는 싸움을 일으키고 해를 입히는 행동이 아니라 대개 그보다 훨씬 미묘한 방식으로 드러난다. 그리고 윌리엄과 밀리, 존슨, 제시와 마틸다의 이야기가 보여주듯이, 개들은 선형적 서열을 편안하게 여긴다. 함께 지내는 데 도움을 주기 때문이다.

늑대의 지배 행동

과학자들과 대중들 간에 늑대가 지배 행동을 하는지, 사회적 서열이 늑대에게 어떤 의미인지를 두고 똑같은 논란이 빚어지곤 한다. 결론부터 말하면, 늑대도 지배 행동을 한다. 늑대와 개 모두 지배-복종관계를 수립하지만, 반드시 동일한 이유와 방식으로 사회적 관계를 구축하고 서열을 정하지는 않는다. 늑대는 야생동물인 데 반해 개는 가축화된 동물이므로 함께 사는 인간에 따라 삶의 질이 달라질 때가 많기 때문이다.

늑대 전문가 데이비드 메크는 걸핏하면 늑대의 지배 행동에 대한 그의 견해가 잘못 인용되는 바람에 늑대에게는 지배 행동이 존재하지 않는다고 주장하는 사람으로 오해받는다. 그는 이런 메일을 보내왔다.

"이런 오해와 완전한 곡해가 지금까지 오랫동안 나를 괴롭혔습니다. 나는 지배 행동의 개념을 부정한 적이 결코 없습니다."

잘못된 믿음은 바로잡을 필요가 있다. 이것이 왜 중요하냐면, 늑대가 지배 행동을 하지 않으니 당연히 개들도 지배 행동을 하지 않는다고 주장하는 사람들이 있기 때문이다. 메크 박사는 늑대의 사회적 지배관계가 몇몇 사람이 주장하는 것만큼 항상 드러나지는 않는다고 주장하면서도 그 존재를 완전히 부정하지는 않는다. 그는 또 다른 글에서 이렇게 썼다.

> (어린) 강아지들은 부모와 (서열이 더 위인) 손위 형제자매에게 복종하지만 부모와 손위 형제자매들은 어린 강아지들을 먼저 먹인다. 한편 부모는 제일 큰 자식보다도 서열이 높기 때문에 먹을 것이 부족하면 큰 자식들의 먹는 양을 줄이고 어린 새끼들을 먹인다. 그러므로 사회적 지배의 가장 실질적 효과는 누구에게 먹을 것을 배당할지에 대한 결정권을 지배적 개체에게 부여하는 것이다.

개 전문가 제임스 서펠 역시 개와 늑대의 지배-복종관계는 일반 대중이 상상하는 것만큼 적대적이지 않다고 설명한다.

"자유롭게 살도록 내버려두면 개와 늑대는 사회적 서열을 이루고 유지하는데, 그런 집단에서 서열 순서는 '알파' 동물이 위에서 물리적으로 강압하여 유지되기보다 주로 어린 개체가 나이든 개체에게 순응하는 방식으로 유지된다."

요약하면 개와 수많은 동물들이 지배관계를 드러낸다. 다양한 동물을 상세하게 비교연구한 자료는 명백히 이런 주장을 뒷받침하며, 이데올로기와 정치는 엄정한 연구에서 나온 사실을 바탕으로 해야 한다.

지배의 실질적 의미

'지배'라는 단어를 놓고 설전을 벌이는 사람들이 있다. 이것은 개에 대한 논의에서 지배라는 단어의 의미에 대한 과학자들의 이해 부족 때문이다. 지배와 비슷한 말로 '통제', '영향', '관리', '다른 개체들 감시하기' 등이 있다. 연구자들은 가장 기본적 의미에서 어떤 개가 다른 개들에 대해 선형적 서열에서 차지하는 상대적 지위를 가리키는 말로 '지배'라는 단어를 사용한다.

'지배'라는 말이 반드시 개의 특정한 행동을 규정하거나 가리키지는 않는다. 지배적 지위에 있는 개라고 해서 서열이 낮은 개에게 상해를 가하거나 부상당하게 할 싸움을 걸진 않는다. 많은 동물들의 행동 패턴과 전략이 부상당하게 할 싸움을 기피하는 쪽으로 진화되었기 때문이다. 개 산책 공원에 가면 개들이 신체적 충돌 없이 어떻게 서로를 지배하는지 얼마든지 볼 수 있다. 개는 신체 접촉이나 상해 없이 다양한 방식으로, 때로는 아주 미묘한 방식으로 다른 개의 행동을 제어하거나 영향을 미친다. 종속적 지위에 있는 개라고 해서 '낮은' 사회적 서열 때문에 반드시 불편하거나 고립되거나 박탈되거나 학대를 당하진 않는다.

동물행동학자들은 다른 개체의 행동을 통제하거나 그 개체에게 영향을 미치는 개를 '지배적' 개라고 규정한다. 어떤 식으로 영향을 미치는지는 개들마다 제각각이다. 신체 접촉 없이 노려보거나, 다가가거나, 소리를 내거나, 특정한 얼굴 표정과 자세로 상대의 행동을 통제할 수도 있다. 개가 지배의 개념을 알지 모르지만, 그들은 사회적 상호 행동에 대한 통제를 받는 순간과 집단의 사회적 서열에서의 위치를 확실히 안다.

여기서 개들 사이에서 지배를 규정하는 단 하나의 행동은 존재하지 않으며, 그 행동이 사용되는 방식이나 맥락에 따라서만 지배 행동을 파악할 수 있다는 점이 중요하다. 지배의 표현이 아닌 행동도 맥락에 따라 지배의 표현이 될 수 있다. 그러므로 지배관계를 이해하려면 관련된 개체들의 **관계**를 파악하는 것이 매우 중요하다. 중요한 것은 맥락이다.

그렇다면 개들에게 지배의 목적은 무엇일까? 개를 포함해 인간 이외의 여러 동물은 다른 개체를 지배하는데 여기엔 이유가 있다. 이는 먹이, 잠재적 짝과 실질적 짝, 영역, 쉬는 곳과 잠자는 곳 등 다양한 자원들에 대한 접근을 지배하고 통제하는 것일 수 있다. 집단 내에서 포식자에게서 가장 안전한 곳을 찾는 것일 수도 있다. 상대방 움직임에 영향을 미치거나 주목을 끌기 위해서일 수도 있다. 사실 지배의 양상은 드물게 일어난다. 그러니 오랫동안 알려진 개체들을 주의 깊게 관찰하는 것이 중요하다. 연구자들이 집단에서 개체들을 구별하게 되면 여러 다양한 사회적 메시지가 소통되는 미묘한 방식들을 더 많이 알아낼 수 있다. 다른 개체를 통제하는 양상에 어떤 메시지가 사용되는가도 마찬가지다.

문제를 복잡하게 만드는 것은 '상황적 지배'라는 현상이다. 일례로 서열이 낮은 개체는 어떤 맥락에서는 자신을 적극적으로 지배하는 다른 개체의 도전을 받는 와중에도 먹이를 손에 넣을 수 있다. 나는 야생 코요테와 개, 그 밖의 포유동물들, 여러 조류에게서 이런 현상을 보았다. 여기서는 손에 넣는다는 것이 핵심이다. 제한된 시간 동안 기존 질서가 특정한 방식으로 뒤집히는 상황적 지배를 보면서 사람들은 이런 질문을 던진다. '승자'이면서 자신이 원하는 것을 항상 얻지 못하거나 최소한 자신이 원할 때 얻지 못한다면 지배란 도대체 무엇을 위한 것일까?

핵심을 말하면, 지배의 실질적 뜻이 상대를 짓밟고 승리하는 것이라는 추정은 몇몇 사람이 개들에 대해 최초로 저지르는 실수다.

개들의 줄다리기에 대한 오해

많은 개들이 참여하는 줄다리기를 들여다보면 지배에 대한 오해를 불식할 듯하다. 줄다리기를 순전히 경쟁이나 지배와 관련짓는 사람들이 있다. 하지만 개들의 줄다리기는 꼭 다른 개들과의 경쟁이나 지배를 위한 것은 아니다.

개들의 줄다리기는 실제로 단순한 경쟁이 아니라 그보다 복잡하고 흥미로운 것이다. 나는 개들과 야생 코요테들이 줄다리기를 하는 모습을 수도 없이 보았다. 예를 들어 몰리는 친구 샬럿과 줄다리기를 하면서 줄을 꽉 문 채 정신없이 이리저리 뛰어다닌다. 그러다가 한 녀석이 줄을 놓고 상대에게 장난을 거는가 싶더니 다시금 둘이 동시에 줄을 물고 뛰어다닌다. 게임은 그런 식으로 계속된다. 여기서 경쟁, 목표, 승자 따위는 보이지 않는다. 몰리와 샬럿은 몇 분 동안 상대방의 방해 없이 자유롭게 줄을 갖고 놀기도 한다. 친구인 그들은 자신들의 행위를 즐기는 것이 분명하다.

물론 개들이 줄다리기를 통해 실제로 경쟁하는 경우도 있다. 언젠가 개 산책 공원의 단골손님들에게 부탁해 줄다리기에 대한 자료를 수집하고 분석한 적이 있다. 우리는 공원에서 관찰한 수많은 줄다리기 사례 가운데 무작위로 백 가지 사례를 골랐는데, 그중 경쟁으로 보이는 경우는 딱 하나였다. 나는 눈앞에서 벌어지는 일을 항상 공정하게 인식하는지 크로스체크하려고 다른 한 사람과 함께 관찰했다. 사람들은 대부분이 일이 자유로운 형식으로 개에 관한 동물행동학 수업을 듣는 느낌이라며 좋아했으며, 이참에 자기네 개에 대해 더 많이 알고 싶어 했다. 나와 파트너의 의견이 엇갈린 건 딱 네 번이었다.

우리는 백 가지 줄다리기 사례 가운데 7개에서 경쟁 요소를 확인했다. 이 가운데 6개에서는 으르렁거림과 한 녀석이 줄을 독차지하려는 분명한 징후가 있었다. 그러나 이는 그저 으르렁거림으로 그쳤다. 딱 한 차례, 한 녀석이 끝까지 줄을 포기하지 않으면 싸움으로 번질 법한 순간이 존재했을 뿐이다. 이 일에 참여한 사람들 중에 이를 일종의 '자원 방어'• 행위로 본 사람은 아무도 없었다. 줄은 훌륭한 놀이 촉진제였고, 그들은 정말로 신나게 그걸 가지고 놀았다.

우리는 이 예비 조사를 수행하면서 개의 상대적 크기, 사회적 관계와 친밀도, 성별, 맥락(직전에 한 일 등), 나이, 품종 등 여러 변수를 감안했으며, 그런 변수들에 대한 상당한 사전 정보를 갖고 있었다. 그러나 결론을 말하면, 성별이나 품종에 따른 차이는 없었다. 사실 개들은 대부분

• 동물들이 먹이를 비롯해 생존에 긴요한 자원을 수호하려는 행위.

잡종견이었다.

우리는 몸집이 저마다 다른 개들이 줄다리기를 하며 3장에서 설명한 자기 불구화를 시도하는 것을 목격했다. 게임이 지속되려면 덩치 큰 개가 줄을 당기는 힘을 자제해야 했다. 작은 개가 놀 수 없을 만큼 세게 잡아당기는 순간 대체로 게임이 끝났다. 한번은 큰 개가 너무 세게 잡아당기는 바람에 작은 개가 공중에 번쩍 들릴 뻔했다. 그러자 바로 상황을 파악한 큰 개는 줄을 놓고 재빨리 작은 개에게 달려가 놀이 인사를 했다. 계속 놀고 싶었기 때문이다. 그리고 그들은 놀이를 지속했다. 크기와 힘에서 확연하게 차이 나는 개들은 타협 없이는 줄다리기 놀이를 하지 못했다.

친밀도도 중요했다. 몰리와 샬럿처럼 친구끼리 줄다리기를 할 때는 더 많은 상호 행동이 일어났고, 상대방에게 더 많이 줄을 양보했다. 같이 지켜본 사람들에게 물어도 그 상황을 경쟁으로 보는 사람은 없었다. 이전 상황, 그러니까 놀고 있었는지, 그냥 돌아다녔는지, 다른 개를 만나 신경이 곤두선 상태인지 등이 줄다리기에 미친 영향을 평가하기는 더 까다롭다. 어쨌든 놀이를 계속하는 동안에, 혹은 놀고 난 다음에 한 녀석이 줄을 잡으면 그 줄을 잡아당기는 식으로 그때그때 주고받으면서 놀이가 계속 이어진다는 인상을 다시 한번 받았다.

덧붙이면 사람과 개의 줄다리기도 지배관계와는 별 상관이 없다. 개와 그런 놀이를 하면 재미있고, 유대감이 조성되며, 긍정적·우호적 관계를 만들고, 개와 함께하는 경험을 익히는 데 도움이 된다. 개 훈련사 팻 밀러는 《개와 함께 놀기Play With Your Dog》라는 책에서 "마음껏 잡아당기라"고 쓴다. 그는 혹시 개가 으르렁거릴까 봐 걱정하지 마라며, 모두 '게임의 일부'이니 다른 행동들이 적절하다면 "마음껏 으르렁거리도록 내버려두라!"고 조언한다. 자세를 낮추고 흙바닥에서 함께 뒹굴며 놀면 더없이 좋다. 놀이 인사를 하고 줄다리기를 하면서 여러분과 개의 관계를 더욱 활기차고 돈독하게 만들기 바란다.

줄다리기 연구는 개의 의도를 지레짐작하기 전에 개의 행동을 면밀하게 관찰할 필요를 보여주는 좋은 예다. 줄다리기는 익히 아는 게임처럼 보이지만, 개들은 우리가 생각하는 규칙을 따르지 않는다. 개들이 인간이 게임을 하듯 줄다리기를 한다고 단정지으면 곤란하다.

개들의 지배 행동에 대한 불필요한 걱정

동물 연구자들이나 동물행동학자들이 개들의 '지배'를 매우 전문적·기술적 의미로 정의한다는 걸 분명히 해두고 싶다. 이는 일상적으로 사용하는 '지배'라는 단어의 의미와는 사뭇 다르다. 일상에서 "경쟁자들을 지배한다"는 말은 누군가가 다른 모두에게 확실한 우위를 점한다는 뜻이다. 지배하는 자는 '승리'하고 나머지는 패배한다. 종속적이거나 굴복적인 지위를 차지하면 패자가 되고, 상처받거나 나약해지고 수치심을 느낀다.

그러니 사람들이 행여 자신의 개에게 '지배'당할까 봐 두려워한다고 해서 하나도 이상할 게 없다. 실제로 사람들은 지배의 이런 두 가지 의미를 혼동해 엉뚱하게도 개와 권력 싸움을 벌인다. 반려동물을 통제하려면 지배적으로 행동해야 한다는 것이다. 어떤 개 훈련사들은 노골적으로 이를 부추긴다. 필요하면 완력을 쓰더라도 못된 행동을 하는 개에게서 의지를 관철하라는 것이다.

예를 들어 트레이시 크룰릭이 〈개, 권세, 교배, 법안: 혼란스러운 뒤범벅Dogs, Dominance, Breeding, and Legislation: A Mixed Bag〉이라는 나의 에세이를 읽고 보낸 메일을 일부 인용한다.

> 개와 관련하여 지배라는 단어를 계속 생각하니 이건 '훈련'을 넘어서는 개념 같아요. 자신의 개가 '지배적'이라고 말하는 사람들은 개와 힘겨루기를 합니다. 그들은 "개를 지배해서 잘 가르쳐야지" 하고 생각하지 않습니다. "우리 개는 고집이 세서 나에게 도전하는 거야. 본때를 보여주겠어!" 하고 생각하는 겁니다. 그러니까 '지배'라는 단어는 "개의 바람직하지 않게 여겨지는 행동들"을 가리키는 두루뭉술한 용어가 되었어요. 그리고 사람들은 자신의 개를 '개'로 이해하지 못합니다. 그러니까 개가 그저 물어뜯기를 즐기는 것뿐이라는 사실을 이해하지 못하므로, 개가 베개를 물어뜯는 행동을 하면 제멋대로 단정합니다.
>
> '저 녀석이 혼자 두었다고 나한테 화가 났군. 단단히 버릇을 고쳐야겠어.'

덧붙이면 개가 먼저 문을 나서는 것은 지배 행동이 아니다. 소파에 앉거나 올라타거나 분리불안을 보이거나, 혹은 여러분에게 배를 문질러달라고 치대는 것도 지배 행동이 아니다. 사람들은 흔히 지배와 싸움을 동일시하는데 근거 없는 생각이다. 수많은 동물들이 "다가오거나 화나게 하면 싸우겠다"라는 상당히 분명한 위협 신호를 진화시켰다. 반대로 다른 개체에게 보내는 "네가 나보다 위란 걸 인정해"라는 메시지를 담은 행동들도 진화시켰다. 사실 집단의 일원이라는 것만으로도 혜택을 받는 종들이 있으므로 종속적 개체는 기꺼이 자기 위치를 받아들인다. 서열이 높은 동물은 집단의 견실함이 모두가 잘 지내는 데 달려 있다는 사실을 안다.

앞서 말한 존슨의 경우, 원하는 대로 행동하면서 다른 개들을 '통제'하는 건 다른 개들이 그를 주시하기 때문이다. 존슨은 그들의 관심을 지배할 뿐 다른 특정한 목적은 없다. 영장류학자들은 인간 외의 일부 영장류에서도 특정 개체가 다른 개체의 관심을 지배한다는 사실을 확인하고, 주목 구조attention structure• 지배 이론이라는 적절한 이름을 붙였다.

내가 받은 또 다른 메일은 지배에 초점을 맞춤으로써 어떻게 오해를 일으키고 문제를 해결하기보다 오히려 불거지게 하는지 예리하게 보여준다. 개와 함께 살기로 한 사람이라면 개의 행동, 특히 원치 않는 행동이 일어나는 맥락과 사회적 상황에 주목해야 한다. 지금부터 설명할 상황은 드물거나 이례적이지 않다. 오랫동안 여러 차례 비슷한 메일을

• 집단 내에서 어떤 개체가 어떤 개체를 쳐다보는지 살펴봄으로써, 즉 시선이 어떤 개체로 향하는지 살펴봄으로써 지배관계 구조를 설명하려는 이론.

받은 것으로 보아 불행히도 상당히 흔한 일인 듯하다.

금요일에 지인과의 흥미로운 (그러나 가슴 아픈) 만남이 있었습니다. 친구 가게에 들어서는 순간 칸막이 뒤편에서 저먼 셰퍼드 한 마리가 컹컹 짖으며 펄쩍 뛰어오르더군요. 친구가 손을 내저으며 "안 돼! 안 돼! 못되게 굴지 마!" 하고 소리를 지르자 개는 얌전해졌습니다. 개가 몇 살인지 물었습니다.

"아마 여덟 살쯤 됐을 거야. 내가 본 유기구조견 가운데 가장 신경질적이야."

자세히 보니 셰퍼드 목에 핀치칼라•가 채워져 있었습니다. 친구가 말했습니다.

"하도 못되게 굴어서 말이야. 들어올 때 녀석이 짖는 거 봤지? 항상 자기가 지배하려고 든다니까."

친구의 말에 나는 안 그래도 '신경질적'인 개에게 핀치칼라가 오히려 나쁜 영향을 미치지 않을지 물었습니다.

"어쩔 수가 없어. 핀치칼라를 했는데도 꼭 붙들지 않으면 사람들한테 마구 달려들거든……."

구조 전 그 개는 불법 시설에 갇혀 있었다고 합니다.

"녀석이 항상 대장 노릇을 하려는 건 아마 그 시설에서 대장이었

• '프롱칼라'라고도 불리는 목줄로, 줄 안으로 뭉툭한 돌기가 나 있어서 줄을 잡아당기면 개의 목을 누르게 되어 있다.

기 때문일 거야. 그렇게 살아남고 먹이를 챙겼던 거지."

친구의 말입니다. 그러나 나의 의견은 다릅니다.

개는 사람이 오면 인사를 하고 싶어 합니다. 긴장을 풀고, 꼬리를 흔들고, 깡충깡충 뛰죠. 모두 친사회적 행동입니다. '대장 노릇'을 하려는 게 아니라 사람들을 반갑게 맞이하려 한 겁니다! 그런데 칸막이 때문에 못하니 틀림없이 좌절하고 그렇게 짖어댔던 겁니다!

우리는 아주 쉽게 녀석이 사람을 향해 뛰어오르는 대신 자리에 앉도록 가르칠 수 있고, 신호를 해서 특정 장소에 보낼 수도 있습니다.

그 개가 목줄을 한 채 다른 개들과 함께 있는 모습을 본 적은 없습니다. 하지만 목으로 파고드는 돌기가 다른 개들에 대한 부정적 연상을 불러왔다고 해도 하나도 놀라운 일이 아닙니다. 길을 가다가 다른 개를 만나면 인사하고 킁킁거리고 싶어서 그 개 쪽으로 다가갑니다. 그때 목줄이 당겨지고 돌기가 목을 압박하면서 "윽!" 하는 순간 고통이 몰려옵니다. 그런 일이 반복되면 결국에는 '다른 개'와 고통을 동일시하게 됩니다. 그래서 위협적으로 다른 개들을 노려보고 그에 따라 반응합니다.

그 개에게 만약 근원적 불안이 있다면, 이처럼 핀치칼라에 대한 반응이나 칸막이로 인한 좌절로 설명하는 편이 훨씬 그럴싸합니다.

친구는 5분 정도 대화를 나누는 동안 무려 대여섯 차례나 '지배'라는 단어를 사용했습니다. 그녀가 사는 동네에서는 90퍼센트나 되는 개가 고통과 두려움을 이용하는 학교에서 훈련받습니다. 거기서는 지배를 모든 '못된' 행동의 근본 원인으로 간주하고, 그런 행동을 하면 개들을 처벌합니다. 이 만남이 있기 전까지 그게 얼마나 나쁜지 잊고 있었어요.

2016년《수의학 행동 저널Journal of Veterinary Behavior》에서는 지배 논쟁을 주제로 특집호를 발행했는데 카렌 오버올이 권두 에세이를 썼다. 나는 오버올 박사의 다음과 같은 결론에 십분 동의한다.

"행동 병리가 있는 개들의 반려자에게 개를 '지배'하고, '문제'의 개에게 '누가 우두머리인지'를 보여주라고 파괴적 조언을 하는데 전혀 타당하지 않다."

오버올 박사는 다음과 같이 덧붙였다.

"'지배'라는 개념은 반려자와 반려견의 관계에서 타당하지도, 유용하지도 않다. 그런 발상은 개와 인간 모두에게 병적이고 치명적인 행동을 조장한다."

스웨덴의 개 훈련사 안데르스 할그렌은 개를 제압할 필요가 없다는데 오버올 박사를 비롯한 많은 사람과 견해를 같이한다. 그는 우두머리 행세를 하는 개에 대해 걱정할 필요가 없을 뿐 아니라 사람이 우두머리임을 개에게 각인시킬 필요가 없고, 친절과 사랑이면 충분하다고 주장한다.

개 훈련사 린다 마이클스는 에이브러햄 매슬로가 서술한 인간의 욕구 충족 순서를 참고하여 개의 욕구 충족 순서를 살펴보았다. 그녀는 강압적이지 않은 훈련, 온화한 보살핌, 개에게 친절하게 대하기가 개와 인간의 평화로운 공존을 위해 개가 배워야 할 것을 가르치는 가장 효과적 방법이라고 강조한다.

개 산책 공원에 있으면 사람들이 개에게 "하지 마", "그만해", "안 돼" 하고 말하는 소리를 자주 듣는다. 반면 "옳지, 착하지", "잘했어", "고마워" 하는 말을 듣는 건 매우 드물다. 사람들은 가끔 가만있는 개에게 다가가 "잘했어", "착하구나" 하고 말하는 내 모습을 보며 의아해한다. 사람들과 마찬가지로 개들도 친절하고 살갑게 대하면 좋아한다. 그러므로 별 이유 없이 그저 친해지려고 긍정적 상호 행동을 시도한다고 문제가 될 건 전혀 없다.

서열 가르치기는 나쁜 훈련법

지배가 왜 그토록 논쟁의 주제가 되었을까? 그것은 이 개념이 개 훈련에 적용되는 방식 때문이다. 개 훈련과 관련해 사람들은 과학보다는 이데올로기, 정치, 동물복지를 두고 다툼을 벌인다. 어떤 훈련사는 (용어에 대한 잘못된 이해를 바탕으로) 개가 지배적 지위를 드러내므로 사람들이 개를 지배하는 법을 배워야 한다고 주장한다. 정반대로 개들에게는 지배관계가 존재하지 않는다며(우리는 이미 그것이 존재한다는 사실을 안다) 완력을 쓰지 않는 훈련법을 옹호하고, 지배에 근거한 끔찍한 방법을 비난하는 훈련사도 있다.

둘 다 옳지 않아 보인다. 개들의 세계에는 분명 지배관계가 존재하지만 그렇다고 해서 인간의 지배적 지위를 개에게 심어주려는 강압적 방법을 개 훈련에 포함할 필요가 없음을 동물행동학은 분명히 보여준다.

다시 말하지만 반려견 훈련은 평생에 걸친 반려자와 반려견의 관계에서 토대가 되므로 지배가 아닌 인내와 이해, 존중에 바탕을 두어야 한다.

개들의 세계에서 지배가 가지는 의미를 오해하면 개를 학대하게 된다. 사람들은 개가 서로를 지배하므로 인간이 개를 지배해도 아무 문제가 없다고 생각한다. 그래서 '시키는 대로' 하게 만드는 강압적 훈련법이 성행한다. 이 방법은 실패할 때가 많고 '서로에게 공평하고 유익한 관계'를 만들지도 않는다.

'누가 우두머리인지 보여주는' 식의 방법이 인간과 개의 관계를 어떻게 증진하는지 도통 모르겠다. 지배관계 확립이 훈련 프로그램의 일부가 되어야 할 이유가 없다. 개들도 복종, 회유, 불확실성이란 행동 패턴을 드러내며, 우리는 개가 무엇을 싫어하는지 잘 살피고 존중해야 한다. 개가 싫어하는 것을 강제해선 안 되며, 일부러 '못되게' 행동한다거나 의도적으로 반항한다고 여기면 안 된다.

일라나 라이스너는 말한다.

"인간-개 상호 행동의 기초가 '지배 이론'이라고 잘못 이해한 결과, 개를 훈련하고 다루는 데 규율이 필요하며 수시로 가혹한 방법을 동원해야 한다는 생각이 힘을 얻었고, 그로 인해 개 훈련사들과 행동주의자들에게 이런 훈련 방법이 폭넓게 받아들여지고 전파, 실행되었다."

개들의 세계에서 지배가 어떤 의미인지 제대로 이해하고 해석했다면 줄을 당기면 조여지는 초크 체인, 핀치칼라, 전기충격 목줄은 필요가 없었을 것이다.

존 브래드쇼와 니콜라 루니도 비슷한 취지에서 다음과 같이 썼다. "반려자와 반려견의 관계가 훈련 중에 지속적으로 지배관계를 강제함으로써 확립된다는 생각은 아무런 근거도 없을뿐더러 주인의 안전과 개의 복지에 해를 끼칠 가능성이 크다는 생각이 점차 우세해진다."

존 브래드쇼는 이 문제에 대한 영향력 있는 필자로, 오해와 윤리를 중요한 사안으로 보고 과학자들이 주도적으로 나서기를 요청하는 메일을 보내왔다.

> 내가 볼 때 진짜 중요한 건 윤리적 문제입니다. '지배'의 개념이 개 훈련사들과 그들의 조언에 따라 개 주인들이 개를 다루는 방식에 악영향을 미칩니다. 많은 훈련사들이 개에게 일상적으로 고통을 가하는 훈련을 정당화하고자 모든 것을 '지배라는 단어로 뭉뚱그리는 이론'을 들고 나옵니다. 때문에 나는 모든 책임 있는 동물행동학자들이 기술적인 (그리고 잘 정립된) '지배'의 의미와 일상적 '지배'의 의미를 구별하는 데 온 힘을 기울여야 한다고 믿습니다. 다시 말해서 사회적 상호 행동을 기술하기 위한 '지배'라는 용어와, 공격적이고 위협적이고 통제하려 드는 성향을 가리키는 '지배'라는 단어를 명확히 구분해야 합니다. 많은 개 훈련사들이 둘을 뒤섞어 씁니다. 만약 학자들마저 둘을 구별해서 쓰지 않으면 좋아할 사람은 바로 이들이겠지요. 그리고 그 직접적 결과는 개들의 고통입니다.

아직도 설명이 부족하다면 미국동물행동수의사협회(AVSAB)가 내놓은 〈동물의 행동 수정에서 지배 이론 사용The Use of Dominance Theory in Behavior Modification of Animals〉이라는 발표문을 읽어보기 바란다. 그 일부를 인용한다.

> AVSAB는 행동을 전문적으로 다루는 수의사들에게 '지배 이론이 행동 수정을 위한 일반 지침으로 사용되어서는 안 된다는 것'이 돌봄의 기준임을 강조한다. 그 대신 AVSAB가 강조하는바, 행동 수정과 훈련은 바람직한 행동을 강화하고, 바람직하지 않은 행동의 조장을 피하며 의료적·유전적 요인을 포함해 바람직하지 않은 행동의 근본 원인이 되는 감정 상태와 동기를 처리하도록 노력하는 데 집중하도록 한다.

이 발표문에는 이런 구절도 포함되어 있다.

> 최근 지배 이론이 다시 고개를 들면서 행동 문제를 예방하고 교정하는 수단으로 개들과 여타 동물들을 강압적으로 굴복시키는 데 우려를 나타낸다.

지배관계의 부정에 도사린 맹점

사람들은 개들을 포함해 많은 동물들이 지배관계를 드러낸다는 사실을 안다. 그들이 무엇을 우려하는지 십분 이해한다. 그들은 지배적 개체가 존재한다는 사실을 인정하면서도 지배관계를 훈련에 적용하는 데는 반대한다. 훈련사를 포함해 선의를 가진 일부는 개들의 지배관계를 글로 쓸 때 매우 신중하라고 주문한다. 자칫 그런 글들이 개의 복지에 해로운 결과를 초래할 것을 우려해서다. 그들은 진정으로 개를 보호하고 싶어 한다.

일례로 심리학자 제임스 오히어는《지배 이론과 개Dominance Theory and Dogs》라는 책에서 개들의 지배관계를 매우 탁월하고 상세하게 분석했다. 그는 자신의 책을 "사회적 지배라는 개념으로 인해 학대받은 모든 개"에게 바쳤고, 이렇게 마무리했다.

"궁극적으로 적용 지점에서는 사회적 지배라는 개념을 완전히 배제하는 것이 좋다고 생각한다."

사회적 지배라는 개념이 지금까지도 잘못 사용되고 그로 인해 개들이 고통받는다는 점에 백번 동의한다. 그러나 개들에게 사회적 지배가 존재하지 않는 척 눈을 감는 것이 최선이라는 데는 동의하지 않는다. 그보다는 사회적 지배를 존중하되, 개를 훈련하거나 가르치는 데 적용되지 않도록 충분히 잘 이해시키는 것이 중요하다.

동물행동학자들과 연구자들은 앞으로도 계속 개의 사회적 지배에 관해 연구할 텐데, 그렇다면 개들이 지배관계를 이룬다는 것을 보여주는 과학적 연구 결과들을 어떻게 활용하면 좋을까? 자료 활용 문제와 관련해 여러 가지 해법이 가능하다. 분명한 것은, 타당하고 제대로 된 연구 결과라면 인정해야 한다는 점이다. 새로운 지식을 인정하는 것은 과학의 핵심이기 때문이다.

하지만 여기에는 윤리적 질문이 따른다. 만약 연구 결과가 개를 해치는 방식으로 활용된다면 어떻게 해야 할까? 진실을 왜곡해서 해로운 사용을 막아야 할까? 이는 도덕적·정치적으로 우려되는 점이며, 인간 행동의 문제, 개의 복지에 대한 우리의 의무라는 문제를 제기한다.

나는 과학적 지식을 받아들이는 동시에 개와 모든 비인간 동물들의 복지를 위해 도덕적 의무를 다하는 것이 올바른 길이라고 생각한다. 그래야만 인간적 방식으로 행동하고 서서히 논쟁을 바꿔나갈 수 있다. 지배에 초점을 맞춘 혐오스러운 훈련법은 결코 과학에 토대를 두고 있지 않다. 그러한 방식은 과학을 오해한 것이다. 물론 개들의 세계에는 지배 관계가 존재하며, 지배적 개체도 존재한다. 그러나 개들의 세계에서 지배와 공격성은 별개다. 더구나 우리 인간이 이해하는 지배 개념, 그러니까 고통을 주고 조종하고 벌하는 방식으로 적용되는 지배 개념은 개와 다른 동물들에게 해로울 게 자명하다. 우리는 과학을 존중하면서 아울러 개도 존중할 수 있다. 상처를 주는 식으로 개를 지배할 이유가 전혀 없다. 조화롭고 건강하고 서로 사랑하는 관계를 만드는 것이 목표라면 더더욱 그러하다.

5장

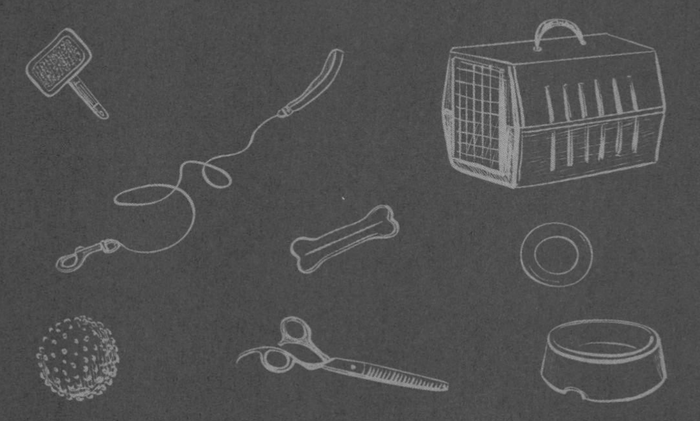

개와 산책하는 방법

"좋아, 해리. 곧 약속이 있으니까 가서 오줌 누자."

"에스메랄다, 5분 뒤에 갈 테니까 그동안 놀면서 하고 싶은 걸 해."

"자, 테드, 이제 오줌 누자. 가면서 찔끔거리지 말고."

"새러, 응가할 때 빙글빙글 돌지 말라니까!"

"오, 또 여기구나. 뭐가 그렇게 특별해서 넌 항상 이 담장에 오줌을 누니?"

"잡아당기지 마, 스탠퍼드! 그렇게 달리면 내가 따라갈 수가 없잖니."

"그만하면 충분히 킁킁거렸어. 이제 가자."

"이런, 제발 보는 곳마다 킁킁거리고 오줌 누지 말아주렴?"

"넌 왜 항상 집에 가기 전에 오줌을 누니?"

"집에 갈 시간인데 아직도 그걸 붙들고 있구나."

개를 산책시키는 것은 시간마다 혹은 날마다 해야 할 일이다. 운동하고, 유대감을 쌓고, 즐기는 이 시간은 모두에게 좋다. 적어도 그래야 한다. 스웨덴의 개 훈련사 안데르스 할그렌은 산책이 개들에게 좋은 정신 활동이 되어야 한다고 역설한다. 이 말을 구체적으로 설명하면, 폐와 근육이 자극을 받아야 하듯이 개의 감각에도 운동이 필요하다는 뜻이다. 삶에 개를 들이기로 결정했다면, 여러분은 날마다 여러 번 개를 밖에 데리고 나가야 한다. 할일이 있더라도 매일 그렇게 산책해야 한다. 목줄을 했든 안 했든 개와 인간이 보조를 맞춰 산책하는 모습은 볼 때마다 놀랍다. 실제로 정말 어떤 작용이 일어나는지 궁금하기 짝이 없다. 그건 눈을 맞추는 것 이상의 협력이 필요한 일이다. 아마 개와 그 반려자는 서로의 걸음걸이 패턴을 보고 배울 텐데 이는 대단히 유익한 연구 분야가 될 것이다.

그런데 진정한 질문은 누가 누구와 걷는가, 쉽게 말해 그 산책이 실제로 누구를 위한 것이냐 하는 것이다. 명백히 개를 위해 산책한다지만 개가 집에서 대소변을 누기를 원치 않는 사람, 개가 운동을 하지 않으면 예민해져서 서로 불편해진다는 것을 아는 사람을 위한 산책이기도 하다. 그러므로 산책은 모두를 위한 것이고, 평화로운 가정의 유지를 돕는다. 게다가 산책 중에 일어나는 일은 인간과 개의 성격을 반영한다. 어떻게 산책을 하느냐에 따라 유대감이 강화될 수도, 약화될 수도 있다.

바쁜 세상에 사는 우리는 이 점을 꼭 명심해야 한다. 사람들은 급해서 걸핏하면 개를 바삐 내몰곤 한다. 비교적 느긋한 날도 있지만, 수도 없이 개 산책 공원을 드나들고 개 산책로를 따라 산책하면서 앞서 말한 것 같은 볼멘소리를 듣지 않은 날이 단 하루도 없었다. 사람들은 개가 자신의 사정을 헤아려주기를 원한다. 할 일이 많고 개가 왜 그렇게 꾸물대는지 이해할 수 없다. 개들은 대체 무엇을 하며, 왜 보이는 것마다 코를 대고 킁킁거릴까?

이 장에서는 바로 이런 질문에 답할 생각이다. 개들은 산책을 하는 동안 무엇을 할까? 마침내 밖으로 나왔을 때 무엇을 해야 할까? 생리적 욕구 해결은 그들의 목록 가운데 한 가지 항목일 뿐이다.

2장에서는 개의 가장 놀라운 기관이자 적응 결과인 코에 대해 살펴보았다. 여기서는 개들이 그 놀라운 코를 사용해 어떻게 세상을 탐구하고 사회적 환경에 적용하는지 알아볼 것이다. 그것은 이 냄새로 가득한 세상의 여정에서 개들이 어떻게 감각하고 교감하는지 많은 생각할 거리를 안겨준다. 목줄을 풀고 걷기와 운동을 하는 것이 개에게 얼마나 요긴한지 이해할 필요도 있다. 개들은 인간에게 속박된 채로 많은 시간을 보낸다. 그것이 구속이나 힘겨루기처럼 느껴지지 않게 하려면 개의 관점에서 산책을 생각하면 도움이 된다.

개들이 냄새 맡도록 목줄을 풀기

여러분도 "가자, 이제 일하러 가야 해" 혹은 "이리 와, 거긴 아무것도 없어" 따위의 말을 하며 개를 질질 끌고 가는 사람들을 본 적이 있을 것이다. 인간이야 아무 냄새를 못 맡았을지라도 개들이 코를 들이밀고 킁킁거리는 것은 분명 뭔가를 찾았기 때문이다. 그건 다른 개의 흔적을 알리는, 어쩌면 그 개의 감정에 대해 뭔가를 말해주는 고약한 냄새일 수도 있다. 인간은 다른 개에 아무런 관심도 없고 그저 고약한 냄새로만 여기겠지만, 개들에게는 그야말로 가장 사랑스럽고 흥미진진한 것이다. 나는 개들이 두 다리를 브레이크 삼아 고약한 냄새에서 멀어지지 않으려고 기를 쓰는 광경을 많이 보았다.

대부분은 아니더라도 개의 코가 앞장서서 길을 이끄는 경우가 흔하다는 사실은 새삼스럽지 않다. 많은 개들이 너무도 오랜 시간 목줄에 매인 채 보내며, 그 맨 앞에 코가 있다. 다음 장에 나오겠지만 내 〈노란색 눈yellow snow〉 연구의 주요 등장인물이었던 제스로는 추정컨대 99.9퍼센트의 시간을 목줄 없이 지냈다. 25~30퍼센트의 시간은 코를 킁킁거리고 오줌을 누었다. 소피아 잉은 목줄에 묶인 개의 경우 33퍼센트의 시간을 그렇게 보낸다고 추정했는데 대충 비슷하다. 목줄은 대부분의 산책에서 갈등이나 긴장 유발의 주된 요소가 된다. 사람들은 바쁘다는 이유로 개의 코가 땅으로 이끌 때마다 줄을 잡아당겨 개를 제지하지만, 냄새를 흡입하고 자신의 냄새를 남기는 것은 개에게 중요한 사안 가운데 3분의 1을 차지한다.

문자메시지와 비교해보자. 개는 코를 킁킁거림으로써 다른 개들이 앞서 남긴 메시지를 읽으며, 오줌을 누는 것은 일종의 답장이라 할 수 있다. 그러므로 개가 문자를 보낼 때 강제로 끌어당긴다면 십대 자녀의 손에서 스마트폰을 빼앗는 것과 다름없다. 나와 함께 산악도로 근처에서 살던 개들은 틀림없이 하루 종일 문자를 주고받았을 것이다.

존 브래드쇼와 니콜라 루니는 개의 냄새 맡기를 아래와 같이 간명하게 정리했다.

> 개들이 소변 표시에 지대한 관심을 보이고 킁킁거리는 것은 추정컨대 자신의 활동 범위에 있는 개들에 대한 정보 수집 욕구 때문인 것으로 보인다. 소변 표시를 남긴 개의 성별과 번식 관련 상태를 알

아내는 것에 더해 그 냄새와 조금 전에 만난 개들의 냄새를 비교하는 일종의 냄새 연결 짓기를 통해 그 개들의 활동 범위를 알아내려는 것으로 보인다.

개들은 왜 그런 식으로 오줌을 눌까? 다른 개들의 소변 냄새에서 무엇을 알아낼까? 개가 하는 행동의 다른 많은 측면들이 그렇듯이 개에 관해서는 아직 모르는 것 투성이다. 그러나 개들이 냄새 맡기를 좋아하고 그래야 한다는 것만은 틀림없는 사실이다. 그러니 개들이 마음껏 킁킁거리도록 내버려두자! 개들에겐 코의 사용이 꼭 필요한 일이고, 그러고 나서 오줌을 누면 또 그렇게 하도록 해야 한다.

개 연구자이자 저술가 알렉산드라 호로비츠는 소화전이나 나무등걸 등의 냄새가 풍부한 환경에 이끌리는 개들을 잡아당기면 냄새를 향한 갈망을 상실할 수도 있다고 경고한다. 그녀에 따르면 개들은 "우리의 시각적 세계에 살면서 우리가 가리키는 것, 우리의 몸짓, 우리의 얼굴 표정에 더 주목하고, 냄새에는 덜 주목하게 된다."

언젠가 개 산책 공원에서 만난 한 여성이 자못 진지하게 말하기를, 개가 마음껏 코를 사용하도록 하지 않으면 심각한 정신적 문제가 일어나리라 생각한다고 했다. 그날 이후 나는 이 문제에 대해 숙고했다. 사실 우리는 개들이 원할 때 냄새 맡기, 오줌 누기를 박탈당해 욕구를 충족시키지 못하면 심리적 고통을 받는지 여부에 대해 알지 못한다. 그러나 개들이 재촉당할 때 다양한 냄새를 제대로 느끼거나 평가하거나 처리하지 못하는 것은 분명하다. 이것이 그들에게 어떤 결과를 초래할지 누가 알겠는가. 냄새를 박탈당하면 자신들의 사회적 세상과 비사회적 세상에 대한 상세한 정보를 얻지 못하므로 그들에겐 치명적일 수 있다.

냄새 표시는 개들의 대화 수단

개들도 당연히 생리적 필요에 따라 오줌을 눈다. 하지만 때로 소변은 동물행동학자들이 냄새 표시라고 부르는 것에 활용되며, 이런 목적으로 오줌을 눌 때는 특정한 대상이나 영역에 의도적으로 한두 줄기씩 오줌을 눈다. 이런 행태는 다른 수많은 동물들에게서도 폭넓게 발견된다. 배변 역시 표시의 한 형식일 수 있지만, 그렇더라도 의도와 통제가 덜하다. 아무래도 개들을 비롯해 대부분의 동물은 배변 횟수가 적고 또 한 번에 다 누는 경향이 있는 데 반해 오줌은 찔끔 누기가 쉽기 때문일 것이다.

표시 남기기는 소통의 형식이다. 여러 동물들이 남긴 수많은 표시가 쌓이면 일종의 대화가 된다. 개들은 냄새 표시를 통해 이렇게 대화하는지도 모른다.

"여기는 내 구역이니까 얼씬거리지 않는 게 좋을걸."

"나 지금 열받았거든."

심지어는 이런 대화까지도.

"냄새를 맡아보니 조금 전 여기 있었군. 나도 아직 근처에 있으니까 조심하라고."

이 책에서 논의하겠지만 사실 개들이 어느 정도까지 표시를 통해 소통하고 이해하는지 잘 모른다. 그러나 짐작하는 것보다 훨씬 높은 수준이라는 것만은 장담할 수 있다.

또 하나 당혹스러운 것은 개와 여타 동물들이 오줌이나 똥을 누고 나서 가끔 땅을 파헤치는 것이다. 이는 냄새를 멀리 확산시키거나 땅에 시각적 흔적을 남기기 위해서, 혹은 그저 흥분해서일 수도 있다. 개들이 대소변을 보고 나서 마구 땅을 파헤치는 바람에 오줌 묻은 모래와 풀, 심지어 가끔은 똥 부스러기가 사람한테까지 날리는 것을 보았다. 개들이 언제, 왜 이런 행동을 하는지 알면 미리 알고 피할 수 있어서 도움이 될 것이다.

개들은 소변 냄새에서 무엇을 알아낼까?

오줌 누기와 관련된 이런 의문들에 대해 골똘히 생각하다가 화이트워터 소재 위스콘신대학교 아네크 리스버그에게 편지를 썼다. 그녀는 개의 오줌 누기에 관한 전문가인데, 친절하게도 자신이 최근 연구한 결과 일부를 요약해서 보냈다. 내용은 이러하다.

냄새를 맡지 않고 오줌을 누지 않는 개는 한 번도 본 적이 없다. 또 갓 태어난 새끼를 제외하면 연령, 성별, 품종, 사회적 지위를 가리지 않고 모든 개는 길을 가다가도 걸음을 멈추고 다른 개들의 오줌을 확인한다. 개들이 멈추는 이유와 냄새를 통해 알아내는 정보는 아마 저마다 다를 것이다. 다른 개들의 오줌을 확인하며 보내는 시간도 큰 차이를 보인다.

모든 오줌이 똑같지는 않다. 짐작하겠지만 오줌이 전하는 메시지나 정보는 누가 냄새를 맡고 누가 오줌을 눴는지에 따라 중요도가 달라진다.

리스버그 박사는 자신의 연구를 이렇게 요약했다.

> 소변은 암컷의 번식 상태(중성화시키지 않은 수컷의 가장 큰 관심사일 것이다)를 알리거나 감지하는 용도로 사용되지만 이런 맥락 말고도 다른 목적이 있음이 분명합니다. 예를 들어 중성화시키지 않은 수컷과 암컷은 낯선 개의 오줌에 똑같이 높은 관심을 나타냈고, 수컷의 오줌과 암컷의 오줌을 동등하게 살폈습니다. 중성화시킨 수컷은 중성화시키지 않은 암컷의 오줌에는 별 관심이 없었지만, 중성화시키지 않은 수컷의 오줌에는 높은 관심을 나타냈습니다.

전체적으로 볼 때 개들은 낯선 개들에 대한 정보를 두루 파악하기 위해 소변 냄새를 맡는 것 같다. 아직 그들이 무엇을 감지하는지 잘 모르지만, 어쨌든 냄새는 서로를 알아가는 과정에서 중요한 요소인 듯 보인다. (직접 만나기 전에 미리) 개에게 충분한 시간을 주고 서로의 표시를 파악하도록 하면 행동 지침이 될 여러 가지 사회적 단서들을 제공하고 유연한 만남으로 이어지게 한다. 이 방법은 개 산책 공원에서도(무리에 합류하기 전 다른 개들의 냄새를 맡음으로써 더욱 쉽게 그 무리에 어울리도록 하는 일종의 비밀 통로로), 새 강아지를 집에 들일 때도 적용할 수 있다.

아네크 리스버그와 찰스 스노든이 제기한 또 다른 흥미로운 의견은 다음과 같다.

"생식선 호르몬은 수컷에게 번식과 관련한 오줌 탐구 욕구를 증가시키는 동시에 잠재적으로 위험한 개를 알아보게 하는 신호를 오줌에 생성시킴으로써 오줌 탐구 패턴에 영향을 미칠 수 있다."

개들은 냄새 표시로 무엇을 전할까?

개들이 흔적 표시로 전하려는 정확한 메시지가 무엇인지 확실히 말하기는 어렵다. 소변은 그것을 남긴 개에 대해 많은 것을 말해준다. 그런데 가끔은 한 녀석이 다른 녀석에게 전하려는 의도적 메시지가 존재하지 않을까? 연구에 따르면 그럴 가능성이 크다. 개들은 자신의 사회적 지위를 알리고 영역을 설정하며, 암컷은 번식 상태를 알린다. 그런데 아무렇게나 제멋대로는 아니다. 냄새 표시는 누가 표시를 하는지, 앞서 누가 표시를 했는지에 따라 달라진다. 리스버그 박사는 다음과 같이 말한다.

> 지위가 높은 떠돌이 개와 꼬리를 높게 든 반려견은 같은 패턴을 보입니다. 지위가 높은 수컷과 암컷은 지위가 낮거나 꼬리가 낮은 개보다 흔적과 맞대응 흔적을 더 많이 표시하고, 특히 수컷은 낯선 오줌 위에 자신의 흔적을 표시합니다. 이런 기본적 패턴은 다른 많은 포유동물들에게서도 관찰됩니다.

그렇다면 시간의 흐름과 함께 달라지는 행동이 관계 변화를 나타내는 지표가 될 수 있을까? 개들이 대면하기 전에 표시를 통해 서로의 관계를 정립한다면 공격적 만남의 발생 가능성이 줄어들지 않을까? 단정하기는 이르지만 그럴 가능성이 있다!

계속해서 리스버그 박사의 말이다.

> 소변 표시에는 냄새 이상의 것이 있어요! 지위가 높은 개들은 더 자주 흔적을 남기므로 신호를 자주(혹은 맨 먼저) 접하는 것만으로도 지위의 효력을 강제하는 효과가 생깁니다. 지위가 낮은 개들로선 성공적으로 공간을 방어하거나 다른 표시를 지우기가 쉽지 않을 테니까요. 나의 미발표 데이터는 이것(표시 빈도나 순서)을 신호에서 중요한 부분으로 봅니다. 마찬가지로, 맨 위에 놓이는 표시(다른 오줌 위에 더한 오줌)는 높은 지위의 신호라는 효력을 강화합니다(여기서도 특히 지위가 높은 수컷이 흔적 위에 표시를 남기기 좋아합니다). 표시를 남기는 위치(위냐 아래냐)의 효과는 몇몇 설치류 종에서 멋지게 연구된 바 있습니다. 나는 현재 위에 더하는 표시가 a) 앞선 표시를 가리는지, b) 앞선 표시와 뒤섞이는지, c) 일종의 '게시판'처럼 각각의 표시가 비슷하지만 별개로 인식되는지, d) 앞선 표시보다 더 선호되고 주목받는지 알아보기 위한 습관성 검사•에 필요한 자료 수집을 마쳤습니다.

리스버그 박사의 핵심 메시지도 중요해 보인다.

• 개가 코를 킁킁거리는 시간을 측정하여 전에 접해서 익숙하게 아는 냄새인지, 생소하게 접하는 냄새인지 살펴보는 검사.

소변 표시는 실로 복잡한 신호이며, 개들이 무엇을 냄새 맡을지(그리고 얼마나 오래 맡을지), 어떤 표시를 남길지(옆에 남길지, 위에 더할지) 결정하는 문제라면 반려자들 대부분의 생각보다 훨씬 이해가 깊어 보입니다. 개와 산책할 때 우리는 큰 반응에만 주목합니다. 그들이 무시하거나 회피할 수도 있는 **수많은** 신호들을 우리는 보지 못합니다. 대개의 경우 개들은 (보이는 것과 달리) 제멋대로 뛰어다니면서 닥치는 대로 죄다 냄새 맡고 오줌을 찔끔거리는 것이 아닙니다. 그들은 어떤 표시에 주목하는 것이 중요한지, 반응할지 말지, 한다면 어떻게 할지 세심하게 결정하는 것처럼 보입니다.

이탈리아 로마 외곽의 떠돌이 개 집단을 대상으로 냄새 표시를 연구한 시모나 카파초 연구팀은 다음과 같이 썼다.

수컷과 암컷 모두 자신의 지배적 지위를 주장하고, 먹이를 다른 곳으로 옮기거나 소유권을 계속 지키려고 냄새 표시를 이용한다. 다리를 든 채 오줌을 누고 땅을 파헤치는 것은 수컷과 암컷 모두에게서 후각적·시각적 소통의 역할을 하는 듯하다. 특히 암컷이 다리를 흔들면서 오줌을 누는 것은 자신의 번식 상태에 대한 정보를 전하기 위해서일 수 있다.

개들의 소변 표시에 대해서는 아직 모르는 게 많으며 이는 우리의 짐작보다 복잡하고 흔한 일이다. 하지만 놀이 연구에서처럼 '단순한' 동물행동학 방식으로 소변 패턴에 접근하기만 해도 대단히 흥미롭고 유용한 결과를 얻는다. 다음 이야기가 보여주듯이 그러한 접근은 때론 함께 사는 개에게서 시작할 수도 있다.

맞대응 흔적 표시는 개들의 영역 주장일까?

개들도 야생 친척들처럼 영역 표시를 하는지 묻는 사람들이 많다. 그들은 개들의 오줌 누기 경쟁이 "여기는 내 구역이야!"라는 선언인지 궁금해한다. 개는 영역 표시를 하지 않는다고 주장하는 사람도 있지만 단정하기는 이르다. 실제로 나는 내가 살던 산악도로 근처에서 떠돌이 개들이 마치 야생 코요테와 늑대처럼 영역 표시 행동을 하는 것을 보았다. 그들은 오줌을 누고, 땅을 파헤치고, 근처에 다른 개들이 있는지 둘러보고, 다시 오줌을 누었다. 가끔은 다리를 쳐들 뿐 오줌은 누지 않기도 했다. 그러다 다시 몇 걸음 더 가서 다리를 들고 오줌을 눴다. 시모나 카파초 연구팀은 이탈리아의 떠돌이 개들도 똑같이 행동하는 것을 목격했다.

존 브래드쇼와 니콜라 루니는 다음과 같이 썼다.

"자유로운 떠돌이 개들의 경우 수컷은 영역을 나타내는 행동으로 오줌을 누고, 암컷은 거처 주위에 흔적을 남기는 경우가 가장 많았다."

리스버그 박사는 말한다.

'영역 경계 표시'나 '영역 방어'를 가리키는 오줌 흔적을 영역 경계에서 찾아내는 것은 언제나 흥미로운 문제입니다. 대부분의 연구는 영역 경계에 '처음' 표시한 흔적과 맞대응 흔적을 구별하지 않습니다(구별할 수도 없습니다). 또한 영역 경계에서는 다른 사회적 집단의 일원이 남긴 표시와 마주치는 일이 빈번하게 일어나기도 합니다. 그들은 자신의 영역 경계가 어디인지 보여주는 '표지판'을 세우려고 표시하는 걸까요? 아니면 자신의 영역에서 마주치는 낯선 오줌에 그저 맞대응하여 흔적을 표시하는 걸까요? 물론 이 두 가지가 기능상 완전히 별개는 아니지만, 앞으로의 연구에서 충분히 살펴볼 가치가 있는 요소라고 생각합니다.

나도 그렇게 생각한다. 개의 배뇨와 배변에 대해서는 아직 모르는 부분이 많으며, 개 산책 공원은 이런 연구를 하기 좋은 장소다.

오줌 싸기 경쟁이 꼭 야외에서만 일어나진 않는다. 나와 함께 자전거를 타는 존 탤리와 그의 아내 타일라는 보디와 릭비가 계속해서 오줌 싸기 경쟁을 벌이는 통에 걱정이 이만저만 아니었다. 보디는 릭비의 아버지인데, 릭비가 먼저 탤리 집에 왔다. 릭비가 잘 적응하고 나서 보디가 왔는데 그는 오자마자 집 안 곳곳을 돌아다니며 오줌을 누었다. 릭비는 이미 배뇨 훈련을 받았지만 보디가 집 안 곳곳에 오줌을 누자 릭비도 따라 했고, 그것도 자기가 마지막으로 누어야 직성이 풀렸다. 심지어 타일러의 눈앞에서 부끄러운 줄도 모르고 오줌을 눴다.

게다가 보디는 오줌을 눈 뒤에는 으레 바닥을 긁어 자국을 냈는데, 이 또한 둘의 새로운 습관이 되었다. 타일러 말로는 보디가 오기 전에 릭비는 한 번도 바닥을 긁은 적이 없는데, 이제 걸핏하면 바닥을 긁어대고 심지어 보디가 근처에 없어도 그럴 때가 있다고 한다.

이것은 영역 싸움일까? 보디는 개가 새로운 서식지에서 하는 행동을 하고 있고, 릭비는 보디의 침입에 맞서 자신의 공간을 '방어'하는 걸까? 솔직히 말해서 알 수가 없다. 오랜 세월 수없이 오줌 싸기 경쟁을 보았지만 모두가 야외에서 일어난 사례였다. 리스버그 박사는 그토록 많은 개들이 우리의 기분을 읽고 오줌 싸기 경쟁이나 치고받는 싸움 없이 집에서 공간을 함께 나누며 지내는 것이 개의 사회적 기술을 보여주는 증거라고 말했는데 나도 동의한다.

탤리 부부가 관찰한 것은 맞대응 흔적 표시라고 불리는데 개들이 왜 그렇게 하는지는 알 수 없다. 나는 수컷이 암컷보다 맞대응 흔적 표시를 더 많이 남기느냐는 질문을 자주 받는다. 나는 보이는 것만큼 그렇게 간단하지 않다고 대답했다. 이러한 행동 패턴에 초점을 맞춘 한 연구에 의거한 답이었다. 리스버그와 스노든 박사는 한 연구에서 이렇게 보고했다.

"수컷과 암컷은 똑같이 맞대응 흔적 표시를 하고 오줌을 살피는 것으로 보인다. 맞대응 흔적에서는 수컷을 향한 맞대응 표시와 암컷을 향한 맞대응 표시가 비슷한 비중을 차지한다."

리스버그 박사는 내게 보낸 메일에서 이렇게 말한다.

> 개 산책 공원에서는 수컷이 암컷보다 더 많은 표시와 맞대응 표시를 합니다. 표시하는 수컷은 지칠 줄 모르고 계속해서 여기저기 흔

적을 남기죠. 대체로 암컷은 한두 차례 오줌을 누면 끝이지만 수컷은 두세 차례 혹은 그 이상 오줌을 누는 것으로 보입니다. 그러니까 소변 표시에선 전체적으로 수컷이 더 많은 비중을 차지합니다. 다른 연구들에서처럼 수컷 우위죠. 성별로 보면 꼬리가 높은 암컷이 꼬리가 낮은 암컷보다 더 자주 흔적을 남기고, 수컷도 마찬가지입니다. 꼬리가 가장 낮은 수컷과 암컷은 맞대응 표시를 전혀 하지 않으며, 꼬리가 가장 낮은 암컷은 통로에 전혀 오줌을 누지 않습니다.

개가 다리를 들 때 선호하는 쪽이 있을까?

"개가 오줌을 눌 때 주로 어느 쪽 다리를 드나요?"

사람들이 자주 하는 질문이지만, 사실 개에 따라 다르다. 어느 쪽 다리를 일관되게 선호한다고 말하기가 사실상 불가능하다는 말이다. 윌리엄 고프와 베티 맥과이어의 실험에서 입증되었듯이 개들은 양발잡이며, 따라서 어느 쪽이든 들 수 있다. 하지만 개체마다 더 자주 드는 다리가 있을 테니 이 점을 고려해 개와 산책할 때 어느 쪽에 설지 결정하면 된다.

고프와 맥과이어는 이렇게 정리했다.

"산책하는 동안 개의 자연스러운 뒷다리 행동에 나타나는 운동의 편측성•을 평가하는 데는 유리한 점과 불리한 점이 공존한다. 예컨대

• 몸의 양쪽 가운데 어느 한쪽에 우세하게 나타나는 특징.

개에게 긍정적 경험을 시키면 관찰이 용이한 반면, 충분한 사례를 확보하기는 어렵다."

개들은 왜 가끔 다리를 들고서도 오줌을 누지 않을까?

상당히 자주 이런 질문이 거론된다. 대체로 수컷이 이렇게 한다. 시모나 카파초 연구팀은 오줌을 누든 누지 않든 개가 다리를 드는 것은 필요하면 싸울 준비가 되었음을 뜻하는 것으로 보았다.

나와 학생들은 '마른 표시'라고 부르는 이 행동에 대해 더 알아보려고 미주리주 세인트루이스의 워싱턴대학교 캠퍼스와 콜로라도주 볼더 인근 작은 산악 마을인 네덜란드에서 자유롭게 뛰어다니는 개 집단의 배뇨 패턴을 살펴보았다. 우리는 흥분 상태가 아닌 수컷 스물일곱 마리와 암컷 스물네 마리를 관찰했고, 모두 개별적으로 신원을 확인했다. 표시하기는 단순한 오줌 누기와 두 가지 점에서 달랐다. 오줌이 특정한 대상이나 장소를 향했고(동물행동학자들은 이를 지향적 특징이라고 부른다), 배출되는 오줌의 양이 대체로 적었다. 우리는 다리만 들고 오줌은 누지 않는 '다리 들기 과시'의 횟수도 기록했다.

결과는 아래와 같다.

- 수컷은 암컷보다 훨씬 높은 비율로 표시했다(수컷은 배뇨의 71.1퍼센트가 표시하기였고, 암컷은 18퍼센트였다).
- 수컷은 표시한 뒤 땅을 파헤치는 행동을 암컷보다 확연히 많이 했

고, 다른 개들이 근처에서 자기를 볼 수 있을 때는 이런 행동을 더 자주 했다.

- 수컷과 암컷 모두 자신이 대부분의 시간을 보내는 곳에서는 아주 드물게만 표시했다.
- 다른 수컷 개의 오줌을 보는 것은 수컷의 소변 표시 욕구를 강하게 자극했다.
- 수컷이든 암컷이든 표시하기 전에 반드시 킁킁거리며 냄새를 맡지는 않았다.
- 다리 들기 과시는 시각적 과시 기능으로 보인다.
- 수컷은 다른 수컷이 보일 때 다리 들기 과시를 확연히 자주 했다.

우리는 다리 들기 과시가 다른 수컷의 배뇨를 촉발하는 강력한 시각적 자극이므로 수컷이 다른 수컷에게 오줌 활용을 유도하는 술책이라고 추정했다. 또한 냄새 발산에 수반되는 자세와 행동 패턴의 시각적 측면에 더 많은 관심을 쏟을 필요가 있다고 결론 내렸다.

개의 몸집 크기가 중요할까?

몸집 크기가 중요할까 싶지만, 적어도 보호소 개들의 경우 몸집 크기와 배뇨는 상관관계가 있었다. 베티 맥과이어와 캐서린 버니스는 〈보호소 개의 냄새 표시: 몸집 크기의 효과Scent Marking in Shelter Dogs: Effects of Body Size〉라는 연구에서 다음과 같은 가설을 세웠다.

"작은 개가 큰 개에 비해 냄새 표시를 하는 비율이 높고, 더 자주 오줌을 특정한 쪽으로 겨냥"해서 누는 것을 확인했다. 그들은 "작은 개는 직접적인 사회적 행동을 했다가는 위험이 따르므로 행동보다 소변을 통한 냄새 표시를 선호한다."

사실 나는 이런 가능성을 전혀 생각해보지 않았다. 앞서 말했듯이 리스버그 박사는 개들이 냄새 맡기와 흔적 표시로 갈등을 피한다고 생각한다. 개 산책 공원에서 일반 개들을 대상으로 이런 결과를 검증하면 연구에 유용할 것이다. 오줌 냄새를 더 잘 맡으려면 고개를 들어야만 하는 개들은 자기보다 몸집이 큰 개가 그 오줌을 남겼다는 사실을 알 거라고 생각한다. 어쨌든 몸집의 크기는 중요해 보인다.

개들은 왜 악취 나는 배설물에서 뒹굴까?

개 산책 공원에서는 누군가의 이런 고함소리를 심심치 않게 듣는다.

"맙소사! 브루터스가 다른 개의 똥에 뒹굴었어요. 조심해요! 녀석은 자신이 한 짓을 여기저기 자랑하니까요."

개들은 배설물은 물론 온갖 '역겹고 구역질나는' 것들에 거리낌없이 몸을 비벼댄다. 그럴 때마다 사람들은 애원하다시피 묻는다.

"도대체 왜 이러죠?"

불행히도 우리는 개가 악취 나는 것 위에서 뒹구는 이유를 알지 못한다. 이 문제를 필생의 과제로 삼아 매달리는 사람들도 있다. 그중에는 개가 더 고약하고 우세한 냄새로 자신의 냄새를 가리려 한다는 사람, 자신의 냄새를 널리 퍼뜨리려 한다는 사람도 있다. 관찰한 바에 따르면 개들은 대체로 자신보다 훨씬 강한 냄새를 풍기는 것 위에서 뒹굴며, 브루터스처럼 모두에게 자신이 한 짓을 광고할 때가 많다. 어떤 연구는 이런 행동이 자신의 냄새를 가리려는 것이라는 이론에 힘을 싣는다. 바로 관심을 피하고 포식자를 헷갈리게 하려고 퓨마의 배설물에 몸을 뒹굴어 자신의 냄새를 가리는 것으로 보이는 붉은여우에 대한 연구다.

캘리포니아 북부에 사는 그레그 코핀 역시 이 문제를 분석한 사람들 가운데 하나다. 그는 흥미로운 동영상 덕분에 널리 알려진 소피아라는 개를 키운다. 그는 소피아가 몸을 뒹구는 대상물들에 대한 평가 시스템을 마련했다.

다음은 그가 보내온 메일이다.

> 바닷가를 산책하다 보면 내가 키우는 로디지안 리즈백 품종의 소피아가 즐겨 뒹구는 흥미로운 대상들이 많습니다. 녀석이 어찌나 자주 뒹구는지 결국 가장 깔끔한 대상과 역겨운 대상을 분류하는 단순한 평가 시스템을 만들었습니다. 예를 들면 죽은 새는 바랄 수 있는 가장 깔끔한 대상입니다. 살짝 퀴퀴한 냄새가 나지만 구역질까지는 아니죠. 물고기는 그저 비립니다. 육상 포유동물이 그다음인데 뭐라 말할 수 없이 야릇합니다. 맞아요, 빠르게 부패합니다. 최악은 단연 죽은 바다 포유동물입니다. 맛있는 지방유가 듬뿍 담긴 고약한 지방 덩어리지요.

무슨 말을 할 수 있을까? 이건 아마도 냄새 표시와는 무관하리라. 그러나 냄새를 향한 개의 중요한 욕구를 충족시키는 건 분명하다.

개의 배변에 관한 흥미로운 사실 몇 가지

개들은 대소변 보기를 좋아하고, 사람들은 자기 개의 배뇨와 배변 이야기를 즐긴다. 기껏해야 개 이야기니 멋대로 떠들어도 된다고 여기는 듯하다. 개 산책 공원에서도 배설은 흔한 이야깃거리다.

매슈 길버트는《목줄을 풀어라: 개 산책 공원에서의 1년Off the Leash: A Year at the Dog Park》이라는 책에 이렇게 썼다.

"개 산책 공원에서 개의 대변은 생각보다 훨씬 중요한 주제였다."

이런 분위기에 가세해 길버트도 "길 잃은 내장 활동"을 "묵직하고 얼어붙은 정물화"라고 부른다. 알렉산드라 호로비츠는 소변을 낙서라고 부르는데, 그보다 더 더럽고 인간의 눈코를 강하게 자극하는 대변도 똑같이 말할 수 있다.

어떤 사람들은 개들이 정말로 똥 누기를 좋아하는지 묻는데 글쎄다. 한 여성은 자신의 개 이슈마엘이 항상 밖으로 나가자고 조르는 걸 보면 틀림없이 응가를 즐긴다고 말했다. 사람들도 가끔은 배변을 즐기는데 개들 역시 그러지 않겠는가! 어떤 개들은 똥 냄새를 맡고 나서 그 냄새에 침까지 보태어 아무렇지도 않게 반려자에게 나눠 주려고 한다.

볼더에 사는 내 친구 스테파니 밀러는 어머니와 함께 키우는 스무치라는 개에게 "똥 냄새를 맡고 나면 나중에 뽀뽀하라"는 말을 알아듣도록 훈련했다. 나는 냄새를 곧바로 나누기를 선호하는 개와 함께 산 경험이 있기에 그녀를 십분 이해했다.

하지만 소변과 달리 개들이 대변을 의도적 흔적으로 사용한다는 증거는 많지 않다. 로마 외곽의 떠돌이 개 집단을 대상으로 냄새 표시를 연구한 시모나 카파초 연구팀은 다음과 같이 썼다.

"관찰한 바로는, 배변은 떠돌이 개들의 후각적 소통에서 필수 역할을 하지 않았으며, 선 자세와 쪼그려 앉은 자세는 정상적 배변과 관련 있다고 짐작된다."

"동물들은 왜 휴지를 사용하지 않죠?"라는 배변 관련 질문은 가장 흥미롭고 예기치 못한 것이었다. 그에 대한 간단한 대답은 해부학과 관련 있다. 동물들은 똥을 묻히지 않고 볼일을 볼 수 있기 때문이다.

마지막으로 흥미로운 사실이 있다. 많은 개들이 지구 자기장 방향에 맞춰 대소변을 본다는 걸 아는가? 나는 결단코 몰랐던 사실이다. 개들이 볼일을 보기 전에 방향을 잡으려고 애쓰는 모습은 자주 보았을 것이다. 37개 품종의 일흔 마리가 넘는 개들을 분석한 자료를 보면 개들은 "자기장이 교란되지 않았을 때 몸을 남북 축에 맞추고 배변하는 것을 선호했다." 자기장이 교란되었을 때는 "이런 배변 선호도에 덜 집착했다." 하지만 많은 동물들이 배변, 수면, 사냥을 포함한 여러 상황에서 이런 방향을 선호하는 이유는 알지 못한다.

이 사실을 알고 나서 실제로 그런지 확인하고자 했다. 그러나 우리가 수집한 자료는 모호했다. 우리는 똥이나 오줌을 누기 전에 이리저리

서성거리는 개 세 마리를 목격했는데, 그들은 남북 축에 가지런히 몸을 맞추고 자리를 잡았다. 많은 개들이 볼일을 보기 전에 서성거리거나 빙빙 도는 이유가 이것인지 한 여성이 물었는데 글쎄다. 볼일을 봐야 하는 개들에게 항상 자세를 취할 시간이 있는 건 아니니까.

개가 주도권을 갖는 산책의 필요성

사람들은 대부분 여러 가지 이유로 자신의 개를 목줄에 묶어 데리고 다닌다. 자동차나 위해를 가할지 모를 다른 동물들에게 보호할 필요, 자신의 개가 사람에게 달려들거나 다른 개를 괴롭히는 것을 막을 필요 등이 그것이다. 개들은 날이면 날마다 많은 것을 요구받는다. 우리의 요구는 그들에게 큰 스트레스가 될 수 있다. 운 좋게 인간과 더불어 사는 많은 개들이 스트레스에 시달린다는 사실이 이상하게 들리는가. 제시카 피어스의《달리고 찾아내고 달리다》와 제니퍼 아놀드의《사랑만이 필요할 뿐Love Is All You Need》은 이 문제를 중점적으로 다룬다.

개들은 대부분 운동을 좋아한다. 그것이 우리가 개를 산책시키는 주된 이유이자 개 산책 공원의 존재 이유이기도 하다. 이곳에서는 팔이 빠져라 목줄을 잡아당기지 않아도 되고 개들이 안전한 공간에서 목줄을 풀고 마음껏 뛰어놀 수 있다.

운동 부족도 스트레스가 된다. 운동은 개들이 스트레스를 털어내고 신체적 건강을 잃지 않도록 해준다. 하지만 모든 개가 운동을 좋아하지는 않으며, 항상 좋아하는 것도 아니다. 얼마나 많은 운동이 필요한지, 어떤 종류의 운동이 필요한지, 목줄을 매는 것과 푸는 것에 어떤 차이가 있는지는 개들마다 다르다. 그러므로 자신의 개를 잘 살피고 녀석이 행복하고 건강하려면 무엇이 필요한지 알아야 한다. 개체로서 여러분 개에 대해 많은 것을 알게 되면 그들의 필요에 맞게 운동 프로그램을 짤 수도 있다. 나와 함께 살던 개들은 저마다 만족스럽게 여기는 조깅 거리가 달랐다. 미슈카는 몸집이 살짝 큰 맬러뮤트로 이른 아침 30분가량, 저녁에는 그보다 적게 뛰어다니면 만족했다. 활달한 제스로는 아침 6시 무렵에 6킬로미터 떨어진 마을까지 산책하거나 조깅하는 것을 좋아했고, 오후 늦게 다시 3킬로미터를 더 달렸다.

녀석들은 나이가 들어서도 각자 내키는 대로 산악지대 산책을 즐겼고 산책이 싫을 때는 하고 싶은 걸 내게 분명히 알렸다. 예를 들어 노견이 된 제스로는 길가를 걷고, 여기저기 냄새를 맡고, 개와 인간 친구에게 인사한 후 집에 돌아왔다. 가끔은 이유 없이 밖에 나가서 먹고 자기도 했다. 녀석은 원하는 것은 무엇이든 얻었다. 다행히도 나는 개들이 자유롭게 돌아다닐 수 있는 곳에 살았다.

결국 우리 인간은 개에게 목줄을 매고 산책시킬 때 각각의 개가 어떤 요구를 하는지 주목해야 하며, 최소한 그들의 코가 앞장서서 안내하도록 해야 한다. 개들은 좋든 싫든 우리의 소망에 묶인 존재이므로 우리는 그들에게서 필수적 행동, 감각 자극, 소통을 박탈하지 않도록 노력해야 한다. 그러니 개를 산책시킬 때는 개에게 주도권을 주자.

6장

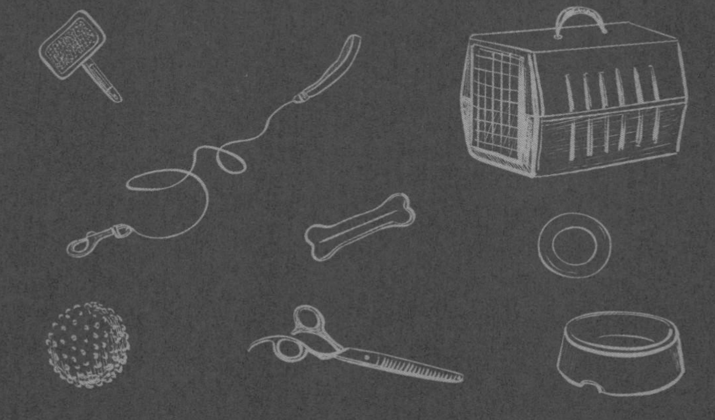

개의 생각을 아는 방법

2016년 8월, 메리 디바인이라는 여성이 자신이 키우는 미카라는 개에 대해 사랑스러운 이야기를 편지로 써서 보냈다. 시민과학의 모범적인 예이자 개의 마음속에서 무슨 일이 벌어지는지 보여주는 사례이므로 여러분에게 소개한다.

남편과 나는 보호소에서 강아지를 '입양'했습니다. 우리는 석 달 된 녀석에게 미카라는 이름을 짓고 집에 데려왔습니다. 미카는 도베르만, 셰퍼드, 래브라도, 차우차우가 뒤섞인 잡종견이었어요. 수의사는 '하인즈 57'• 개라고 부르더군요. 성견이 된 미카의 몸무게는 22.7킬로그램이었습니다.

미카는 대단히 똑똑하고 영역에 집착하는 개였습니다. 엄청나게 많은 어휘를 알아들었어요(나는 미카가 이해하는 단어 몇백 개를 일기에 적어놓았습니다). 미카는 여러 단계의 명령을 배우고 따랐어요. 내가 "미카, 장난감 정리해" 하고 말하면 장난감을 하나씩 집어 바닥이 말끔해질 때까지 상자에 넣는답니다. 개들이 (최소한 우리보다) 색깔을 보지 못하는 줄 알았는데 미카는 "파란색 공 집어"라는 말을 알아들어요. '파란색 공'의 구분되는 특질을 파악한 거죠.

• 미국의 유명한 식품회사. 57개의 다양한 브랜드를 보유한다. 여기서는 온갖 다양한 혈통이 뒤섞인 잡종견을 비유하는 의미로 쓰였다.

미카는 영역에 극도로 집착했습니다. 마당 주변을 걷다가 우리가 살짝이라도 지시하면 **절대로** 마당을 벗어나지 않았어요. 빗나간 공을 주우러 가지도 않았고, 너무도 싫어하는 고양이를 쫓아가지도 않았죠. 공이 집 앞 거리로 굴러가서 급히 차들을 멈춰 세워야 할 때가 많았어요. 하지만 미카는 그걸 지켜보면서도 마당 가장자리에서 딱 멈춰 서서 꼼짝도 안 했어요.

언젠가 다른 주에 사시는 부모님 댁에 방문했을 때 우리는 미카를 뒷마당에 두고 점심을 먹으러 갔습니다. 돌아와보니 미카가 문 앞 계단에 앉아 있더군요. 이웃이 다가와 자신이 본 광경을 묘사했습니다. 미카가 뒷마당에서 나와 집 앞 경계 지점을 돌아다니더니 정문 계단에 앉아 우릴 기다렸다는 얘기였습니다. 그가 놀라움을 감추지 못한 건 당연하죠!

미카의 가장 놀라운 재능은 우리 딸을 받아들인 것입니다. 미카가 세 살 때 딸 새러가 태어났어요. 친구들은 "개가 아기를 물면 어떡해" 따위 말로 걱정했습니다. 평소 미카가 맹렬하게 짖어대거나 나와 남편을 보호하고 애착을 보이는 모습을 보았기 때문이죠.

남편은 프리랜서 작가인데 살짝 걱정이 되었는지 '아기의 등장을 개에게 어떻게 준비시킬까' 하는 글을 (제가 기억하기로) 《베터 홈스 앤드 가든스 Better Homes & Gardens》라는 잡지에 기고하기도 했습니다.

우리는 (개 전문가들과의 대화를 통해) 중요한 점을 몇 가지 배웠습니다. 첫째, 딸을 집에 데려오기 전 먼저 미카가 딸의 냄새를 맡도록 했습니다. 둘째, 아기가 잘 때는 미카를 무시했고, 새러가 깨어나면 (그리고 깨어 있는 내내) 미카에게 온갖 관심을 주었습니다. 하루 만에 미카는 새러가 침대에서 울음을 터뜨릴 때마다 꼬리를 흔들고, 새러가 일어날 때까지 방문 앞에서 기다리게 되었습니다(우리는 미카가 새러 방에 들어가지 못하게 가르쳤습니다). 마술 같은 관계의 시작이었습니다.

마지막으로, 미카가 가장 좋아한 '양말 당기기' 놀이를 말씀드리죠. 녀석은 아주 힘이 세서 우리의 팔이 빠질 만큼 홱 잡아당길 수도 있었어요! 새러는 열 달쯤 되자 혼자 서기 시작했고, 당시 우리는 미카와 필사적으로 양말 당기기를 했습니다. 우리가 새러에게 양말을 넘기니 미카는 앞니로 양말을 아주 살짝 물더군요. **미카는 평생 단 한 번도 새러를 넘어뜨리지 않았습니다.** 우리가 얼마나 많은 시간을 진지하게 양말 당기기에 몰입했는지 생각하면 이건 기적이었습니다. 미카가 양말 당기기에 과한 힘을 쏟지 않다니 정말 놀라운 일이었습니다. 하지만 더 놀라운 건 새러가 힘이 세지자 미카도 점차 세게 당겼다는 사실입니다. 다섯 살이 된 새러는 양말을 붙잡고 미카가 자신을 부엌 바닥에 끌고 다니는 것을 무척 좋아했습니다!

개에게 '마음을 쓴다'는 것은 이 놀라운 존재가 능동적 마음을 갖고 있으며 자동기계 장치가 아님을 충분히 인식한다는 뜻이다. 또한 내가 《동물에게 귀 기울이기Minding Animals》라는 책에서 모든 동물에게 확장해 강조했듯이 우리가 그들을 돌보고 그들에게 최고의 삶을 선사하려고 노력해야 한다는 뜻이다. 어린 학생들을 포함해 각계각층 사람들이 개의 감정적 삶에 많은 관심을 보인다. 개들에게 최고의 삶을 주려면 무엇보다 그들이 무엇을 느끼는지 이해해야 하기 때문이다.

우리는 여러 이유로 인간 이외의 동물들에게 무신경할 때가 많다. 세심한 인지 동물행동학 연구들을 통해 그들의 수준이 드러났는데도 그들을 똑똑하지도, 감정적이지도 않은 존재로 여긴다. 하지만 개들에게는 좀처럼 이렇게 하지 않는다. 오히려 개들에게 특별한 인지 능력과 감정 능력을 부여하면서 그들의 능력을 부풀리곤 한다. 그러거나 말거나 세심한 경험적 연구는 그들이 실제로 똑똑하고 몹시 감정적 존재임을 보여준다. 모든 동물은 나름대로의 방식으로 자신의 필요를 충족시킬 만큼 똑똑하며, 충분히 마음을 써서 지켜보기만 하면 항상 우리에게 이런 능력을 보여준다.

프레드 융클라우스가 자신의 개 스모키에 대해 쓴 글은 이를 제대로 간파하고 있다.

"나는 스모키를 볼 때마다 '네가 조금만 더 똑똑했다면 지금 무슨 생각을 하는지 말할 수 있을 텐데' 생각하고, 녀석은 마치 '당신이 조금만 더 똑똑했다면 내가 아예 그럴 필요조차 없을 텐데' 하는 표정으로 나를 쳐다본다."

'똑똑한' 개, '멍청한' 개가 있다는 잘못된 믿음

바네사 우즈와 《개의 천재성The Genius of Dogs》이라는 책을 함께 썼고 듀크대학교 개 인지센터를 창설한 브라이언 헤어는 2013년 《사이언티픽 아메리칸Scientific American》과의 인터뷰에서 이런 질문을 받았다.

"사람들이 개의 마음에 대해 가장 심각하게 오해하는 건 뭘까요?"

"세상에 '똑똑한' 개와 '멍청한' 개가 있다는 생각이지요."

헤어 박사의 대답이다.

"아직도 지능을 이렇게 일차원적으로 생각하는 사람들이 있습니다. 마치 한 가지 유형의 지능밖에 없어서 지능이 높거나 낮을 뿐이라고 말입니다."

헤어 박사는 정곡을 찔렀다. 개와 여타 동물들에게는 다양한 지능이 있고, 저마다 다른 차이들이 있다고 보는 것이 옳다. 차이는 예외라기보다 규칙이다. 수많은 변수들이 실험실에서 개의 수행력에 영향을 미친다는 사실이 연구를 통해 드러났다. 나는 통제된 실험에서 수집된 자료가 실생활에 어떻게 적용될지 궁금하다. 개들은 개 산책 공원과 여러 공간을 돌아다니며 계속 바뀌는 사회적 맥락과 물리적 환경에 대처하는데 이는 통제된 실험실과는 다를 테니까.

'지능'이라는 말은 일반적으로 개체가 지식을 획득해서 다양한 상황에 맞게 활용하고, 여러 과제를 수행하고, 생존에 필요한 일들을 해내는 능력을 가리킨다. 한 친구는 멕시코 작은 마을에서 자유롭게 돌아다니는 개들을 보았다. 이들은 길거리 사정에 훤해서 힘든 상황에서도 살아남았지만 사람들 말은 그다지 잘 알아듣지 못했다. 먹이 차지하기나 개 사냥꾼, 다른 비우호적 개, 사람들을 피하는 일에 뛰어난 개들이 있다. 인간을 '조종해' 먹이를 얻어내는 일에 능한 개들이 있는가 하면 그렇지 않은 개들도 있다. 나는 똑똑하고 교활하고 적응력이 뛰어나지만 길거리 사정에는 어두워 길에서 어떤 문제가 발생하면 상황에 제대로 대처하지 못할 법한 개들을 안다. 내가 집에서 함께 지낸 몇몇 개들은 아무도 무슨 일이 일어났는지도 모르게 순식간에 내 음식과 다른 개들의 먹이를 훔치기도 한다.

그렇다면 어떤 개들이 '더 똑똑하고' 어떤 개들이 '더 멍청할까?' 물론 더 똑똑하거나 더 멍청한 개는 없다. 상대적으로 볼 때 다들 동등하게 영리하며, 상황에 맞게 자신의 영리함을 이용할 뿐이다. 이런 맥락에서 벗어나면 상당히 '멍청하게' 보일 만한 개들도 있다. 나는 충분히 많은 개들과 살았고 많은 개들을 만났으므로 누가 누구보다 더 똑똑하다고 말하는 것이 개체로서 지닌 진정한 모습에 대한 잘못된 설명이란 사실을 안다.

2017년 1월, 잰 호프만은《뉴욕타임스》에 〈개들이 얼마나 똑똑한지 평가하기 위해 인간은 새로운 요령을 배운다To Rate How Smart Dogs Are, Humans Learn New Tricks〉라는 에세이를 실었다. 여기서 나는 애리조나주립대학의 개 연구자 클라이브 윈의 글을 인용한 두 문장에 이끌렸다.

"똑똑한 개들은 성가실 때가 많다……. 한시도 가만있지 않고 지루해하고 골치를 썩인다."

"내 생각에 '똑똑함'은 중요하지 않다……. 우리가 개에게서 정말 필요로 하는 것은 애정이다. 내가 키우는 개는 멍청하지만 사랑스런 멍청이다."

똑똑한 개가 성가신 건 당연하다. 그러나 그렇게 똑똑하다고 여기지 않는 개들도 마찬가지다. 나는 온갖 개들이 온갖 이유로 성가신 존재가 되는 것을 숱하게 봐왔다. 그건 지능과 아무 상관이 없다. 애정과도 상관이 없다. 상대적으로 볼 때 모든 개는 지능과 상관없이 동등하게 사랑스러울 수 있다. 이런 가치판단은 우리에게 달려 있어서 우리가 누군지,

우리가 개에게 무엇을 원하는지 반영한다. 그것은 인간이 개별적 개와 교류하는 과정에서 맞닥뜨리는 개별적 성공이나 좌절에 따른 것이지, 개란 실제로 무엇인지에 대한, 일반적 진실을 반영하지는 않는다. 개가 '성가신 존재'로 여겨진다면 대체로 인간이 개가 무엇을 하는지, 무엇을 말하려 하는지 이해하지 못해서다. 지능에도 다양한 유형이 있는 마당에 똑똑한 개와 그다지 안 똑똑한 개의 구별이 무슨 의미가 있는지 잘 모르겠다.

그럼에도 사람들은 여전히 묻는다.

"정말 바보처럼 구는 개들은 뭐죠? 정말 모자라는 개 아닐까요?"

이런 식으로 개를 규정하는 데 신중하라고 다시 한번 강조한다. 우리가 다른 동물들을 가리키는 방식과 관련해 나는 헝가리 해부학자 야노스 센타고타이의 말을 좋아한다.

"똑똑하지 않은 동물은 없다. 다만 부주의한 관찰과 제대로 설계되지 않은 실험이 있을 뿐이다."

우리는 개가 뇌사 상태의 존재가 아님을 오래전부터 알고 있었다.

이 책(6, 7장)에서 나는 주의 깊은 인지 동물행동학 연구(동물의 마음 연구)를 바탕으로 개가 얼마나 똑똑하고 감정적인지를 소개할 참이다. 모든 연구를 다 검토할 수는 없지만 개 산책 공원에서, 거리에서, 사람들과 식사하면서, 가던 길을 멈추고 개들의 행동을 관찰하면서 자주 받았던 질문들에 답하고자 한다.

개들에게 마음 이론이 있을까?

오늘날 동물행동학과 동물 연구의 뜨거운 쟁점 가운데 하나는 인간 이외의 동물들에게 마음 이론이 있느냐 하는 것이다. 인간 이외의 동물들도 다른 동물들이 자신과는 다른 저마다의 생각과 느낌을 가지고 있음을 알고, 이를 예측하고 파악할 수 있을까? 마음 이론은 많은 '고차원적' 사고와 복잡한 감정들의 바탕이 되므로 이를 확인하면 수많은 것을 확인할 길이 열린다.

개들의 경우 아마도 마음 이론을 갖고 있으리라 짐작되며 이를 보여주는 증거가 점차 많아진다. 주로 개의 놀이 연구를 통해 이 사실을 확인할 수 있다. 개들(그리고 다른 동물들)은 놀이를 하는 동안 마음 읽기가 활발해진다. 다른 개가 어디를 보는지 주목해야 하며(그래야 자신에게 관심을 쏟는지 알 수 있으니까), 놀이 파트너가 어떤 행동을 할 가능성이 큰지 신중하고 재빠르게 평가, 예측할 수 있어야 한다.

해리와 메리라는 개가 있다고 하자. 둘은 저마다 상대방이 무엇을 했으며 무엇을 하고 있는지 면밀하게 주목하고, 이를 통해 다음번에 상대방이 무엇을 할지 예측한다.

알렉산드라 호로비츠는 개들이 놀이를 하면서 어떻게 관심 자체에 관심을 기울이는지 연구했다. 그녀는 다음과 같은 사실을 발견했다.

> 놀이 신호는 거의 앞쪽을 보고 있는 동종(같은 종의 일원, 이 경우에는 다른 개들)에게만 전해졌다. 관심을 끄는 행동은 놀이 파트너가 얼굴

을 돌리고 있을 때, 그리고 놀고 싶다는 관심을 드러내기 전에 가장 자주 일어났다. 또한 관심을 끄는 방식은 놀이 파트너의 무신경함 정도와 상관관계가 있었다. 파트너가 다른 데를 보거나 놀이에 시큰둥하면 더욱 강력한 관심 끌기를 시도했고, 파트너가 앞이나 옆을 보면 덜 강력한 방법을 사용했다. 그러니까 이런 개들은 다른 개의 반응능력을 중재하는 특성, 인간들 간의 상호 행동에서 '관심'이라 불리는 요소에 관심을 기울이고 영향을 미친 것이다.

캐나다 노바스코샤주 핼리팩스에 있는 댈하우지대학교 심리학자 신디 하먼-힐과 동물행동학자 시몬 가부아도 놀이가 인간 이외의 동물들에게 마음 이론을 확인할 좋은 기회라는 데 동의한다. 그들은 개들에게 마음 이론이 있을 가능성이 높은 이유를 신경생물학적으로 설명한다. 동물들은 놀 때 파트너가 무엇을 하는지를 재검토한다(나는 이를 뛰면서 하는 미세한 조정이라고 부른다). 게다가 놀이를 하려면 협력이 필요하고, 놀이는 훈련 없이 이루어지며, 성견들도 놀이를 한다. 그러므로 하먼-힐과 가부아는 놀이가 피질 하부의 처리를 통해 세 단계 동기부여 체계로 자리 잡는다고 주장한다. (1) 동물은 놀이를 **좋아하고** 놀이에서 즐거움을 얻는다. (2) 그래서 놀이를 **원한다**. (3) 그러므로 어떻게 노는지 **배운다**. 놀이가 다양한 모습을 보인다는 것은, 참가자들이 지금 벌어지는 상황을 평가하면서 파트너의 욕구와 계획을 판단하고 자신의 행동을 그에 맞게 바꾸는 것을 의미한다. 그러려면 마음 이론이 필요하다.

마음 이론의 분류학적 분포, 즉 이것이 어떤 종에게 있고 어떤 종에게 없는지 제대로 평가하려면 더욱 많은 비교 자료를 확보할 필요가 있다. 그런데 개들이 그때그때 놀이를 협의하는 모습을 보노라면 그들이 다른 개들도 생각하고 느낀다는 사실을 안다는 것이 확실해 보인다.

개들은 다른 존재의 시선을 좇을까?

일부 개들은 다른 개의 시선을 좇는 데 능숙하다. 개들은 이런 행동을 통해 다른 개가 하는 생각의 많은 부분을 알아낼 수 있다. 그리고 이런 단순한 행동은 개에게 마음 이론이 있음을 입증하는 데 도움이 된다. 개들은 또한 사람의 시선도 좇는데, 연구 결과에는 차이가 있다. 앞서 말했듯이 연구 대상이 되는 개들, 연구자들, 맥락과 연구 방법이 모두 다르므로 이런 차이가 발생하는 것은 지극히 당연하다.

개가 사람의 시선을 좇는 것과 관련해서는 개와 인간의 관계에 면밀히 주목할 필요가 있다. 〈도그튜브: 온라인에서 개와 교감하는 능력 검토DogTube: An Examination of Dogmanship Online〉라는 흥미로운 논문에서 연구자들은 "개와 인간의 상호 관심"은 개의 관심을 얻고, 개를 다루고 훈련하는 데 매우 중요하다고 썼다. 그들은 또한 "개들이 훈련하기 까다롭다고 여겨지는 건 개와 인간의 교감에서 특징이 되는 시의적절함과 주의력이 부족한 사람들 탓일 수 있다"고 말한다. "개와의 교감에서는 보상의 시의적절함, 개를 다루고 훈련할 때 개의 관심을 끌고 유지하는 능력이 매우 중요하다."

나는 개들이 다른 개는 물론 사람의 좇을 수 있다고 자신 있게 말한다. 개 산책 공원에서 그런 사례들을 일상적으로 충분히 보았기 때문이다. 물론 항상 그러지는 않는다 해도 개들에겐 분명히 그럴 능력이 있다. 어쩌면 개들은 이미 정보를 포착하고서도 그것을 우리가 추적할 수 있는 방식으로 보여주지 않는지도 모른다.

개들은 유머감각이 있을까?

개를 비롯한 여타 동물들에게 유머감각이 있는지 묻는 사람들이 많다. 다른 동물들에게 유머감각이 있는지 여부를 놓고 의견이 엇갈리지만 적어도 개들은 유머감각이 있다고 나는 확신한다. 스탠리 코렌은 기본적으로 이 의견에 동의하면서 개체와 품종에 따라 차이가 있는 것 같다고 덧붙였다. 개의 유머감각에 대해 숙고하다 보면 그들이 무엇을 아는지 많은 것을 밝힐 수 있다.

찰스 다윈은《인간의 유래와 성 선택》에 이렇게 썼다.

> 개들은 단순한 놀이와 구별되는, 마땅히 유머감각이라고 불릴 만한 행동을 보여준다. 개에게 막대기 같은 물건을 던지면 개는 그걸 물고 오다가 자기 앞에 내려놓고 그 위에 쪼그리고 앉아서는 주인이 물건을 집으러 올 때까지 기다린다. 그러다가 주인이 다가오면 도로 물고는 홱 돌아서서 의기양양하게 달아나며, 똑같은 술책을 되풀이한다. 장난을 즐기는 게 분명하다.

유머감각이 있다는 건 자신의 행동이 다른 존재에 영향을 미친다는 사실을 안다는 뜻이다. 스스로도 자신의 행동을 즐기겠지만 그런 행동의 주된 목적은 인간(어쩌면 그 외의 다른 동물들) 관찰자의 반응 유발이다. 유머감각은 또한 동물에게 마음 이론이 있다는 증거일 수도 있다.

개를 비롯한 동물들의 유머감각에 대한 공식적 동물행동학 연구가 불충분한 탓에 나는 개들에게 유머감각이 있는지, 개들이 장난을 즐기는지 솔직히 잘 모른다고 항상 조심스럽게 말한다. 하지만 일상 사례들은 차고 넘친다. 일례로 나와 함께 살았던 제스로는 음식을 훔치는 데 선수일 뿐만 아니라 장난꾸러기이기도 했다. 제스로는 자신이 좋아하는 토끼 인형을 입에 물고 집 안을 뛰어다니며 양옆으로 흔들어댔고, 옆에 있는 사람들을 쳐다보며 반응을 살폈다. 사람들이 웃음을 터뜨리면 그 행동을 더 많이 하는 것 같았다. 사람들이 관심을 주지 않으면 제스로는 걸음을 멈추거나 짖었고, 보는 사람이 있는지 살펴본 뒤 다시 인형을 물고 뛰어다녔다.

트림쟁이 벤슨의 경우는 어떤가. 내 친구 마리예 테르엘렌에 따르면 다섯 살 된 버니즈 마운틴 도그 품종인 벤슨은 자신에게 다가와 얼굴을 빤히 쳐다보고는 트림하는 걸 즐긴다고 한다. 평소에는 트림을 하지 않는 녀석이므로 그런 행동에서 쾌감을 느끼는 것으로 보인다고 했다. 혹시 이것이 "안녕" 혹은 "사랑해"라고 말하는 그만의 방식은 아닐까? 아니면 그냥 스스로가 좋아서 반려자에게 하는 행동일까? 마리예는 벤슨이 자신이나 딸 아리앤을 흉내내는 건 아니란 사실을 분명히 했다.

나는 말, 반달가슴곰(아시아흑곰), 금강앵무를 포함하여 스탠드업 코미디언이나 장난꾸러기처럼 구는 다른 종들의 이야기도 수없이 들었다. 실제로 유머는 우리가 생각하는 것 이상으로 인간 이외의 동물들에게 널리 퍼져 있는지도 모른다.

개들이 음식을 훔치며 속임수를 쓰는 까닭은?

대부분의 사람들은 개들이 먹이를 차지하려고 도둑처럼 행동하는 것을 본 적이 있을 것이다. 그런데 개의 이런 속임수는 유머의 기술일 수 있다. 개들은 음식을 훔칠 때 의식적으로 속임수를 부리는 걸까, 아니면 그저 배가 고프고 탐욕스러운 걸까? 사실 음식을 훔치기 위한 개들의 전략을 관찰함으로써 개들의 인지 능력에 대해 많은 것을 알아낼 수 있다. 나는 음식을 빼돌리는 개들에 대한 이야기를 오래전부터 들었고, 많은 영악한 개들이 그렇게 하는 것을 목격하기도 했다.

생후 9개월에 동물보호소에서 데려온 제스로는 '먹이를 밝혔다.' 함께 지내는 사샤가 먹이를 받으면 제스로는 마치 누가 오기라도 한 것처럼 현관문으로 쪼르르 달려갔다. 사샤가 무슨 일인지 보려고 문 쪽으로 어슬렁거리며 다가오면 제스로는 잽싸게 사샤의 접시로 달려가 그 안에 든 먹이를 꿀꺽했다. 내 눈에는 항상 의식적 속임수로 보였다.

이렇게 다른 개의 먹이를 잘 훔치는 개도 있지만 친구들(낯선 개와 반대되는)과 먹이를 나누어 먹기도 한다는 사실이 밝혀졌음을 덧붙인다. 이들은 다른 개가 옆에 있기만 해도 그렇지 않을 때보다 너그럽게 행동한다.

나는 제스로가 먹이를 밝히는 것이 길거리 생활과 관련이 있다고 생각한다. 제스로는 나와 만나기 전 줄곧 길거리에서 먹이 훔치는 기술을 연마하며 보냈다. 집에 온 후 제스로는 사샤와 함께 지냈는데, 둘은 아주 사이가 좋았다. 제스로는 비록 사샤를 속여 먹이를 가로채기는 했어도 도가 지나치진 않았다. 제스로는 그 음식이 사샤 것임을 알았고, 사샤를 문 쪽으로 유인하면서도 화나지 않게 하려고 조심했다. 제스로는 사샤가 먹는 모습을 신중하게 지켜보다가 사샤가 조금이라도 접시에서 다른 곳으로 가면 조용히 그러나 기민하게 몇 조각을 꿀꺽했다. 그런 다음 사샤 주둥이를 핥고 아무 일 없었다는 듯이 자리를 떴다. 사샤는 영문을 모르는 눈치였다. 제스로는 사실 나의 음식도 잘 훔쳐 먹었다.

나는 동네 개 산책 공원에서 이와 비슷한 놀라운 광경을 본 적이 있다. 헨리에타와 로지는 한창 놀이에 빠져 있었다. 집에 갈 시간이 되고 헨리에타의 반려자는 헨리에타에게 간식을 주었다. 헨리에타 바로 뒤에 로지가 있었는데, 헨리에타의 반려자가 헨리에타 코앞에 간식을 내려놓는 순간 로지는 마치 다른 개가 놀이를 청한 것처럼 왼쪽으로 고개를 돌려 인사를 했다. 물론 거긴 아무도 없었다. 헨리에타는 로지의 시선을 따라갔고, 그 순간 로지는 간식을 낚아채 달아났다. 그러고는 잠시 후 아무 일 없었던 것처럼 둘은 다시 놀이에 빠졌다. 헨리에타의 반려자가 몹시 화가 났음은 당연하다. 간식을 빼앗겨서가 아니라 집으로 돌아가는 게 힘들어졌기 때문이다!

인간은 개들의 먹이 습득에 이용되는 걸까?

훈련이나 교육에 먹이를 강력한 보상으로 활용할 수도 있다. 그런데 사람들은 개가 우리를 '사랑하는' 것이 오로지 먹이를 얻기 위해서냐고 자주 묻는다. 한마디로 말하면 그렇지 않다. 개는 그보다 훨씬 복잡한 존재다. 개 훈련사이자 저널리스트인 트레이시 크룰릭은 〈기쁘게 하고 싶어요?Eager to Please〉라는 에세이에서 먹이를 보상으로 활용한다고 해서 개가 여러분을 덜 사랑하거나 긍정적 감정 없이 여러분을 이용하는 건 아님을 보여준다.

나는 콜로라도주 볼더 외곽 산악지대에 살면서 많은 개들을 자유롭게 돌아다니도록 했고, 개 산책 공원과 다양한 산책로에서 자유롭게 뛰어다니는 많은 개들을 보았다. 이러한 환경에서 반려자들은 목줄을 푼 개를 먹이로 통제하기도 했다. 하지만 개가 반려자에게 특별한 애착, 쉬운 말로 사랑을 느끼지 않는다는 인상을 받은 적이 한 번도 없다.

제스로는 내 손이 오른쪽 호주머니에 있으면 곧 간식을 준다는 걸 알았고, 그 방향으로 살짝만 움직여도 내게 다가왔다. 나는 의도적으로 제스로가 이런 연상을 하게 했다. 간단한 몸짓으로 개를 부르는 방법에 관해 말할 때 이를 간략히 '손-호주머니 학습'이라고 부른다. 그리고 이 방법은 효과가 있다. 내가 살던 산악지대에는 퓨마, 미국흑곰, 코요테도 살았기에 말이나 소리로 제스로를 불러서는 안 될 상황이 종종 발생했다. 다른 동물들이 그 소리를 듣고 나나 제스로에게 접근할 수도 있어서다. 제스로는 나를 사랑했을까? 분명 그랬을 것이다. 간식을 좋아했을까? 물론이다. 그저 먹이를 얻으려고 나를 사랑하는 척했을까? 그렇지 않다. 내가 "이리 와!" 혹은 "제스로!" 하고 불러도 되는 상황이면 제스로는 간식이 없어도 쪼르르 달려왔다.

언젠가 한 이웃이 먹이로 개를 훈련하는 내 모습을 보고 이의를 제기했다.

"그렇게 하면 제스로는 당신을 이용할 뿐 진심으로 사랑하진 않게 될 거예요."

그녀의 반려견 마야는 어디로 튈지 모르고 사람 말을 좀처럼 듣지 않는 개로 유명했다. 그런데 먹이를 주자 내게 와서 안겼다. 마야는 내 오른손이 주머니에 들어가는 것이 무슨 뜻인지 알았다. 위험한 환경에 사는 우리에겐 안전이 최우선이었으므로 음식은 동기를 부여하는 도구로 제법 잘 통했다. 제스로처럼 마야도 그냥 불러도 왔고, 먹이를 주지 않아도 멋지고 사랑스럽게 굴었다. 개들은 꼭 먹이를 주지 않아도 애정을 드러내며, 먹이를 훈련 도구로 활용한다고 상황이 바뀌진 않는다.

뇌영상 연구는 여기에 힘을 싣는다. 피터 쿡과 동료들은 개가 먹이보다 칭찬을 더 좋아한다는 사실을 보여주었다. 그들의 데이터는 "개를 훈련할 때 사회적 상호 행동이 분명한 효력이 있음을 납득하도록 돕는다." 하지만 먹이 또한 대단히 중요할 수 있다. 실제로 개가 쓰다듬기보다 먹이를 더 좋아한다고 보여주는 듯한 연구가 있다. 하지만 연구자들의 결과는 개와 인간의 친밀도, 사회적 상호 행동의 결핍 정도에 따라 상당한 편차를 보인다.

트레이시 크룰릭의 말처럼 먹이 관련 문제는 개보다는 인간의 문제에 더 가깝다. 개는 항상 먹이를 얻으려고 우리를 이용할 뿐 실은 우리에게 조금도 신경쓰지 않는다는 견해는 이제 버릴 때가 되었다. 개 훈련에 효과적이라면 먹이를 사용해야 한다. 그렇다고 해서 우리에 대한 개의 사랑을 의심할 필요는 없다.

개의 지능지수를 측정할 수 있을까?

모든 개가 똑같은 능력을 가졌을 리는 만무하다. 따라서 개의 지능지수 측정은 항상 사람들 궁금증을 자아내는 문제였다. 사람의 지능을 측정할 수 있다면 개라고 못 하겠는가? 그래서 연구자들은 개의 지능을 파악할 방법을 찾고 있다. 앞서 말했듯이 개체 차이에 초점을 맞춘 개의 인지 연구는 극히 드물다. 최근 연구들을 두루 조사한 2016년 기사에서도 이와 관련된 논문은 세 편밖에 확인하지 못했다. 그래서 로잘린드 아덴과 마크 애덤스는 개의 지능에 대한 이해를 높이려고 2016년 2월 〈개의 일반 지능 요인A General Intelligence Factor in Dogs〉이라는 연구 논문을 발표했고, 〈멘사 개? 개의 지능검사가 개의 '일반 지능'을 밝히다Mensa Mutts? Dog IQ Tests Reveal Canine 'General Intelligence'〉라는 논문에서 그 결과를 훌륭하게 요약했다.

먼저 연구자들은 길 찾기, 제한 시간 내에 퍼즐 맞추기, 장벽 넘기, 시선 따라가기, 음식의 양 평가하기 등을 포함해 기초적 개 지능지수 테스트를 마련했다. 그런 다음 보더콜리 예순여덟 마리를 테스트했다. 그 결과 일정한 항목에서 우수한 개가 대다수 항목에서도 우수했고, 빨리 검사를 마친 개가 느린 개보다 정확했다.

이렇듯 개들은 사람의 지능지수 검사 결과가 저마다 다르듯 다양한 결과를 보였다. (여담이지만 사람들의 지능 차이는 수명과 연관될 수 있어서 똑똑한 사람들이 더욱 건강하고 오래 사는 경향을 보인다.) 하지만 연구 목적은 각각의 개를 비교하는 것이 아니라 모든 개의 '일반 지능' 수준을 수량화하여 지능의 진화를 이해하려는 것이었다.

이 연구에서 밝혀진 핵심 사항들은 다음과 같다.

- 개의 인지 능력 구조는 사람에게서 발견된 것과 **비슷하다**.
- 문제를 더 **빨리** 푼 개들은 더 **정확하기도 했다**.
- 개의 인지 능력은 사람들처럼 신속하게 검사할 수 있다.
- 개의 인지와 관련한 개체 차이 연구를 통해 인지 역학에 기여할 수 있다.

연구자들은 이렇게 정리했다.

> 동물 지능의 개체 간 차이를 알아내는 것은 인지 능력이 어떻게 개체가 살아가는 환경에 적합하도록 진화했는지 이해하기 위한 첫 단계다. 이는 지능과 건강·노화·죽음의 관계에 관한 결정적 정보를 제공한다. 인간 이외의 동물들에게 얻은 데이터는 우리가 동물 왕국 전체를 통틀어 가장 중요한 형질 가운데 하나인 지능을 제대로 이해하려면 꼭 필요하다.

스탠리 코렌은 연구 결과를 정리하면서 이렇게 말했다.

"이는 지능에 일반 요인이 있음을 강력하게 시사하는 증거다. 똑똑한 개는 대체로 모든 것을 잘하고, 그다지 똑똑하지 못한 개는 대부분의 검사에서 대체로 서툰 결과를 보인다."

개는 고양이보다 영리할까?

때론 서로 다른 종들을 비교하며 예컨대 "개는 정말로 고양이보다 영리할까?" 따위 질문을 던지고 싶은 유혹에 빠진다. 실제로 사람들이 이런 질문을 하고, 난 항상 그런 식의 비교는 그다지 의미가 없다고 설명한다. 개체는 자신이 속한 종의 당당한 일원답게 해야 할 일을 하는 것뿐이므로 실상 그런 질문들은 오류투성이다. 개는 개로서, 고양이는 고양이로서 필요한 일을 한다. 생쥐는 개가 할 수 없는 일을 하고, 개미도 마찬가지다. 이 모든 종이 사람이 할 수 없는 일을 한다. 그러므로 어떤 종이 다른 종보다 똑똑하다고 순위를 매긴다면 사과와 도토리의 비교와 매한가지다.

개가 고양이보다 똑똑할까, 고양이가 개보다 똑똑할까 따위 질문을 해봤자 아무 이득도 없다. 지능은 진화적 적응이며, 그 발현 양상은 종마다 다르다. 물론 같은 종 내의 개체들 사이에는 차이가 있으니 어떤 개가 더 똑똑하고 적응을 잘하는지 물을 수는 있다. 그러나 이런 경우에도 신중해야 한다. 다른 동물들처럼 개에게도 다양한 지능이 있다. 예컨대 거리 사정에 밝은 개는 음식을 훔치고 혼자서 살아가는 일을 잘하며,

인간과의 관계에 영리한 개는 사람을 이해하고 가정에 잘 적응한다.

배경과 품종이 같은 개들이라면 상대적 지능 차이가 그다지 많은 것을 말하지 않는다. 예를 들어 보더콜리는 대단히 영리한 품종으로 여겨지지만 앞의 연구에서 보듯 모든 개체가 똑같이 영리하지는 않다. 허먼이라는 개가 브루터스보다 영리하다고 말할 수 있는 맥락이 있는가 하면 브루터스가 허먼보다 영리하다고 말할 수 있는 맥락도 있다. 나는 지능의 관점에서 개의 품종을 비교하거나 순위를 매기는 일도 하지 않는다. 개체는 자신이 속한 품종의 필요에 맞게 해야 할 일을 할 뿐이기 때문이다.

개는 과거를 상상하고 미래도 내다볼까?

동물의 머릿속을 들여다보기란 매우 어렵다. 개를 비롯한 여타 동물들은 그저 몸을 흔들며 돌아다니고 주위를 살피면서 얼마나 많은 것을 알아낼까? 알 수가 없다. 많은 동물들이 쉬면서 시간을 보내는데, 그들은 이때 주위를 두리번거리고 풍경과 소리와 냄새를 받아들이는 경우가 많다. 개들도 분명 이렇게 한다. 나는 집에서 함께 지내는 개들이 어슬렁거리면서 개와 인간 친구와 환경을 살피는 것을 보면 웃음이 난다.

야생 코요테를 비롯한 다양한 동물들을 현장 관찰하면서 나는 그들이 딱히 뭔가를 하지 않고 그저 쉬면서 주위를 살피며 오랜 시간을 보낸다는 사실에 항상 주목했다. 이런 식으로 모은 많은 정보를 나중에 다른 개체들과의 사회적 교류에 사용하는 것이 분명하다고 생각했다. 실제로 우리는 개들이 수동적 관찰자가 아님을 안다. 그들은 인간을 제3자의 관점에서 평가하며, 자신의 반려자와 한편이 아닌 사람은 피한다.

제임스 앤더슨 연구팀은 개를 비롯한 여타 동물들에게는 언어나 교육에 의존하지 않는 핵심적 도덕성이 있다고 주장한다. 저마다 누가 도움이 되고 도움이 되지 않는지를 학습하고, 그 판단에 따라 앞으로의 관계를 결정한다는 것이다. 분명 개들은 거의 혹은 전혀 생각 없이 특정한 방식으로 행동하도록 프로그래밍이 된 자동기계가 아니다. 그들은 기억하고 결정한다.

개 산책 공원과 산책로에서 사람들과 이야기하다 보면 개가 얼마나 영리하고 감정적인지, 개의 기억이 얼마나 인상적인지 강조하는 이야기를 숱하게 듣는다. 개는 어제를 기억하지 못하며 '영원한 현재'에 갇혀 있다는 한 심리학자의 에세이를 읽고 충격받은 일이 생각난다. 이런 어처구니없는 주장은, 개를 비롯한 많은 동물들의 기억력이 대단히 뛰어나며, 이런 정보를 사회적·비사회적 맥락에서 사용한다고 보여주는 너무도 많은 연구를 가볍게 무시한다.

과거의 사건이 개에게 영향을 미칠 뿐만 아니라 개는 미래를 계획하기도 한다. 학대받은 개를 입양한 사람은 과거가 개의 행동을 어떻게 지배하는지 잘 안다. 수많은 상세한 연구들은 과거를 상상하고 미래를 내다보는 정신적 '시간여행'이 인간의 전유물이 아님을 보여준다. 또한 개들은 인간이 사물을 대하는 것을 지켜봄으로써 대상의 물리적 속성을 유추하고, 나중에 이렇게 얻은 지식을 불러내 활용하기도 한다. 한 연구에서 개들에게 무게가 다른 두 여닫이문이 열리는 모습을 보여주었더니 그들은 스스로 문을 열 수 있었다. 그런데 그들은 먼저 각각의 문을 스스로 열어보고 어느 쪽이 더 가벼운지 유추하여 그 정보에 따라 행동했다.

우리 집에서 행복하게 살던 다른 개들 중 제스로만큼 유능한 녀석은 없었다. 몇몇은 우리 집과 근처를 돌아다닌 미국흑곰과 퓨마에 대해 재빨리 알아차렸지만, 몇몇은 그러지 못해서 다소 무모하게도 우리 집 구역을 벗어나기도 했다. 하지만 야생 이웃과 문제를 일으킨 개는 없었다. 저마다 이런 포식자와 공존하는 법을 터득한 것이 분명했다. 각각의 개는 독립적 개체로서 세상이 작동하는 방식과 최선의 선택에 대해 저만의 '믿음 체계'나 개념을 갖고 있다. 개를 비롯한 많은 동물들은 상당히 다양한 상황에 적응할 수 있으며, 저마다 다른 각각의 반응이 그저 애초에 타고난 자극-반응의 결과라고 생각할 이유가 전혀 없다. 나는 이런 행동을 얼마나 쉽게 자동적 반사 반응으로 축소할 수 있는지, 그렇게 하려는 유혹이 얼마나 강력한지 충분히 이해하지만, 이런 식의 설명으로는 동물들이 다양한 상황에서 보이는 다양한 반응을 제대로 설명할 수가 없다.

인지 동물행동학의 아버지로 불리는 저명한 과학자 도널드 그리핀은 다양한 사회적·비사회적 조건에 따른 반응으로 나타나는 행동의 유연함이 인간 이외의 동물들에게도 의식이 있음을 드러내는 지표라고 강하게 주장했다. 나를 포함한 많은 연구자들이 이 말에 동의한다.

사람들은 개가 얼마나 많은 정보를 기억하는지 궁금해할 때가 많다.

2016년 부다페스트 외트뵈시 로란드대학교 클라우디아 푸가자, 아코스 포가니, 아담 미클로시는 〈우발적 기억 후 남들의 행동을 떠올린다는 사실에서 드러나는 개들의 일화기억•Recall of Others' Actions after Incidental Encoding Reveals Episodic-Like Memory in Dogs〉이라는 연구를 통해 개들이 우리가 알아차리는 것 이상 많은 것을 기억한다는 사실을 보여주었다. 나는 미클로시 박사에게 그의 연구가 이전의 정식 연구들을 통해 알려진 것 혹은 사람들이 집이나 개 산책 공원에서 자신의 개를 관찰함으로써 알고 있는 사실을 얼마나 확장했는지 물었다. 그는 이렇게 대답했다.

> 늘 그렇듯이 이 또한 개를 키우는 사람들이 개가 할 수 있다고 생각했던 일일 겁니다. 그러나 그들 대부분이 개가 주위에서 일어나는 특정한 사건을 기억한다고는 생각하지 않습니다. 이 연구는 이제 개가 (그리고 아마 다른 많은 동물들도) 이것을 할 수 있음을 보여줍니다. 개들은 자신이 행한 것을 (자발적으로) 기억할 뿐만 아니라(이와 관련하여 침팬지, 쥐, 돌고래에 대한 연구가 있습니다) 주인이 행한 것도 기억합니다. 예를 들어 그들은 주인이 어느 날 정원에서 장미를 자르는 것을 보고 나중에 장미를 다시 보면 그때 기억을 마음속에 떠올립니다. 이는 그저 자발적인 '생각'이기에 아무 행동 변화 없이 일어납니다. 물론 그 같은 생각이 (자발적) 행동의 원인이 되는 경우도 있죠.

• episodic memory. 본인이 특정한 시간, 특정한 장소에서 겪은 사건에 대한 기억으로, 우리가 통상적으로 말하는 기억이 일화기억이다.

문득 모든 것을 다 아는 듯이 굴던 많은 개들이 생각난다. 어떤 연상을 일으키도록 확실히 가르친 적이 없는데도 그들은 내가 무엇을 하려는지, 혹은 내가 그들에게 무엇을 원하는지 아는 것만 같았다. 그들은 특별한 가르침 없이도 내 의도를 알아챘고, 세상이 어떻게 돌아가는지 파악했다. 몇 년간 연구했던 야생 코요테들한테도 비슷한 점을 느꼈다. 그들은 남들이 무슨 생각을 하고, 무엇을 느끼고, 자신에게 무엇을 원하는지 아는 듯했다. 이 역시 내가 개, 코요테, 그리고 다른 많은 동물들에게 모종의 마음 이론이 있다고 믿는 또 하나의 이유다.

개들은 도구를 만들고 사용할까?

개의 영리함에 관심이 있는 사람들은 개가 도구를 만들고 사용하는지 궁금해한다. 몇 년 전에 나는 그렌델이라는 개가 등긁이를 만들었다는 말을 들었고, 개가 의자를 옮긴 뒤 그 위에 올라가 카운터에서 음식을 가져오는 장면을 비디오로 보기도 했다. 딩고도 도구를 이용한다.

다음은 그렌델의 인간 친구 레니 프릴링이 해준 이야기다.

> 그렌델이 처음 도구를 만든 건 1973년쯤이었을 겁니다. 그렌델은 다리가 짧고 몸통이 길어서 등 중앙을 긁으려면 다리가 닿지 않았어요. 한번은 그렌델에게 뼈를 주었습니다. 양의 다리뼈였던 것 같은데, 제법 딱딱했고 양쪽이 평평한 원통형 모양이었지요. 그러고 나서 일주일 정도 지났을 때 보니 녀석이 뼈를 물어뜯어 한쪽은 여전히 평

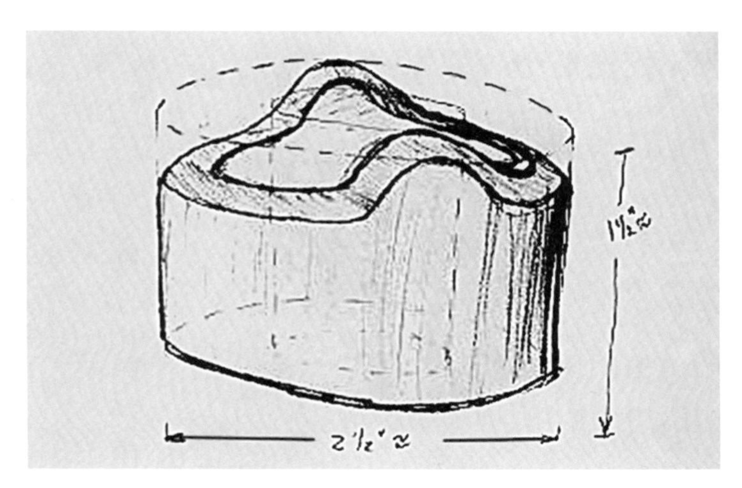

그렌델의 등긁이.

평하고 다른 쪽은 봉우리가 두 개 솟은 것처럼 되었더군요(옆에서 보면 테두리가 마치 사인 곡선처럼 보였습니다). 그렌델은 평평한 쪽을 바닥에 놓이게 두고는 봉우리 두 개에 등을 대고 긁었습니다. 녀석이 도구를 만들었다고 확신했지만, 과학적으로 의미 있게 입증되려면 그런 행동이 반복되어야 한다고 생각했어요. 내 기억에 그렌델은 첫 번째 뼈를 한참 동안, 아마도 1년 정도 갖고 있었습니다. 그 뼈가 사라진 후 우리는 다른 뼈를 주었고, 며칠 혹은 일주일 만에 그렌델은 두 번째 뼈도 거의 지난번 같은 모양으로 만들어 같은 목적으로 사용했습니다. 도구 제작을 반복한 겁니다.

개들은 사람의 말을 알아들을까?

사람과 특별한 관계인 개가 다른 동물들보다 인간과의 소통을 더 잘 이해하는지에 관심이 있는 사람들이 많다. 많은 개들이 "앉아!", "기다려!", "이리 와!" 같은 단어의 말뜻을 알아듣는 건 모두 아는 사실이다. 이 장 맨 앞에 소개한 미카의 이야기는 개들이 우리가 하는 말을 제법 구체적으로 이해할 수 있음을 생생하게 보여준다. 연구에 따르면 개들은 단어를 몇백 개 혹은 1,000개까지도 배울 수 있다.

〈개들은 말을 알아들을까? 개-인간 소통 능력 검토Do Dogs Get the Point? A Review of Dog-Human Communicatipn Ability〉라는 논문에서 연구자 줄리안 카민스키와 마리 니츠슈너는 개들이 침팬지나 늑대보다 더 유연하게 인간의 소통을 이용한다고 강조했다. 그들은 이렇게 썼다.

"이른바 부산물 가설은, 개들이 두려움과 공격성이 도태되는 쪽으로 진화했으며, 그 부산물로 조상인 늑대보다 대체로 훨씬 더 유연한 사회적 인지 능력을 진화시켰다는 가설이다."

"적응 가설도 있다. 개들은 인간의 소통 형식을 반드시 사용한다는 과제를 행하도록 특정하게 진화했을 수 있다."

그들은 이렇게 정리했다.

"지금까지의 증거로 보건대 개들이 보여준 인간의 소통 형식 알아듣기는 예상보다 훨씬 전문화된 것일 수 있다. 그들을 위한 인간의 특정한 행동에 특별하게 적응한 결과 개가 그토록 인간의 소통을 잘 알아듣게 되었다고 설명하면 타당하리라."

우리는 개가 우리의 표정을 읽는다는 것도 안다. 개들은 심적 표상•을 이용해 감정 상태를 알아내고, 주인에게 못되게 구는 사람을 모욕하고, 심지어 그들이 먹이를 줘도 거부한다. 개들은 행복한 표정과 화난 표정을 구별하고, 인간의 감정을 알아본다. 또 누군가가 화를 내면 개들은 그 사람을 믿지 않고 그가 가리키는 방향을 보지 않는다. 이렇듯 개들은 비록 말을 하진 못하지만 우리 마음을 상당히 잘 읽을 줄 안다.

개들은 숫자를 인지할 수 있을까?

앞서 보았듯이 개들은 다른 개들과 협력하고 경쟁하며 속임수도 쓴다. 개들이 집단 크기에 따라 자신의 행동을 조정하는 것처럼 보이는 점은 흥미롭다. 이탈리아 학자로 개 전문가인 로베르토 보나니 연구팀은 로마 외곽을 배회하는 떠돌이 개들이 집단과 집단의 갈등에 가담하는지 여부에 영향을 주는 변수들을 살펴보았다. 그들은 "가장 규모가 작은 무리의 일원이 큰 집단에 속하는 개들보다 협조적 경향을 보인다"고 했다. 또 젊고 서열이 높은 개는 큰 집단과 충돌할수록 협조적이었지만, 실제 갈등이 벌어지는 동안에는 다른 개들 뒤에 있었다. 큰 집단의 개들은 속임수를 쓸 기회도 많았다. 연구자들은 개의 행동은 복합적이며 저

• 물리적 실체나 추상적 관념이 지각과 인지를 통해 마음속에 각인된 것. 예를 들어 '모나리자'라고 하면, 많은 사람이 즉시 머릿속에서 해당 그림의 '이미지'를 본다. 이때 머릿속에 떠오른 이미지가 모나리자에 대한 사람들의 심적 표상이다.

마다 옆에서 자신들을 위해 일하는 개를 이용한다고 했다. 개들은 집단의 크기를 평가할 줄 알아서 연구자들이 숫자 인지라고 부르는 능력을 드러냈다.

보나니 박사 연구팀은 숫자 인지에 관한 또 다른 예를 제시한다. 그들은 교외에서 자유롭게 떠돌아다니는 개들이 집단과 집단이 충돌할 때 적의 숫자를 가늠하는 모습을 관찰했다. 그들은 이렇게 정리한다.

> 집단에서 최소한 한 마리라도 적에게 공격적으로 다가갈 확률은 전반적으로 상대편 숫자가 적을수록 높았다. 반면 집단에서 절반 이상이 갈등 상황에서 뒤로 물러날 확률은 상대편 숫자가 많을수록 높았다. 개가 집단의 상대적 크기를 정확하게 가늠하는 능력은 한 집단이 최소한 네 마리 이상으로 구성되고 집단 크기가 차이가 많이 날수록 좋아지는 것으로 보인다. 개들이 소수의 숫자만을 비교해야 할 때는 집단 크기의 차이에 그다지 영향을 받지 않는 듯했다. 이런 결과는 집단과 집단의 갈등 상황에서 상대편을 평가할 때 '정신적 소음의 크기'에 근거한 양에 대한 표상의 개입을 보여주는 최초의 자료이며, 적은 수와 관련해서는 또 다른 더욱 정확한 기제가 작동할 가능성을 열어둔다.

바꿔 말하면 개들은 아마도 수학을 못하겠지만, 중요할 때는 양을 구별할 수 있다. 학계 표현으론 개에게는 수량 감각이 있다.

개는 스스로를 인식할까?

개가 스스로를 인식하느냐는 질문에 대한 짧고 정확한 답은 **정확히는 알 수 없다**는 것이다. 나는 반려견 제스로와 함께 도시 경계 바로 너머 볼더 크릭 트레일을 걸으며 〈노란색 눈〉이라는 연구를 진행했다. 배뇨와 냄새 표시를 유발하는 소변의 역할을 알아보려고 다섯 차례 겨울이 반복되는 동안 나는 오줌을 묻힌 눈('노란색 눈')을 여기저기 옮겨놓으며 제스로가 자신의 오줌과 다른 개의 오줌에 어떻게 반응하는지 비교했다. 사람들은 이런 나를 보고 고개를 절레절레 저으며 피했다. 정신상태를 의심하는 게 분명했다. 하지만 사실 이건 쉽게 할 수 있는 실험이었다. 여러분도 얼마든지 동물행동학자가 되어 이런 실험을 해볼 수 있다. 괴짜라고 불릴 각오만 한다면.

나는 제스로가 다른 수컷이나 암컷의 오줌보다 자신의 오줌 냄새를 맡는 데 적은 시간을 쓴다는 사실을 알아냈다. 자신의 오줌에 대한 관심은 시간이 지나면서 시들해졌지만, 다른 개체의 오줌에는 상대적으로 일관된 관심을 보였다. 제스로는 아주 가끔 다른 오줌 위에 흔적을 표시하거나 킁킁거렸다. 그런 다음 곧바로 다시 그 위에 오줌을 누었고, 암컷의 오줌보다는 다른 수컷의 오줌에 흔적을 표시하는 경우가 많았다. 이로써 나는 제스로가 분명히 스스로에 대한 인식을 갖고 있다고 결론 내렸다. 제스로는 '자신'까지는 아니겠지만 '자신의 것'에 대한 인식을 보여주었다.

생물학자 로베르토 카촐라 가티는 개 네 마리를 대상으로 '자기 인지 후각 시험'을 실시하여 나의 발견을 재확인했다.

호로비츠 박사는《개로 산다는 것》에서 자신의 실험실에서 더욱 체계적으로 개들의 자기 인지를 연구한 결과를 보고했다. 그녀가 관찰한 바에 따르면 개들은 "오로지 다른 개들의 그릇에만 오줌을 누고 자신의 그릇에는 누지 않았다. 그들은 스스로를 알았다."

호로비츠 박사나 나는 이런 연구를 개의 자기 인식에 대한 결정적 증거로 보지는 않지만, 최소한 개들이 자기 자신을 인식한다는 것을 의미한다고 생각한다.

개들은 거울에 비친 자신을 알아볼까?

반려견이 거울에 비친 자기 모습을 쳐다보는 광경을 많은 사람들이 보았을 것이다. 이 또한 시민과학자가 되어볼 좋은 기회다. 그 과정에서 우리는 개의 자기 인식을 확인하고 이해할 수 있다. 2017년 1월, 나와 동료 제시카 피어스의 토론 수업에 참여했던 아리아나 슐룸봄이 자신이 키우는 하니라는 개에 대한 사연을 보내왔다.

> 몇 년 전, 하니는 나와 함께 침대에 누워 있었어요. 나는 보풀이 많은 끔찍한 자주색 양말을 신었고, 녀석 이마에 보풀이 묻었습니다. 너무도 사랑스러웠죠. 잠시 후 하니는 거울에 비친 자기 모습을 보자마자 곧바로 반응을 보였습니다. 앞발로 어찌어찌 이마의 보풀을 떼

어내더니 이번에는 나의 배에 올라와 앞발에 옮겨 붙은 보풀을 떼어 내려고 애를 쓰더군요. 제가 떼어줄 때까지 말이죠. 그러고 나서 하니는 몇 시간 동안이나 침대 발치에 앉아 있었습니다. 그토록 화가 났다가 보풀이 없어진 걸 확인하고 얌전해진 거죠. 나는 항상 이 일을 그저 깜찍하고 바보 같은 개 이야기라고만 생각했어요. 혹시라도 당신의 연구에 도움이 되면 좋겠습니다!

아리아나의 이야기는 내가 들었던, 개가 거울에서 자기 이마에 묻은 뭔가에 주목했다는 이야기 가운데 최고다. 하니는 그전까지는 거울에 비친 자기 모습에 관심을 보인 적이 없다. 문득 인간 이외의 영장류, 돌고래, 범고래, 코끼리, 조류를 대상으로 한 〈붉은 점〉 연구가 생각난다. 동물 모르게 이마나 몸 등 거울 없이는 보지 못하는 부위에 붉은 점을 찍고는 동물 앞에 거울을 갖다 놓는다. 그러고는 붉은 점에 반응해서 자신에게 어떤 행위를 하면 자기 인지를 나타내는 것으로 해석한다. 거울 테스트라고 부르는 이런 실험은 거울에 누가 있는지 평가하려고 후각이나 청각 신호보다 시각적 신호를 사용하는 동물들을 대상으로 할 때 유용하다.

전체적으로 볼 때 자기 인지에 대한 연구 결과는 뒤죽박죽이다. 일부만, 때로는 한 마리만 점을 건드렸으며, 연구에 참여한 모든 개체가 반응을 보인 적은 없다. 그런데 자신에게 어떤 행동을 하지 않는다고 해서 그 동물에게 자기 인식이 없다고는 할 수 없다. 몇십 년 전 마이클 폭스와 나는 개와 늑대에게 거울 테스트를 했는데, 아무도 자신의 이마 위점에 관심을 보이지 않았다. 하지만 내가 제스로에게 노란색 눈 테스트를 한 결과를 보면 개의 자기 인식은 주로 시각적 신호보다 후각적 신호와 연관되는 것 같다. 이에 대한 많은 연구가 필요하지만, 개에게 자기 인식이 없다고 생각할 이유는 전혀 없다.

분명 개들은 거울이 어떤 식으로 작동하는지 알아낼 수 있다. 언젠가 제노 짐머만이 개가 거울을 사용해서 여러 사람들을 알아본 흥미로운 이야기를 메일로 해주었다.

> 몹시 영리하고 매우 눈치가 빠른 저먼 핀셔였습니다. 워낙 똑똑해서 지난 10년간 훈련하는 데 애를 먹었지만, 순수한 사랑과 훈련으로 녀석은 놀라운 솜씨를 갖게 되었습니다.
>
> 그녀가 계단 맨 위에 있는 벽을 둘러싼 거울에서 스스로를 확실히 알아보는 것을 보고 나와 룸메이트는 충격에 빠졌습니다. 가장 놀라웠던 건 그녀가 거울 속에서 자기 옆에 있는 여러 사람들까지 알아본다는 사실이었습니다.
>
> 예를 들어 그녀는 계단 위에서 거울을 들여다보며, 거울에서 자기 뒤에 비친 우리의 모습이 계단을 내려가도 좋다고 하는 걸 기다릴 때가 자주 있습니다. 누군가 그녀 뒤에 와서 문을 엽니다. 그녀는 거울에서 우리가 움직이는 것을 보고 자신도 계단을 내려갑니다. 그러다 우리가 멈추면 거울에서 그것을 알아보고는 자기도 멈추어 돌아서서 우리에게 계속 내려가라고 신호를 보냅니다.
>
> 어디선가 대부분의 사람들이 개의 이런 능력을 믿지 않는다는

> 글을 읽고 놀랐습니다. 모든 개 주인이 자신의 '예쁜이'가 세상에서 가장 똑똑하고 최고라고 생각하고……믿을 수 없이 놀라운 개라고 믿고 싶어 하는 게 당연하거든요.
>
> 그녀는 거울 뒤에 두 명이 있으면 돌아선 후 거울에서 동작을 취한 사람에게 반응합니다. 거울로만 그 사람을 본 겁니다……. 인터넷으로 찾아보았는데 이런 자각은 흔하지 않은 거죠?

비슷한 경우로 메구미 후쿠자와, 아야노 하시의 〈행동과 반응 시간을 보고 개가 거울 속 대상을 알아본다고 추정할 수 있을까?Can We Estimate Dogs' Recognition of Objects in Mirrors from Their Behavior and Response Time〉라는 연구를 보면, 개는 인간의 도움 없이 거울을 사용해 먹이를 찾는 법을 배울 수 있다.

2016년 5월에는 레베카 새비지에게 새미라는 개에 대한 메일을 받았다. 이 메일은 이 장에서 논의하는 내용, 그러니까 우리가 개가 무엇을 아는지 속단하거나 자기 개가 어느 정도 똑똑한지 잘 안다고 여기면 안 된다는 사실을 여실히 보여준다.

> 어린 시절 아주 귀엽고 새까만 새미라는 코커 스패니얼을 키웠어요. 무척 귀여웠지만 아주 똑똑한 개는 아니었습니다. 그런데 새미가 스스로를 분명히 인식한 날이 있었습니다.
>
> 새미는 여느 개들이 하듯이 텔레비전을 보는 일이 전혀 없었어요. 그런데 하루는 부모님과 디스커버리 채널에서 개에 관한 프로그

램을 보는데 새미가 옆에 앉더니 열심히 쇼를 보더군요. 새미는 한참을 주목하다가 일어나서 TV 뒤로 가더니 다른 개들이 그곳에 있는지 살폈습니다. 아무것도 없으니 다시 스크린으로 돌아와 앉아서 보고 다시 TV 뒤를 살폈습니다. 몇 번이고 이러기를 반복했습니다.

공교롭게도 TV가 놓인 벽면 모퉁이에 전신거울이 있었습니다. 새미는 한동안 스크린과 TV 뒤쪽을 왔다 갔다 하다가 거울 쪽으로 가서 자신을 들여다보았습니다. 가까이 갔다가 뒤로 물러났다가 하면서 코를 거울에 들이밀고 거울 속 개가 누구인지 알아내려 했습니다. TV로 왔다가 다시 거울로 갔다가 하기를 몇 차례 반복했습니다. 새미는 자기 인식을 하고 스스로를 개라고 알아보는 것이 틀림없었습니다. 우리는 경이로움을 느꼈습니다.

나로선 개들에게 자기 인식이 없다고 상상하기가 어렵지만, 지금은 이런 인지 능력에 대해 많은 것을 알지 못한다. 사실 다른 동물들에 대한 자료를 보아도 어떤 동물에게 자기 인식이 있고 없는지 확실하지 않다. 그러니 더 많은 것을 알고자 하는 사람에게 이는 멋진 연구 분야가 될 것이다. 시민과학에 적합한 분야라는 건 말할 것도 없다.

7장

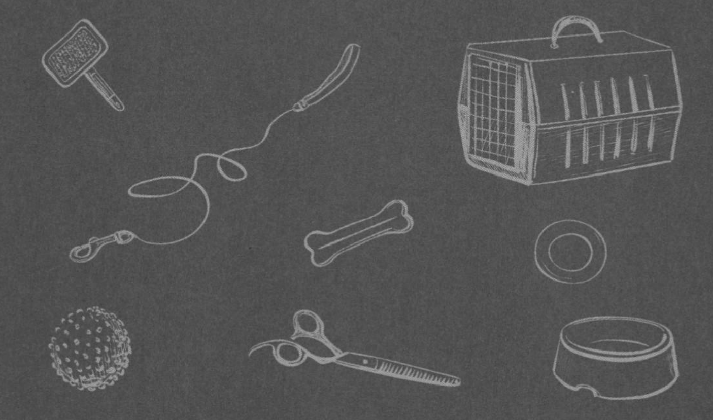

개의 감정을 이해하는 방법

몇 년 전 레베카 존슨이 자신의 반려견 캐시에 대한 이야기를 보내왔다. 이 또한 시민과학의 멋진 예이다.

나는 동물이 기쁨을 느낀다는 걸 알지만, 과연 그들이 자부심도 느낄까요? 자신이 어려운 과제, 생각지 못했던 일을 해냈다는 것을 알까요?

이런 질문을 하는 건 캐시 때문입니다. 우리는 20킬로미터 정도 하이킹을 하러 톨로바나 온천에 갔습니다. 호텔에서 멋진 이틀을 보내고 나서 드디어 하이킹에 나섰죠. 첫 3킬로미터는 무척 가파르고 꼬불꼬불한 길이었어요. 한 친구가 설상차를 갖고 있었는데, 언덕 정상까지 태워준다고 했습니다. 캐시는 안겨서 설상차에 오르기 싫어했어요. 어쩔 수 없이 캐시는 뒤에서 우리를 쫓아와야 했죠. 우리는 천천히 출발했고, 뒤쪽으로 돌아앉아 캐시를 불렀습니다.

자동차 엔진 소음 때문인지 캐시는 처음엔 신경을 곤두세웠습니다. 당연한 일이죠. 하지만 우리가 출발하자 곧 성큼성큼 뒤따라왔고, 이내 빠른 속도로 달리기를 했어요. 속도를 높이자 캐시는 더 빨리 달렸습니다. 우리는 더 속도를 높였고, 캐시는 전속력으로 달렸습니다. 녀석이 그렇게 빨리 달리는 건 처음 봤어요. 정상에 도착해 차에서 내리자 캐시가 아주 신이 나서 달려와 훌쩍 안기더군요. 그런 뒤 커다란 원을 그리며 내 주위를 빙글빙글 돌다가 멈춰 서서 껑충 뛰며 놀이 인사를 하고는 다시 전속력으로 내달렸습니다. 마치 이렇게 말하는 듯했어요.

"봤죠? 내가 얼마나 빨리 달리는지? 와우!"

이 사건은 그의 자신감을 크게 북돋웠습니다.

개들이 의식과 감정이 있는 영리한 존재임을 확인하기 위해 로켓과학자가 될 필요는 없다. 그들은 깊고 다양한 감정들을 공개적으로 분명하게 드러낸다. 개들의 모습을 보면서 그들의 감정을 조금이라도 의심하는 사람이 있을까? 레베카의 이야기에서 캐시가 진짜로 자부심을 느꼈는지는 몰라도 기쁨과 흡사한 강력한 감정을 경험한 것만은 확실해 보인다. 사실 그런 감정이 자부심이 아니라면 무엇이겠는가?

개가 기쁨이나 슬픔을 느끼는지 알 수 없다고 주장하는 사람들도 여전히 존재한다. 다행히도 그 수는 난로에 놓인 얼음처럼 재빠르게 사라지는데 지극히 당연한 현상이다.

수업 시간에 한 학생이 이렇게 물었다.

"개가 인간 친구를 잃어 슬픈 모습을 보이면 사람들은 가슴이 아파 고개를 돌리잖아요. 그런데 친구로 지내던 개가 떠나거나 죽을 때는 왜 사람들은 자신이 정말로 슬퍼한다는 사실을 의심하는 거죠?"

좋은 질문이다. 많은 동물복지 단체들이 인간 친구나 개 친구를 잃고 슬퍼하는 개를 다루는 방법을 팸플릿 등으로 홍보한다.

캐시의 기쁨이 해본 적이 없는 일을 해낸 데서 나온 직접적 반응이란 사실을 확인할 수만 있다면, 이를 자부심이라고 불러도 될 것이다. 동물의 감정에 대한 연구는 결코 과학소설이 아니다. 개의 인지적·감정적 삶에 대한 데이터들은 이미 많이 있을 뿐 아니라 가파르게 늘어난다.

다른 동물들의 풍부하고 깊은 감정을 확인한다는 건 훌륭한 생물학이다. 개들은 자신의 감정적 삶을 밖으로 드러낸다. 따라서 개들이 생각 없는 기계가 아니라 영리하고, 사고하고, 우리처럼 다양한 감정을 느끼는 존재라는 건 모든 면에서 확실하다. 이는 진화론과 상세한 과학 자료, 상식에도 부합한다.

그들이 우리와 똑같은 방식으로 느낀다는 말이 아니다. 나의 기쁨과 슬픔이 다른 누군가의 그것과 다르듯이 개의 감정도 인간과 동일하지 않다. 그러나 차이를 인정한다는 것이 인간에게는 감정이 있고 개에게는 없다는 뜻은 아니다. 진화와 관련된 기본적 사실은 모든 종들이 일정한 공통점을 가지면서 일정한 차이를 발달시킨다는 것이다. 우리는 인간을 다른 종들에 대한 비교와 이해를 위한 유일한 기준틀로 보는 함정에 빠지지 않도록 주의해야 한다.

동물의 감정을 부정하는 사람들의 이중성

인간 말고도 개를 포함한 많은 동물들이 의식을 가지고 있으며 깊고 의미 있는 감정들을 경험한다는 사실을 많은 연구들이 보여준다. 나는 《개를 사랑함에 대하여For the Love of a Dog》라는 책에서 패트리샤 맥코넬이 한 말에 십분 동의한다.

"이젠 동물도 감정을 갖는다는 믿음을 부정할 수가 없다. 개들도 당연히 두려움, 분노, 행복, 질투 같은 감정들을 경험한다. 그리고 우리가 아는 한 그들의 감정 경험은 우리와 여러 면에서 비슷하다. 그렇지 않다고 주장하는 사람들은 지구가 평평하다고 주장하는 것이나 다름없다."

그렇다고 해서 우리가 인간을 포함한 동물들의 마음과 가슴속에 있는 모든 것을 다 이해한다는 뜻은 아니다. 우리의 지식에는 한계가 있다. 우리는 항상 인간 이외의 동물들이 실제로 무엇을 생각하고 느끼는지 불확실한 지점과 맞닥뜨리기에 우리가 생각하고 느끼는 바와 비교해서 이해할 수밖에 없다. 이 장에서는 우리가 확실하게 안다고 말할 수 있는 것, 확실하지는 않고 그저 추측만 하는 것을 구별할 참이다. 동물들의 마음과 감정을 다루는 논의에는 항상 어느 정도 의심과 차이의 여지가 있고, 다른 존재를 아는 데는 한계가 따른다.

이 점을 강조하는 이유는 동물의 감정에 불확실한 부분이 있다는 사실을 전면적 부정의 근거로 삼는 사람들이 여전히 존재하기 때문이다. 그건 분명 그들 자신의 경험에도 반할 것이다. 한때 알고 지내던 빌이라는 과학자가 그 전형이다. 빌은 자신의 반려견 르노를 일상적 대화의 소재로 삼았다. 그의 말에 따르면 르노는 너무도 똑똑해서 체스 실력도 자기보다 낫고, 자신이 딸에게 관심을 쏟으면 대놓고 섭섭해하고, 혼자 집에 남겨두면 화를 냈다고 한다. 하지만 전문가로 돌아가 흰색 연구실 가운만 입으면 빌은 르노의 감정과 똑똑함을 인정하기를 주저했다. 다른 많은 과학자들이 그렇듯 빌도 동물의 인지와 감정에 관해서는 분열된 삶을 살았다. 집에서 자신의 개를 다루는 것과 실험실에서 개를 다루는 것이 달랐다. 그런데 실상 다 똑같은 개 아닌가? 사랑한다고 말하면서 동물을 학대하거나 학대를 방치하는 사람들을 볼 때 내가 당신들이 나를 사랑하지 않아서 천만다행이라고 쏘아붙이는 것도 그 연장선상에 있다.

그들은 왜 이렇게 모순된 견해를 고집할까? 동물의 마음과 감정을 인정하는 순간 자신이 집착했던 생각들을 바꾸거나 포기해야 하기 때문이다. 인간은 눈앞에 빤히 보이는 사실도 자신의 목적에 걸림돌이 되면 얼마든지 부인한다. 그래서 나는 인간을 호모 사피엔스가 아니라 부정하는 인간, 즉 호모 데니알루스*Homo denialus*라 부르는 편이 낫겠다고 말하곤 한다.

동물의 감정 이해에 진화론이 도움이 될까?

'다른 동물들이 감정과 의식을 가진 존재인가'보다는 '**왜** 감정과 의식이 진화했는가'야말로 당면한 진짜 질문이다. 우리가 의심하고 확실히 알지 못하는 것은 다른 동물들이 감정과 의식을 갖는지 여부가 아니라 그 목적이 무엇이며 다른 종들은 어떤 형식을 취하는가다. 2012년에 있었던 의식에 관한 〈케임브리지 선언The Cambridge Declaration on Consciousness〉은 이를 분명하게 밝힌다. 많은 과학자들이 모여 '모든 포유동물과 조류' 그리고 대다수 생명체들에 의식과 감정이 있다고 선언했다. 《동물 감응: 동물의 감정에 대한 국제 학술지Animal Sentience: An International Journal on Animal Feeling》은 동물의 마음을 연구하는 데 할애되었고, 최근의 한 에세이는 원시생물들과 그들이 의식을 경험할 가능성을 집중 탐구했다.

찰스 다윈의 진화적 연속성이라는 개념은 감정의 진화를 이해하는 좋은 방법이다. 다윈은 종들의 차이는 **종류**의 차이가 아니라 **정도**의 차이라고 주장했다. 이 말은 종들의 차이는 흑백이 아닌 회색 음영에 가깝다는 뜻이다. 가령 인간이 기쁨과 슬픔을 경험한다면 다른 동물들도 마찬가지다. 그렇다고 인간이 느끼는 기쁨과 슬픔이 개가 느끼는 것, 혹은 고양이, 생쥐, 침팬지가 느끼는 것과 똑같다거나, 같은 종에 속하는 개체들 내면의 삶이 반드시 똑같다는 뜻은 아니다. 인간이 어떤 능력을 처리하도록 진화했다면 이전의 다른 동물들에게도 어떤 형식으로든 이미 이것이 존재했어야 한다는 뜻이다. 진화는 특히 유용한 적응에 너그럽다. 유용한 형질은 다른 많은 종들에게 전달되고 나타난다.

예를 들어 6장의 자각에 대한 내용을 떠올려보라. 인간은 대단히 시각적 포유동물이라서 거울에 비친 스스로를 알아보는 데 아무 문제가 없다. 개들은 이렇게 할 수도, 하지 않을 수도 있다. 그들은 냄새로 살아가기 때문에 상대방을 알아볼 때 코를 사용하는 방법을 더 선호할 것이다. 개들이 어떤 방법으로 냄새를 통해 자기 자신을 인식할까? 우리로선 결코 알 수 없을 것이다. 그러므로 다른 동물들을 비교하기 위한 가장 유용한 기준틀이 인간이 될 수는 없다는 말이다.

동물에게 감정을 부여한다면 의인화일까?

오랫동안 과학자들은 동물들에게 감정과 지능을 부여할 때마다 의

인화한다는 비판에 시달렸다. 오늘날에도 내게 이런 식으로 말하는 사람들이 종종 있다. 이런 비판은 인간 이외 동물들의 감정적 삶에 대한 주장을 송두리째 무시하는 간편한 방법이다. 하지만 걱정할 것 없다. 의인화는 자연스러운 것이어서 아무 문제가 없다. 오히려 의인화를 터부시하는 사람들이 틀렸다.

인간과 인간 이외의 동물들은 감정을 비롯한 많은 형질들을 공유한다. 따라서 다른 동물들에게서 감정을 확인하고 거기에 이름을 붙일 때 우리는 인간에게만 있는 뭔가를 그들에게 투여하는 것이 아니다. 단지 우리가 관찰하고 이해한 것을 가지고 소통을 위해 인간의 언어를 사용하는 것뿐이다. 신경생물학 연구는 이런 견해를 지지한다. 물론 잘못된 이해를 동물에게 투여할 수도 있지만, 인간의 언어로 다른 동물을 설명하는 의인화는 결코 피할 수가 없다. 이 방법이 아니라면 동물의 인지와 감정을 한층 더 이해하도록 돕는 대안으로 무엇이 있을까?

내 동료 과학자 빌처럼 여기에도 이중 잣대가 있는 듯하다. 동물원의 좁은 우리에 갇힌 코끼리더러 행복하다고 하면서 그 코끼리가 불행하다고 말하면 의인화라고 무시하는 사람도 있다. 동물이 행복할 수는 있지만 불행할 수는 없다는 주장은 앞뒤가 맞지 않는, 자기 좋을 대로 생각하는 말이다.

그 연장선상에서 나는 **생명 중심적** 의인화라고 부르는 것에 대해, 고든 버거드는 **비판적** 의인화에 대해 글을 썼다. 이 두 가지 개념은, 인간의 언어를 사용해 다른 동물이 느끼는 바를 설명할 때는 신중해야 하고 어떤 동물인지 고려해야 한다고 강조한다. 감정적 언어를 사용하지 않는다면 실제로 무슨 일이 일어나는지, 무엇이 느껴지는지에 대해 아무 말도 할 수 없으며 기껏해야 근육 수축과 신경세포 발화를 설명하는 데 머문다. 알렉산드라 호로비츠와 나는 과학의 영역 내에서는 얼마든지 '의인화'가 가능하다고 주장한다.

동물의 감정이 '원시적 감정'이라는 비하

개의 기쁨이나 질투를 '원시적 형태'의 감정으로 보는 관점은 참으로 불편하다. 나는 '원시적' 감정이 어떤 것인지 세심하게 논의된 연구를 알지 못하며, 그 단어는 일반적으로 아주 오래된 무엇, 태곳적부터 존재해온 무엇을 가리키는 말이다. 그래서 인간 이외의 동물들이 느끼는 감정은 인간의 감정처럼 발달하지 않고 그대로 머물러 있다는 인상을 준다. '유사'나 '원형'이라는 접두어를 붙여 초기 형식이나 열등한 형식의 감정임을 드러내려는 사람들도 있다. 이들 역시 무슨 뜻인지 상세하게 설명하지 않고 그저 동물은 우리처럼 깊고 풍부한 뭔가를 느끼지 못한다는 뜻을 슬며시 담으려 한다.

한편 동물의 감정적 삶에 대해 논의할 때 '사랑', '슬픔', '죄책감' 하는 식으로 작은따옴표를 붙이는 사람들도 있다. 회의론자들은 '일종의' 같은 수식어구를 사용해서 이런 감정은 진짜가 아니며 오로지 인간만이 진짜 감정을 경험한다는 인상을 주려 한다. 그런데 동물의 감정에 대해 이야기하거나 글로 쓸 때 이런 작은따옴표나 수식어구를 사용할 이유가 전혀 없다. 동물들이 우리처럼 심오하거나 깊이 있게 감정을 경험하지 못한다고 단정할 이유가 없다는 말이다.

개인적으로는 심지어 인간들 사이에서도 감정의 비교는 참으로 어려운 일이란 사실을 경험으로 깨달은 바 있다. 여동생과 나는 어머니가 돌아가시고 나서 상당히 다르게 애도했지만, 우리 각자가 느낀 슬픔은 똑같이 깊었다. 다르다는 말은 더 낫거나 못하다는 뜻이 아니다. '원시적'이라는 말이나 작은따옴표는 다른 동물이 느끼는 것을 깎아내린다. 진정한 뭔가가 아니라 조잡한 뭔가를 느낀다는 인상을 주기 때문이다. 한마디로 종 차별주의라고 할 수 있으며, 인간을 다른 동물들 위에 놓고 동물은 감정을 다르게 경험하므로 그들의 감정은 분명 우리보다 열등하다고 단정한다.

상세한 과학 연구들을 종합하면 많은 동물들이 풍부하고 심오한 감정을 경험한다는 데 의문의 여지가 없다. 우리의 감정이 먼 선조들, 그러니까 인간 이외의 동물 친척들이 준 선물임을 결코 잊어서는 안 된다. 우리에게 감정이 있다면 다른 동물들도 마찬가지다.

이 책에서 나는 '모른다'는 말을 자주 하는데, 그것은 다른 동물들의 인지적·감정적·도덕적 능력에 관해 문을 열어두기 위해서다. 우리는 계속해서 '놀라운 사실들'을 발견하는 중이다. 예를 들어 어류는 몸짓이나 미리 약속한 신호로 다른 어류에게 먹이의 위치를 알려주고, 프레리도그•는 유인원을 능가하는 소통 체계를 갖추었으며, 쥐는 후회를 표현하고, 생쥐, 쥐, 닭은 공감을 표현한다. 놀라운 사실을 발견했다고 말한

• 마멋의 일종으로 개쥐라고도 한다. 북미 대륙의 대평원 프레리에서 큰 무리를 이루어 산다.

다면 실은 애초에 다른 동물들이 이러한 일을 할 수 있다고 생각하지 못했음을 인정하는 것이다. 우리에겐 필요한 연구가 행해지기 전에 일단 부정적으로 가정하는 습성이 있다.

개를 비롯한 인간 이외의 동물들에게서 질투, 죄책감, 수치심, 시기, 당혹감 등의 감정들을 확인하게 하는 연구 결과들로 미루어볼 때 앞으로 훨씬 더 자주 놀라게 될 것이다. 시민과학자와 저명한 연구자들이 들려주는 수많은 훌륭한 이야기와 일화들은 여전히 알아내야 할 것이 많다는 사실을 보여준다.

개들이 느끼는 기본적 감정

사람들은 대부분 집에서 기르는 개를 비롯해 인간 이외의 동물들이 몇 가지 기본적 감정들을 경험한다는 사실을 받아들인다. 여기엔 기쁨·즐거움·행복·사랑·분노·두려움·슬픔·아픔·불안·우울함이 포함된다. 이런 감정들은 굳이 자기 인식이나 마음 이론이 없어도 느낄 수 있다.

앞서 보았듯이 많은 개들이 놀이를 좋아한다. 놀이는 자발적 행동이어서 개들은 놀이를 찾아나서고 지칠 때까지 놀이를 한다. 개를 비롯해 포유동물들은 쥐들의 놀이에서 토대가 되는 신경회로를 공유할 가능성이 매우 크다. 쥐들은 놀이를 하면서 웃기도 하고 간질이며 좋아하기도 한다. 최근의 연구를 보면 생쥐들도 후각 신호를 통해 다른 생쥐의 고통을 감지하고 느낀다고 한다. 개들도 이렇게 하는지 아직 알 수 없지만, 그럴 것이라고 강력하게 암시하는 이야기들을 자주 듣는다. 나는 큰 규모의 집단에서 빠른 흉내내기와 감정의 전파가 무너지면 놀이가 무너질 수도 있다는 논의를 제안한다. 이는 개의 공감에 대해 뭔가 알려줄지 모른다.

공감에 대한 논의라고 하니 내가 편집한《돌고래의 미소: 동물의 감정에 대한 놀라운 설명The Smile of a Dolphin: Remarkable Accounts of Animal Emotions》이라는 책에 실렸던 저명한 저술가 엘리자베스 마셜 토머스의 〈어려움에 처한 친구A Friend in Need〉라는 이야기가 생각난다. 위켓이라는 개가 부분 부분 얼어붙은 강을 건너도록 도와준 루비라는 개의 이야기다. 위켓은 두려움 때문에 혼자서 강을 건너지 못했고, 이미 강을 건넌 루비가 다시 돌아와 위켓에게 가서 열 번의 실패 끝에 마침내 자신을 따라 얼음을 건너도록 설득했다. 심리학자 스탠리 코렌은 개처럼 사회적이고 똑똑한 동물이 공감을 드러내지 못한다면 오히려 이상한 일이라고 했다. 나도 동의한다. 그럼에도 아직 우리가 알아야 할 것이 너무도 많다.

마지막으로 말하고 싶다. 기본적 감정과 관련하여 개들 역시 외상 후 스트레스 장애, 불안, 강박충동 장애를 포함한 다양한 심리적 질환에 시달린다. 개의 감정이 지닌 이러한 측면에 관해서는 많은 문헌이 존재한다. 니콜라스 도드먼의《반려동물 상담 치료: 신경증에 걸린 개들, 강박적 고양이들, 불안한 새들 그리고 동물 정신의학Pets on the Couch: Neurotic Dogs, Compulsive Cats, Anxious Birds, and the New Science of Animal Psychiatry》는 이 분야를 멋지게 개괄한다. 인간이 갈수록 바빠지는 세상에서 반려자가 겪는 스트레스에 대한 개들(그리고 다른 동물들)의 반응에 세심하게 주목할 필요가 있다.

개들이 느끼는 복잡한 감정

앞서 언급한 '기본적 감정' 말고도 개들이 질투·죄책감·수치심·당혹감·자부심·연민 등의 복잡한 감정을 경험할 수 있을까? 개들이 이른바 고차원적 감정을 경험할 만큼 인지 수준이 높은지 우리는 아직 알지 못한다. 다만 현재의 자료들을 보면 개들도 이러한 감정들 가운데 몇몇을 경험할 가능성이 있다. 공감과 일부 도덕적 자각, 즉 공평함·정의·옳고 그름에 대해서는 이 책(3장과 7장)에서 논의한 바 있고, 죄책감에 대해서는 지금부터 살펴볼 예정이다. 몇몇 복잡한 감정들이나 영성 같은 것은 개들이 경험하지 못할 가능성이 있다. 물론 이를 확정 지을 만한 증거가 아직까지는 없다. 그러므로 개들이 이런 복잡한 감정을 경험하지 않는다거나 경험하지 못한다고 주장하는 건 시기상조이며, 경우에 따라서는 완전히 틀린 것으로 판명 날 수도 있다.

이른바 고차원적 감정들은 자각과 마음 이론이 있어야 경험할 수 있다는 점에서 기본적 감정과 구별된다. 이런 감정들 모두를 면밀히 살펴보기란 불가능하므로 잘못된 믿음을 깨부순다는 취지로 사람들 사이에서 가장 논란이 되는 질투와 죄책감이라는 두 가지 감정만 살펴보기로 하자. 지배처럼 죄책감도 개들에게 나쁘게 사용될까 봐 개들의 죄책감을 아예 부정해버리는 사람도 있다.

나는 엄격한 데이터를 중시하지만 특정 주제에 대한 데이터가 없다는 것을 함부로 대해도 된다는 구실로 삼는 데는 반대한다. 어떤 사람들은 속셈을 가지고 개가 질투와 죄책감을 경험하지 않는다고 주장하기도 하고, 개를 비롯한 다른 동물들에게는 특정한 감정이 없다고 강변하는 사람들도 있다. 내가 모른다고 하는 것은 이러저러하다고 단정할 수 없다는 뜻이다. 나는 지금까지 개가 다양한 감정을 경험하지 못한다고 말하는 사람은 본 적이 없다. 얼마나 다양한 감정을 경험하는지는 앞으로 계속 밝혀질 것이다. 그러므로 아직 뒷받침할 만한 데이터가 없다는 이유만으로 개들이 특정한 감정을 느끼지 **않는다**고 확신하는 사람을 보면서 놀라움을 금치 못한다.

개들도 질투를 느낄까?

내 친구 크리스티 오리스가 자신이 키우는 개 애나와 이웃에 사는 데이지에 대해 들려준 이야기는 질투라는 주제에 대해 사람들이 자주 하는 이야기다.

> 애나와 데이지는 강아지 때부터 아주 친해서 온 동네를 활기차게 뛰어다녔어. 애나는 성격 좋은 골든 리트리버, 데이지는 바로 옆집에 사는 개야. 활달하고 중간 크기 몸집에 성격이 우직한 데이지가 내 마음에 쏙 들어! 볼 때마다 웃음이 난다니까. 이게 무슨 문제냐고?

분명 문제가 있어. 애나는 내가 옆에 있으면 데이지에게 마구 질투를 느껴. 평소처럼 장난치며 맞이하는 것이 아니라 지배 행동을 보이고, 바닥에 등을 대게 해서 데이지를 눕힌 뒤 옆에 서서 내려다봐. 그래서 이제 난 데이지와 눈 마주치는 걸 피하지. 행여 애나가 질투를 느끼고 가장 친한 친구에게 못되게 굴까 싶어서야. 데이지의 반려자에게 내가 없을 때도 애나가 공격적으로 굴 때가 있는지 물었는데, 한 번도 그러는 걸 본 적이 없대.

다른 개나 인간에게 관심을 줄 때 자신의 개가 질투심을 드러낸다는 말은 개 산책 공원에서 거의 하루도 빼놓지 않고 듣는 이야기다. 예를 들면 이런 말들이다.

"조시는 항상 잭과 나 사이로 밀고 들어와요."

"머빈에게 눈길을 주면 플루토는 머빈을 옆으로 밀쳐내고 나한테 기대죠."

"내가 스무치의 배를 문지르면 디아블로도 문질러달라고 슬쩍 옆으로 다가옵니다."

개와 함께 사는 많은 사람들이 우리가 질투라고 부르는 감정을 목격한다.

이런 일화들이 확고한 과학적 자료가 아니라는 것은 알지만, 여러 사람이 계속 같은 이야기를 한다면 귀담아들을 필요가 있다. 이런 이야기들은 체계적 연구로 이어질 수 있고 마땅히 그래야 한다. 스탠리 코렌은 다음과 같이 썼다.

행동과학자들이 그토록 흔하게 목격되는 현상을 무시할 때가 많다니 이상하다. 개들이 폭넓은 감정을 느낀다는 사실은 널리 알려져 있다. 개들은 사회적 동물인 것이 사실이며, 질투와 시기는 사회적 상호 행동의 소산이다. 또 인간을 대상으로 한 실험에서 사랑과 질투의 표현에 관여한다고 밝혀진 옥시토신 호르몬은 개들에게도 있다.

빅토리아 스틸웰은 《개들의 은밀한 언어The Secret Language of Dogs》라는 책에서 이렇게 보고한다.

"개가 질투를 표현하는 것은 인간과 똑같다. 자기 식대로 밀어붙이는 개의 행동을 이렇게 설명할 수 있을 듯하다."

개 전문가 패트리샤 맥코넬 역시 이 장 앞부분에서 인용했듯이 개가 질투를 느낀다고 주장한다.

이런 주장을 직접적으로 지지하는 세심하고 공식적이며 중요한 과학 연구가 있다. 개들이 무시당했을 때 그 사실을 알고 매우 탐탁지 않아 한다는 사실을 보여주는 데이터가 존재하는 것이다. 캘리포니아대학교 샌디에이고 캠퍼스 크리스틴 해리스와 캐롤라인 프로보스트는 2014년 〈개들의 질투Jealousy in Dogs〉라는 연구에서 개들이 인간이 정의한 방식으로, 그러니까 다른 개체의 성공, 이익, 행동, 소유 등에 대해 불편한 감정을 느끼는 방식으로 질투를 경험한다는 것을 보여주었다. 그들의 연구 초록에 이런 말이 나온다.

질투는 인간만이 느끼는 감정이라는 인식이 널리 퍼져 있다. 복잡한 인지들이 이 감정에 자주 연루됨으로써 이런 인식에 한몫했다. 하지만 기능적 관점에서 보면 침입자에게서 사회적 유대를 보호하기 위해 진화한 감정은 다른 사회적 종들에게도 존재할 수 있고, 개처럼 복잡한 인지 능력을 갖춘 종이라면 더더욱 그렇다고 추정할 수 있다. 현 연구는 집에서 기르는 개들을 대상으로 질투 감정을 조사하고자 인간 유아 연구에서 사용한 패러다임을 가져왔다. 우리는 주인이 비사회적 대상이 아닌 다른 개로 보이는 존재에게 애정 어린 행동을 보일 때 개들이 확연히 질투하는 행동(예컨대 달려들거나, 주인과 개 사이에 끼어들거나, 주인이나 개를 밀치고 건드리는 등)을 드러낸다는 사실을 확인했다.

해리스와 프로보스트는 인간 유아에 대한 질투 연구와 동일한 실험을 통해 서른여섯 마리 개를 조사했다. 주인이 개를 무시하고 다른 일을 하는 동안 비디오로 개의 반응을 촬영하는 방식이었다. 주인은 짖거나 꼬리를 흔들게 작동시킨 장난감 개와 놀거나, 색다른 대상(핼러윈 축제 때 사탕을 담는 통)을 만지거나, 유아용 책을 큰 소리로 읽었다. 개 주인은 연구의 목적을 전혀 모르는 상태였다.

연구 초록에서 설명하듯이 개들은 주인이 장난감 개에게 애정을 보이면 질투로 보이는 여러 가지 행동을 나타냈지만, 주인이 무생물 대상에 관심을 보일 때는 훨씬 덜했다. 저자들이 말하는 것처럼 질투가 인간 아닌 사회적 종들에게서도 일어난다고 추정할 수 있으므로 개들에게 질투의 감정을 찾아내고 확인한다 해도 그다지 놀랍지 않다. 야생 코요테와 늑대에게서도 비슷한 행동 패턴을 보았는데, 그 밖의 야생동물들에게서 비슷한 행동 패턴을 본 연구자들이 있으리라 확신한다. 덧붙이면 나는 연구자들이 언어 사용 이전 단계에 있는 유아들에게 적용한 실험 디자인을 그대로 활용한 점이 마음에 든다. 인간 아기들이 무엇을 느끼는지도 추론할 필요가 있기 때문이다. 우리는 행동을 관찰함으로써 인간 이외의 동물들과 언어 사용 이전 단계의 유아들이 무엇을 느끼는지 추론할 수 있으며, 비슷한 행동 패턴이 발견되면 그 근저에 있는 공통된 감정을 추론할 수 있다.

개들은 죄책감을 느낄까?

죄책감은 지배만큼이나 부정과 논란의 중심에 있는 민감한 주제다. 개가 죄책감을 느낄 수 없다고 오해를 불러일으킬 만한 주장을 하는 사람들도 있다. 하지만 내가 확인하고 몇몇 연구자들에게 문의한 바로는 (어느 수의사의 주장처럼) "개가 죄책감을 느끼거나 드러내지 못한다"는 것을 보여주는 연구는 없었다. 어떤 연구도 가능성이 없음을 입증하지 못했으니 그에 대해서는 모른다 정도가 우리가 양보할 수 있는 마지노선일 것이다.

실제로 나는 개가 죄책감을 느끼는지 잘 모른다. 그런 내 말에 불만을 터트리는 사람들이 있다. 그들은 내가 꽁무니를 뺀다느니 "지나치게 과학적"이라느니 하며 몰아세운다.

"개가 죄책감을 느낀다는 사실을 당신도 알지만 과학자다운 태도를 보이느라 말하지 못하는 거죠. 이제 숨막히는 상아탑에서 벗어나세요. 과학적 신중함은 높이 평가하지만, 인간을 비롯한 다른 포유동물들처럼 개가 죄책감을 못 느낀다는 건 도무지 말이 안 돼요."

많은 사람들이 개에게 죄의식이 있다고 확고하게 믿는다. 폴 모리스 연구팀에 따르면 75퍼센트가 넘는 개 주인이 자신의 개가 죄책감을 느낀다고 믿으며, 81퍼센트는 개가 질투를 느낀다고 생각한다. 어쩌면 그럴지도 모르지만 사람들이 가끔은 개의 마음을 잘못 읽고 존재하지도 않는 죄책감을 가정한다는 증거가 있다.

2009년 알렉산드라 호로비츠는 개의 죄책감을 감지했다는 사람들의 믿음이 의인화인지를 연구해서 〈'죄지은 표정' 밝히기: 익숙한 개의 행동을 유도하는 핵심적 단서Disambiguating the 'Guilty Look': Salient Prompts to a Familiar Dog Behaviour〉라는 논문을 발표했다. 이 연구는 그 후 개가 실제로 죄책감을 느끼는지 여부를 밝히는 것으로 오해받게 되었다. 그런데 사실 호로비츠 박사는 개가 우리의 신호에 어떻게 반응하는지 연구한 것이다. 그는 우리가 죄책감을 감지하는 데 무척 서툴다는 사실을 알아냈다. 그 연구에서 개들은 반려자가 금지한 간식을 먹었다고 나무라면 실제로는 먹지 않았는데도 죄책감을 느끼는 것처럼 행동했다. 간식을 먹었지만 야단맞지 않은 개는 조금도 죄책감을 느끼는 것처럼 행동하지 않았다. 그러니까 개의 '죄지은 표정'은 잘못된 행동을 했다는 자기 인식이 아니라 우리가 그들을 대하는 방식과 연관성이 있었다.

이 연구에 대한 오해에 관해 에세이를 쓴 적이 있는데 알렉산드라 호로비츠 박사가 읽고 다음 글을 보내왔다.

내 연구에 대한 오해를 바로잡아 줘서 고마워요. 몇 년 전에 했던 그 연구에서 나는 개들이 간식을 먹지 말라는 지시를 여겼을 때 '죄지은 표정'을 보인다기보다 사람이 꾸짖거나 꾸짖으려고 할 때 그런 표정을 많이 짓는다고 결론 내렸어요. 연구 결과는 '죄지은 표정'이 실제로 개가 죄를 지었을 때 가장 자주 나타나는 것이 아님을 보여주었습니다. 내 연구는 결단코 개가 '죄책감을 느끼는지' 여부에 대한 것이 아니었습니다. (사실 나도 이것이 궁금하지만…… 이런 행동은 그 질문에 대한 답을 주진 않았습니다.)

개들이 명백히 죄지은 표정을 한다는 사실은 그들이 실제로 진짜 죄책감을 느낄 수 있다는 사실의 부분적 증거로 보이기도 한다. 하지만 개의 도덕적 범위는 우리와 다르므로 우리가 행한 것 혹은 우리가 그들이 했다고 여기는 것(예컨대 간식 훔치기)에 죄책감을 느끼지 않을 수도 있다.

확실히 지배와 마찬가지로 개가 죄책감을 느낀다는 사실을 부정할 수 있기를 바라는 사람들이 있다. 죄책감이 가끔 그들에게 불리하게 이용될까 봐 염려하는 것이다.

2016년 존 브래드쇼는 내게 이런 메일을 보냈다.

알렉산드라 호로비츠의 죄책감 연구를 나는 주로 복지의 관점에서 봅니다. 그녀는 개의 몸짓언어를 잘못 해석해서 습관적으로 벌을 주는 주인이 많다는 걸 보여주었습니다. 더 크게 보면 개의 인지 능력을 과대평가하는 것, 그러니까 너무 폭넓게 해석하는 것이 나는 우려스럽습니다. 개들이 서로 작당해서 계속 주인을 '지배하려' 하므로 그런 일을 막으려면 오로지 고통을 가할 수밖에 없다고 가르치는 사람들에게 좋은 구실이 되기 때문이지요. 가령 코끼리에게 풍부한 인지적·감정적 삶이 있다는 사실이 받아들여지면 동물보호 단체의 기부금이 늘어나겠지만, 똑같은 일도 개에게는 위해를 가할 구실이 될 수 있어요.

과학 또는 과학의 결여가 학대나 방치를 정당화하는 구실이 되지 않도록 하는 것은 매우 중요하다. 개를 비롯한 여타 동물들에게 실제보다 더 많은 능력을 부여함으로써 멋있게 포장할 이유가 조금도 없다. 연구자들은 정확한 데이터를 내놓고 사실과 믿음을 구분할 책임이 있다. 물론 개를 비롯한 여타 동물들은 대단히 가변적 개체들이므로 연구가 계속됨에 따라 어제의 사실을 세심하게 조정할 필요가 생길지 모른다. 그러기에 오히려 과학이 흥미진진하지 않은가? 그래서 우리가 개들에 대해 알고 싶어 하지 않는가? 우리는 모든 걸 안다고 생각하지만 실은 그렇지 않다.

꼬리 흔들기는 개들의 문법

개들은 풍부하고 깊은 감정을 어떻게 소통하거나 표현할까? 가장 분명한 방법은 꼬리를 사용하는 것이다. 개의 꼬리는 놀라운 부속물로 모양, 둘레, 길이가 각양각색이다. 개의 코처럼 꼬리도 놀랍고 아름다운 적응의 산물이며, 흥미로운 놀이 도구도(개들은 자신의 꼬리를 쫓는 것을 좋아한다) 파괴의 도구도 될 수 있다. 개가 꼬리로 좋은 와인이나 싱글몰트 위스키를 엎지르는 바람에 난감했던 적이 한두 번이 아니다. 꼬리는 멋진 항문샘 냄새를 멀리 퍼지게 할 수도 있다.

1947년 스위스 동물행동학자 루돌프 쉔켈은 〈늑대의 표현 연구 Expression Studies on Wolves〉라는 대단히 중요한 논문을 발표하여 꼬리 사용을 비롯해 늑대가 감정을 표현하는 방법에 대해 논의했다. 늑대와 개의 꼬리 사용법에는 당연히 비슷한 점이 많기 때문에 이 연구는 최근의 개 연구에도 흥미로운 토대가 된다.

꼬리는 개가 무엇을 느끼는지 보여주는 멋진 지표이며, 걸음걸이·귀의 위치·자세·얼굴 표정·발성·냄새 등 수많은 다른 신호들과 결합해서 사용될 때가 많다. 이런 것들의 결합은 복합 신호를 이루고, 개가 무엇을 생각하는지, 무엇을 느끼는지 많은 정보를 전달한다.

나는 개가 사고로 꼬리를 잃으면 어떻게 되는지 별로 생각해본 적이 없다. 그런데 내 친구 마리사 웨어가 자신이 키우는 에코에게 이런 일이 일어났다고 했다. 그 결과 에코는 잃어버린 꼬리 대신 몸과 귀를 이용해 다른 개들이나 사람들과 소통하는 법을 익혔다.

나는 에코가 감정을 나타내려고 귀에 더 많이 의존한다는 걸 알아차렸어. 특히 누군가를 보고 기분이 좋으면 꼬리를 흔드는 대신 귀를 완전히 뒤로 젖혀 거의 씰룩씰룩 움직였어. 누군가를 보고 기분이 좋으면 깡충깡충 뛰면서 재빨리 엉덩이를 씰룩거릴 때도 있었지. 그건 보더콜리나 꼬리가 짧은 품종의 개들에게서 본 전형적 씰룩거림과는 많이 달랐지. 꼬리를 잃기 전에는 녀석이 그런 행동을 한 번도 보이지 않았어.

스탠리 코렌도 오토바이 충돌 사고로 꼬리를 잃은 개에 대해 비슷한 이야기를 했다. 다른 개들은 꼬리 잘린 개가 무엇을 표현하려는지 못 알아보는 눈치였다고 그는 지적했다.

이렇듯 에코를 비롯한 꼬리 없는 개들에 대한 이야기를 들으면 꼬리 없는 개와 꼬리 있는 개의 소통 방식을 우리가 정말 모른다는 생각이 든다. 또한 꼬리 자르기가 어떤 결과를 가져오는지, 혹시 이런 조치가 다른 개들이나 인간들과의 효율적인 소통 능력을 박탈하는지도 궁금하다. 꼬리를 자르면 중요한 소통 방식이 사라진다. 긴 꼬리가 짧은 꼬리보다 메시지 전달에 더 효율적이라는 건 이미 연구를 통해 알려진 사실이다.

그건 그렇고 개들은 꼬리로 어떤 메시지를 전달하는 걸까? 우리가 이런 감정 문법을 '읽는' 법을 배울 수 있을까? 2011년 〈로봇 개의 비대칭적 꼬리 흔들기에 대한 개의 행동 반응Behavioural Responses of Dogs to Asymmetrical Tail Wagging of a Robotic Dog〉이라는 고전적 논문은 빤해 보이는 사실을 연구를 통해 설명한다. 개의 꼬리가 오른쪽으로 향하면 긍정적 감정을, 왼쪽으로 향하면 부정적 감정을 표현한다는 것이다.

이런 발견은 개의 꼬리에 대한 질문을 떠올리게 하며 이에 관한 상세한 연구가 필요하다. 개들은 다른 개가 꼬리를 흔드는 것을 보면서 무엇을 알아낼까? 꼬리를 오른쪽으로 흔들면 기분이 좋고 왼쪽으로 흔들면 기분이 나쁘다는 것을 알까? 앞의 연구에 참여한 일부 연구자들은 최근 개들이 실제로 그렇게 알아듣는다는 사실을 깨달았다. 이 연구는 《뉴욕타임스》에 〈개의 꼬리 흔들기는 다른 개들에게 많은 것을 말한다 A Dog's Tail Wag Says a Lot, to Other Dogs〉라는 기사로 소개되었다.

"개들은 왼쪽으로 흔드는 꼬리를 보면 심박동이 빨라지는 등 불안의 징후를 보였다. 오른쪽으로 흔드는 꼬리를 볼 때는 차분함을 유지했다."

개들은 정말로 서로에게 꼬리를 가지고 말하는 걸까? 《뉴욕타임스》의 동일한 기사는 "개들이 소통하기 위해 꼬리를 흔드는 것 같지는 않다"고 말한다. 이탈리아 트렌토대학의 신경과학자 지오르지오 발로르티가라는 "상당히 기계적으로 설명"될 수 있다고 하면서 "그저 뇌의 비대칭이 낳은 부산물일 뿐이며, 개들은 시간을 두고 패턴을 알아보는 법을 배운다"고 주장한다.

아마도 그럴 것이다. 의도적 메시지를 전달하려는 게 아니라 그저 자신이 느끼는 감정을 표현하기 위해 꼬리를 흔든 것이다. 내가 말했듯이 꼬리는 매혹적 부속물이다. 개가 다양한 맥락에서 꼬리를 어떻게 사용하는지, 다른 개의 꼬리의 움직임을 어떻게 읽는지, 이렇게 모은 정보를 어떻게 활용하는지 아직 많은 연구가 필요하다. 스탠리 코렌은 꼬리 흔들기에 대해 우리가 아는 바를 다음과 같이 유용하게 정리했다.

아주 좁은 너비로 살짝 꼬리를 흔드는 건 주로 인사에서 목격되는데 머뭇거리듯 "안녕"이라고 하거나 자신을 봐달라는 듯 "나 여기 있어" 하고 말하는 것이다.

꼬리를 크게 흔드는 건 "난 너에게 도전하거나 널 위협하지 않아" 하는 친밀감의 표현이다. 혹은 "나는 좋아"란 뜻일 수도 있다. 이건 일반적으로 사람들이 기분이 좋아서 꼬리를 흔든다고 생각할 때의 꼬리 흔들기에 가장 가깝다. 특히 꼬리가 엉덩이를 훑으면 아주 행복하다는 뜻이다.

꼬리를 조기弔旗처럼 세우고 천천히 흔드는 건 다른 신호들처럼 사회적 용도가 아니다. 일반적으로 특별히 높지도 낮지도 않은 높이로 꼬리를 들고 천천히 흔들면 불안하다는 신호다.

마치 진동하듯 짧게 아주 빠른 속도로 꼬리를 흔들면 뭔가를 하려는 신호다. 일반적으로 도망치거나 싸우기 전에 이렇게 한다. 꼬리를 흔들면서 높게 치켜드는 건 적극적 위협일 가능성이 크다.

짖기와 으르렁거리기를 통한 개들의 의사 표현

개들은 다양한 발성을 통해 감정과 동기, 의도를 분명히 표현한다. 개들은 어떤 종류의 소리를 내고 얼마나 많은 소리를 낼까? 우리는 개들이 짖고, 길게 울부짖고, 으르렁거리고, 컹컹거리고, 낑낑거리고, 신음하고, 또 이런 여러 가지 소리들을 창조적으로 결합해서 내는 소리들을 듣는다. 연구자들마다 자신만의 방식으로 소리와 행동 패턴을 범주화하므로 개가 열 가지 소리를 내는지, 열두 가지 소리를 내는지, 그보다 많은 소리를 내는지 딱 잘라 말하기는 어렵다. 개의 얼굴 구조도 소리에 영향을 미칠 수 있고, 개들이 서로 다른 소리를 뒤섞어 사용하는 경우도 흔하다. 이 모든 것이 개가 전하려는 메시지에 영향을 미치며, 소리의 복잡함과 조합의 다양함 때문에 개의 발성 연구는 한층 어려워진다.

개가 일반적으로 내는 여러 소리와 그런 소리를 내는 이유에 대해 우리가 많이 알지 못한다는 사실이 나는 항상 놀랍다. 항상 짖어대는 개가 있는가 하면 거의 짖지 않는 개도 있다. 그리고 우리는 개가 **항상** 이유가 있어서 짖는지, 아니면 가끔은 그냥 기분이 좋아서 짖는지도 알지 못한다.

어쨌든 개들은 다른 개가 무슨 말을 하는지 알아듣는 듯하고, 인간도 개가 짖는 소리에 담긴 감정을 그럭저럭 잘 파악한다. 이것이 개와 인간의 효율적 소통을 위해 중요할지도 모른다.

개 연구자 줄리 헥트는 말한다.

"개의 짖기가 매우 미묘하고 유연한 행동이라는 점을 새겨들어야 한다. 여러분이 개의 발성에 담긴 의미에 관심을 가지면 더욱 돈독한 관계를 만들 수 있다."

스탠리 코렌에 따르면 개의 짖는 소리에 담긴 의미를 이해할 때 중요하게 고려할 요소는 발성의 음높이, 지속 시간, 빈도(얼마나 자주 일어나는지) 등이다. 낮게 으르렁거리는 소리는 화가 났다는 뜻일 수 있다. "가까이 다가오면 험한 꼴 볼 줄 알아" 하는 위협일 수 있다는 말이다. 낑낑거림처럼 음높이가 높은 소리는 다가와도 좋다는 뜻일 수 있다. 코렌 박사에 따르면 긴 소리는 의식적으로 내기로 결정한 소리일 가능성이 크며, 짧게 으르릉거리는 소리는 두려움의 표현일 수 있다. 연속적으로 이어지는 소리는 흥분이나 긴박함을 나타내고, 시간을 두고 내는 소리는 흥분하지 않았다는 뜻일 수 있다.

모든 것을 종합하면 개가 무엇을 말하려는지 파악하는 것이 핵심이다. 으르렁거린다고 개를 벌주는 것은 바람직하지 않다. 무엇이 개에게 스트레스를 주는지 이해하고 이를 없앨 해결책을 찾아야 한다. 개들은 뛰어놀고 재미있는 시간을 보내면서도 으르렁거릴 수 있다. 개의 많은 행동들이 그렇듯 하나의 소리가 항상 똑같은 의미를 담고 있지는 않으므로 항상 맥락을 살펴야 한다.

개가 내는 소리와 그런 소리를 내는 이유를 더욱 완벽하게 이해하려면 훨씬 더 많은 연구가 필요하다. 더 상세한 연구들을 통해 개가 우리에게 말하는 바를 제대로 이해하게 될 날을 상상하면 흥분된다.

fMRI를 통한 개의 감정 측정

개와 인간이 긴밀하고 지속적인 유대감을 형성한다는 건 잘 알려진 사실이다. 이런 관계는 우리 같은 사람들에게 더없이 특별하며 개들에게도 중요해 보인다. 그런데 우리는 어떻게 그것을 알 수 있을까? 사실 개에 대해 관찰하고 개의 뇌가 작동하는 방식을 연구함으로써 이런 유대감의 본질을 배울 수 있다. "개를 사랑하는 사람과 개 사이에 긍정적 상호 행동이 일어나는 동안 상호 간의 생리적 변화를 나타내는 지표를 보면 동물 치료를 할 때 인간-개 유대에 대한 이해를 높일 수 있다"는 연구도 있다.

예를 들어 〈개들은 주인과 다시 만나면 왼쪽 얼굴의 편측화를 보인다Dogs Show Left Facial Lateralization upon Reunion with Their Owners〉라는 연구에서 미호 나가사와 연구팀은 주인이 옆에 있으면 개의 왼쪽 눈썹이 더 많이 움직이고 매력적 장난감을 볼 때는 눈썹 움직임에 차이가 없는 것을 보았다. 연구자들은 이것이 반려자에 대한 개의 애착을 반영한다고 말한다.

우리는 뇌영상 연구를 통해서도 개의 뇌에 대해 많은 것을 알아낼 수 있다. 조지아주 애틀랜타 에머리대학교 그레고리 번스 연구팀은 개 열두 마리를 자발적으로 기능적 자기 공명 영상(fMRI)• 기계에 들어가도록 훈련해서 활동 중인 뇌를 관찰했다. 개들은 다른 개의 냄새에 비해 친숙한 인간의 냄새에 더 강하게 반응했다. 일차적으로 보살펴주는 인간이 아닌데도 친숙한 개의 냄새보다 더 이끌린 것이다. 반대로 소리의 경우, 인간이 내는 소리보다 다른 개들의 소리에 더 강하게 반응했다. 그렇지만 인간의 소리도 개들에게 중요하며, 사람들이 자주 하듯이 갓

• 살아 있는 뇌의 활동을 직접 확인하게 해줌으로써 뇌과학 발달에 지대한 영향을 미쳤다.

난아기에게 하는 말투로 개에게 말하면 나이든 개보다 강아지들이 사람에게 훨씬 더 주목했다.

아울러 번스 연구팀은 개들이 아는 사람에게 반응할 때 꼬리핵이라는 뇌 부위가 가동된다는 사실을 알아냈다. 사람들도 자신이 즐기는 것, 예컨대 음식, 사랑, 돈 같은 것을 기대할 때 꼬리핵이 가동된다는 점과 비슷하다.

이런 결과들을 종합하면, 우리가 오래전부터 알고 있던 개들의 사회적 삶에서 인간이라는 존재가 얼마나 중요한지 확인할 수 있다. 실제로 듀크대학교 개 연구자 에반 맥클린과 브라이언 헤어는 개가 "인간 사회에 깊숙이 자리 잡으면서" 특별히 인간과 유대감을 맺는 경로를 강화했다고 주장하기도 한다. 하지만 개와 인간의 유대가 아무리 돈독하다 해도 개들이 무조건 인간의 말을 듣지는 않는다. 예일대학교 로리 산토스는 아이들이 따르는 잘못된 조언을 개들은 무시한다는 사실을 발견했다. 간식이 담긴 퍼즐 상자 실험에서 산토스와 동료들은 지렛대를 움직여 상자 뚜껑을 들어 올려야 간식을 얻는다는 것을 개들에게 보여주었는데, 개들은 자신들이 해보고 뜻대로 되지 않으면 지렛대를 무시했다. 비교 실험에서 어린아이들은 지렛대가 아무 소용이 없음이 명백해져도 계속 거기에 매달렸다.

연구자들은 동물의 감정 연구에 fMRI를 점점 더 많이 사용한다. '각성 상태의 영상'이라고도 불리는 이 영상 기법을 통해 개들이 무엇을 생각하고 느끼는지 많은 것을 알아낼 수 있었다. 그레고리 번스 연구팀이 이 분야에서 이룩한 선구적 연구에 더해 부다페스트 외트뵈시 로란드대학교 연구자들도 이 기기를 활용해 매혹적 연구들을 진행한다.

아틸라 안디치 연구팀은 〈개의 어휘 처리의 신경 기제Neural Mechanisms for Lexical Processing in Dogs〉라는 연구에서 개들이 어떻게 어휘를 처리하는지 살펴보았다. 나는 개들이 자주 듣는 모순된 메시지를 이해하는지 궁금했던 적이 많다. 가령 사람들이 개의 머리나 배를 쓰다듬으면서 "사랑하는 녀석이지만 너무 뚱뚱해요"라고 하거나 "예쁘긴 한데 너무 멍청해요"라고 말하는 경우다.

이 연구를 위해 그들은 네 가지 품종의 개 열세 마리를 fMRI 스캐너에 얌전하게 눕도록 훈련했다. 그런 다음 훈련사의 익숙한 목소리로 녹음해놓은 단어들을 잇달아 들려주었다. 칭찬의 말과 중립적 말, 긍정적 억양과 부정적 억양이 뒤섞여 있거나, 때로는 단어의 의미와 억양이 서로 맞지 않는 것들도 있었다. 연구자들은 개들이 인간과 마찬가지로 좌반구를 사용하여 단어를 처리하고 우반구로 억양을 처리하며, 그런 다음 그 둘을 결합해 무슨 말인지 이해한다는 사실을 알아냈다. 개의 뇌에 있는 보상중추에서는 억양과 의미가 모두 칭찬을 나타낼 때만 불이 켜졌다.

결국 개들은 우리가 무엇을 말하는지를, 어떻게 말하는지를 모두 알아차린다. 익히 알려졌듯이 개들은 인간의 많은 단어들을 배우지만, 설령 단어의 의미를 몰라도 목소리의 억양을 통해 우리가 전하려는 의미를 받아들인다. 개들이 과연 모순되는 메시지를 알아듣는지는 아직 확인되지 않았지만, 생각하는 것보다 더 잘 알아듣는 것으로 짐작된다. 그리고 개들은 사람들마다 지닌 독특한 개성도 포착할 줄 안다.

흔히 개와 인간의 성격이 서로 닮는다고 말하는데, 정말로 그럴 수 있다. 상당한 시간을 두고 관찰한 특정한 개와 사람의 성격이 서로 닮아 있는 것을 보고 깜짝 놀란 적이 많다. 신경질적이고 음울한 사람의 개는 신경질적이고 음울하며, 차분한 사람의 개는 차분하다는 사실을 우연히 알아차린 것이다. 사람들은 이런 사실을 깨닫고 "세상에, 저 녀석은 나랑 똑같아!" 하면서 놀라움을 드러낸다. 이처럼 개들이 우리에게 민감하게 반응하는 데도 이런 현상에 대한 연구가 아직 많지 않다는 사실이 의아할 정도다.

하지만 2017년에 이뤄진 한 연구에서 연구자들은 스트레스 호르몬 코르티솔의 수치를 측정함으로써 "개들이 인간의 감정을 파악할 뿐만 아니라 주인의 특정한 개성 요소를 채택하기도 한다"는 것을 알아냈다. "주인이 음울하고 걸핏하면 불안해하면 개들도 그런 특징을 나타낸다." 연구에 따르면 주인이 불안 성향이 있을 때 개들도 위협과 스트레스 상황에 제대로 대처하지 못했다. 그들은 개가 반려자의 성격에 미치는 영향보다 반려자가 개의 성격에 더 큰 영향을 미친다는 사실도 알아냈는데 당연한 일일 것이다.

개와 감정이라는 주제에 대해 내가 말할 수 있는 것은 이보다 훨씬 많다. 개들이 자발적으로 참여하는 비침습적• 뇌영상 연구를 비롯한 현재의 연구들을 보면 개들의 인지적·감정적·도덕적 삶에 대해 믿고 있던 많은 것들이 사실로 확인된다. 지금 현재 우리는 개들이 똑똑하고 감

• 한마디로 신체에 고통을 주지 않는다는 의미.

응하는 존재이며, 따라서 존중과 품위로 대해야 한다는 것을 비롯해 충분히 많은 사실들을 분명히 깨달았다. 개들은 그 존재만으로 배려받아야 하며, 지배당하거나 굴욕적으로 우리에게 봉사하는 처지가 되어서는 안 된다. 개 훈련사들은 최신 연구에 대한 공부를 게을리해서는 안 되며, 실제로 많은 훈련사들이 열심히 공부한다. 그들 역시 개와 함께 살아가는 사람들과 마찬가지로 개의 후견인이다. 물론 아직 더 많은 것을 알아야 하며, 때때로 개 산책 공원은 개에 대한 최고의 학습 장소가 된다.

8장

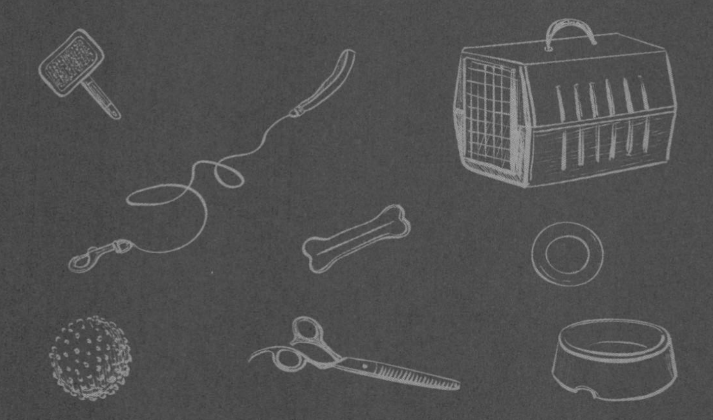

개의 목줄을 다루는 방법

어느 화창한 이른 아침, 개 산책 공원에서 커피를 홀짝이며 휴대폰을 만지작거리던 여성이 내게 다가와 말했다.

"오, 선생님. 제 가장 친한 친구가 미란다라는 개를 입양한 뒤 자신도 모르게 본모습을 드러내더군요. 저는…… 도저히 그 친구를 못 보겠어요. 그리고 정말이지, 미란다에게 행운을 빌어주고 싶어요. 그렇게 오랫동안 알던 친구인데 어쩌면 그토록 감쪽같이 자신의 본모습을 숨겼는지."

그녀는 친구가 입양한 개를 다루는 방식을 보고 너무 화가 나 절교해 버렸다고 설명했다. 일방적으로 쏟아내는 그녀의 말을 끊어보려고 "그거 참, 흥미롭군요" 하고 말했지만 전혀 먹히지 않았다. 5분 정도 지났을까, 그녀가 쏟아내는 온갖 시시콜콜한 이야기들을 꼼짝없이 듣는데 옆에서 지켜보던 누군가가 내게 다가와 개의 놀이에 대해 물었다. 휴, 살았다! 나는 정중하게 양해를 구하고 그 여성에게서 슬쩍 빠져나왔다.

오랫동안 개 산책 공원을 드나들며 나는 상상할 수 있는 온갖 일을 겪었다. 사람들은 거리낌없이 다른 사람 이야기를 한다. 특히 공원의 단골 방문자로 특정한 주차 공간과 의자를 독차지하는 사람들에 대한 뒷담화가 많은데, 그들은 행여 다른 방문객이 자신이 점찍은 자리를 차지하면 말도 안 되는 논리로 화를 내기도 한다.

가끔은 만난 지 몇 초도 되지 않은 사람이 마치 친한 친구에게 하듯이 내게 말을 걸고, 때로는 단짝 친구나 카운슬러에게나 이야기할 법한 아픈 개인사를 털어놓기도 한다. 이럴 때 나는 아무 말 없이 그저 듣기만 한다. 그리고 나는 그저 개를 보러 개 산책 공원에 왔지만 개의 반려자도 항상 같이 온다는 사실을 새삼 깨닫는다. 어쩌면 좋은 일인지도 모른다. 앞서 말했듯이 개는 사람들의 교류에서도 중요한 역할을 하기 때문이다. 개는 모르는 사람들을 이어주고 대화를 촉진하는 사회적 촉매다. 나는 개가 인간들 사이에서 일어나는 부정적 에너지를 흡수하고 사회적 윤활유 역할을 한다고 생각한다. 개는 사람들의 협력과 신뢰를 북돋운다. 개 산책 공원은 그저 개들만의 공간이 결코 아니다. 많은 사람들이 특별히 요청받지 않아도 다른 사람에게 자유롭게 조언을 건네고, 그들의 개를 통해 그리고 그들이 개를 다루는 방식을 통해 한 사람을 평가한다.

사람들이 무슨 말을 할지는 예측 불가능하다. 내 친구는 만난 지 몇 초도 안 된 사람에게 자신이 심각한 정신 질환을 앓는데 치료를 위해 개와 함께 꽃 요법을 받아야 한다는 말을 들은 적이 있다고 했다. 자신의 인생 이야기를 늘어놓는 사람도 있다. 아내를 처음 만났을 때 아내가 개똥 치우는 것을 도와주었는데, 지금도 아내가 그 일을 고마워한다는 것이다. 사람들은 좋은 훈련과 나쁜 훈련에 대해 논쟁을 벌이고, 늙고 병든 개의 안락사 문제에 관해 대화한다. 사람들은 서로 격려하는 가운데 그런 어려운 결정에 대해 숙고한다. 이야기는 끝없이 이어진다. 나는 사람들 말을 주의 깊게 들으면서 사람들이 느끼는 친절과 연민에 대해 많이 배웠다. 사람들이 개 산책 공원을 더 자주 찾는다면 세상이 지금보다 더 나아지고 평화로워지리라는 생각이 든다.

개 산책 공원은 개들에게 큰 혜택을 제공할 뿐 아니라 인간의 삶에서 놀랍도록 중요한 역할을 할 수 있다. 서두에서 센트럴파크에서 다람쥐를 관찰하다가 만난 두 소년 이야기를 했다. 이들처럼 사람들은 개 산책 공원에서 쉽게 야성을 되찾고, 다시 자연과 연결되고, 수많은 종류의 개들뿐 아니라 그곳에 사는 작은 포유동물과 새들, 다른 동물들과도 연결된다. 펜실베이니아대학교 교수이자 개 전문가인 제임스 서펠은 개를 세 가지 주요 측면에서 매개자로 본다. 개는 사람들의 사회적 관계를 활성화하는 사회적 윤활유이고, 다른 동물들 및 자연과 도덕적 유대를 맺어주는 사회적 친선 사절이며, 다른 동물들 및 자연과 무의식적으로 연결되는 우리 안의 동물이다.

개 산책 공원 나들이가 다른 사람들과의 교류에서 큰 비중을 차지하는 사람들도 있다. 매일 하루도 빼놓지 않고 한두 시간 공원에 와서 커피를 마시고, 휴대폰으로 문자를 보내거나 통화를 하고, 친구들과 어울리고, 새로운 사람과 개를 만나는 등 모두와 함께 즐거운 시간을 보내는 사람들이 있다. 사람들이 반려견에 쏟는 배려와 관심을 보면 나도 저 개들이 되고 싶다는 생각이 들 정도다. 물론 개 산책 공원은 완벽한 장소가 아니며 사람들도 완벽하지 않다. 때로는 사람들이 개에게 더 많은 시간을 쓰고 개에게 필요한 걸 잘 챙겨주면 좋겠다고 생각한다. 개에게는 신경도 쓰지 않고 오로지 자신만을 위해 공원을 드나드는 사람들이 있어서 딱 보면 티가 난다. 개를 방치하는 사람과 돌봄을 받지 못해서 불만에 찬 개는 개 산책 공원에서 일어나는 갈등의 중심지일 때가 많다.

그럼에도 나는 개 산책 공원을 좋아하며, 개를 안 데리고 혼자 가기도 한다. 개 산책 공원은 최근에 생겨나 급성장하는 매혹적 문화 현상이다. 나는 자주 가는 현장 조사 구역에서 개의 놀이 행동과 배뇨, 흔적 표시, 인사하기 패턴을 관찰한다. 그리고 사회적 상호 행동의 여러 측면, 예컨대 개가 왜 그리고 어떻게 크고 작은 집단에 들어오고, 일원이 되고, 떠나는지를 관찰한다.

나는 인간과 개의 상호 행동도 연구하는데 이를 통해서 인간에 대해 많은 것을 배운다. 예를 들어 사람들은 개가 마음껏 뛰어놀게 하고 다른 개들과 어울리도록 허락하면서 기분이 좋아졌다는 사실을 드러내곤 한다. 사람들은 개 산책 공원 나들이가 개들에게 마냥 좋으리라 생각하지만 개 산책 공원은 사람들 생각만큼 개들에게 항상 자유롭고 편안한 곳은 아니다. 사람들은 자신도 모르게 개의 자유를 침해하기도 한다. 끊임없이 불러대고, 여기저기 킁킁거리며 돌아다니는 것을 금지하고, 지나치게 거칠어 보이면 놀이와 상호 행동을 중단시킨다. 이런데도 자유롭다고 할 수 있을까?

그러므로 나는 독자들이 개 산책 공원에서 동물 행동을 잘 살펴보고 공원에서 개들이 자신의 선의대로 경험하는지 잘 살펴보라고 권하고 싶다.

좋은 사람, 나쁜 사람, 추한 사람이 공존하는 개 산책 공원

개 산책 공원은 도시에서 가장 빠르게 늘어나는 공원 공간이다. 2010년 미국 100대 도시에는 목줄을 풀고 개를 산책시킬 수 있는 공원이 569개 있었다. 이는 5년 사이에 34퍼센트 증가한 수치로 전체 공원 면적이 3퍼센트 늘어난 데 비하면 엄청난 비율이다. 특별한 보살핌이 필요한 개들을 위해 따로 시설을 마련해놓은 개 산책 공원이 있는가 하면 주택 지구와 공원 사이에 개와 인간의 교류 장소를 제공하는 도시도 있다.

개 산책 공원이 이렇게 인기 있었던 적이 없고, 여러분은 앞으로도 더 좋아지리라 생각할 것이다. 볼더 근처 공원들을 돌아다니며 사람들에게 가볍게 물어본 결과, 95퍼센트가 넘는 사람들이 능히 짐작되는 이유로 개 산책 공원을 좋아한다고 대답했다. 개들은 목줄을 풀고 안전하게 뛰어다니며 친구들과 놀고, 그동안 사람들은 마음놓고 잡담을 나눈다. 대부분의 사람들은 개 산책 공원에 가면 마음이 편안해진다고 한다. 게다가 나는 개 산책 공원에서 훈련사들을 보는 것이 좋다. 이곳에서 그들은 훈련이라는 맥락에서 벗어나 개들을 관찰하곤 한다. 앞서 말했듯이 개 산책 공원은 동물행동학과 진화생물학의 기본 원칙들을 공부할 수 있는 훌륭한 교실이다. 실전을 통해 습득한 지식은 개들은 물론 사람들에게도 매우 유용하다.

그럼에도 나는 개 산책 공원의 몇 가지 부정적 면들을 말하려 한다. 먼저, 내가 아는 개들은 대부분 개 산책 공원에 가는 것을 좋아하지만 그렇지 않은 개도 있으므로 함께 놀고 싶은지, 그렇지 않은지 먼저 개의 결정을 존중해야 한다. 공원 환경이 그들에게 즐겁지 않을 수도 있다. 언젠가 한 젊은이가 이렇게 말한 적이 있다.

"개가 이곳을 좋아하지 않는다는 걸 나도 알아요. 잔뜩 긴장해서 차에서 내리지 않으려고 버티는데, 내가 워낙 좋아하니 마지못해 따라오는 겁니다."

좋은 의도가 퇴색되어버린 전형적 사례다. 개가 개 산책 공원을 싫어한다면 왜 그곳에 가는가?

나는 꽤 많은 사람들이 개 산책 공원을 전혀 좋아하지 않는다는 사실을 알고 무척 놀랐다. 그중 한 가지 이유는 안전 문제였다. 드물기는 하지만 개들끼리의 갈등이 싸움으로 번지고, 그러면 개와 사람이 부상을 입을 수도 있기 때문이다. 개인적으로는 개 산책 공원이 안전하지 않다는 생각에 반대하지만, 이 문제를 집중적으로 다룬 경험적 연구는 아직 없다. 개 산책 공원을 좋아하지 않는 데는 그보다 흔한 이유가 있다. 사람들은 공원 내에서의 에티켓과 사회적 환경이라는 문제 때문에 개 산책 공원을 외면하기도 한다. 다른 사람들, 다른 개들이 공원에서 행동하는 방식을 좋게 보지 않는 사람들도 많다. 개 산책 공원에서 지켜야 하는 예의에 대해서는 온라인 정보들이 많으니 굳이 언급하지 않으려 한다. 나는 이 문제가 사람들의 문제일 때가 많다는 점을 강조하고 싶다. 사람들이 개에 대한 불만을 털어놓을 때 실제로 비난받아야 하는 것은 대개 목줄을 잡고 있는 반려자다.

일반 산책로를 걸으면서 개에게 테니스공이나 프리스비를 던지고 주워오게 할 때도 똑같은 문제가 일어난다. 개와 인간이 같은 공간을 사용할 때는 모든 사람이 개를 좋아하진 않는다는 사실을 명심해야 한다. 몇 년 전쯤 덩치가 크고 살짝 비대해 보이는 맬러뮤트를 목줄에 느슨하게 묶은 채 걷고 있는데, 이쪽으로 걸어오던 한 남자가 우리를 보더니 급하게 길을 건너려고 했다. 무서워하는 게 틀림없었다. 나는 걸음을 멈추고 말했다.

"괜찮아요. 물지 않아요."

그는 이때다 싶었는지 물었다.

"먹이는 어떻게 하나요?"

좋은 질문이라고 대답한 후 대화를 나누었다. 그는 어릴 때 개에게 물린 경험 때문에 개를 무서워한다고 했다. 나의 어머니도 어려서 개에게 물린 경험이 있었고, 그 때문에 어린 시절 나는 개가 아닌 금붕어와 대화하며 자라야 했다. 모든 사람이 개를 사랑하거나 좋아하진 않는다는 사실을 존중해야 한다.

그런데 개 산책 공원에는 더 흔하게 발생하는 문제가 있다. 특정한 개를 다루는 방식에 사람들이 불만을 갖는다는 점이다. 엘리즈 가티는 내게 보낸 메일에서 많은 갈등이 서로 다른 '개 양육' 방식으로 귀결된다고 지적했다. 지나치게 통제하고 보호하는 사람이 있는가 하면 아예 수수방관하는 사람도 있다. 이 문제는 조금 후 더 살펴보겠다.

한 가지 덧붙이면, 각각의 개 산책 공원은 그 지역이나 그곳을 자주 찾는 방문객들의 문화와 태도를 반영하는 독특한 정체성이 있다. 볼더처럼 작은 도시에서도 공원들마다 차이가 있다. 일일이 이름을 거론하지는 않겠지만 내가 자주 가는 한 공원은 처음 오는 사람과 개에게 활짝 열려 있고, 또 다른 공원은 내 친구 말처럼 '살짝 쌀쌀맞은' 분위기다. 이 공원에 처음 갔을 때 낯선 사람을 보고 불안했던 사람들은 친구에게 볼더에 사느냐고 물었다고 한다! 환경에 변화를 주려고 그 공원을 찾았던 다른 친구도 똑같은 일을 겪었다.

마지막으로, 아주 드물기는 하지만 몇몇 사람들의 배려 없는 모습에 놀랄 때가 있다. 비단 개 산책 공원만의 일이 아니라 인간의 기본적 예의에 관한 것이다. 경솔하게 굴면서 자신의 개가 버릇이 없는 이유를 묻는 경우도 있었다. 그럴 때마다 "거울 속 당신의 모습을 보세요" 하고 대꾸하고 싶은 충동이 일곤 했다.

앞 장에서 보았듯이 사람과 개가 서로의 모습을 닮는 건 우연이 아니다. 그렇긴 해도 괜한 일에 휘말리기 싫은 나는 개들의 흥미로운 상호 행동이 벌어지는 곳에 눈길을 돌려버린다.

꿈의 연구 장소가 되어주는 개 산책 공원

개들뿐만 아니라 개 산책 공원도 동물행동학자에겐 꿈같은 곳이다. 개 산책 공원은 온갖 종류의 행동에 대한 정보로 가득한 금광이나 마찬가지다. 게다가 이곳은 시민과학의 풍성한 토대이기도 하다. 친숙한 개들끼리의 놀이와 낯선 개들끼리의 놀이가 어떻게 다른지를 조사한 나의 제자 알렉산드라 웨버의 연구를 생각해보라. 나는 항상 사람들에게 개 산책 공원에서 동물행동학자가 되라고 권고한다. 집중적으로 파고들기 좋은 주제는 제시카 피어스와 내가 《동물의 의제The Animals' Agenda》라는 책에서 '자유의 동물행동학'이라고 부른 것이다. 공원에서 개 한 마리를 골라 집중 관찰하면서 얼마나 많은 시간 동안 반려자나 다른 인간의 간섭 없이 혼자서 (혹은 다른 개들과) 노는지 지켜보라. 나는 이런 관찰을 통해 '자유로운' 개가 실제로는 공원에서 얼마나 속박당하는지 보면서 놀란다(동물행동학자가 되고 싶다면 부록에서 상세한 정보를 참고하기 바란다).

하지만 개 산책 공원에서 이루어지는 정식 과학 연구도 점차 늘어나는 추세다. 연구라는 관점에서 보면 개 산책 공원은 '지나치게 통제되지 않은 공간'이라는 평가를 종종 받는다. 많은 일들이 벌어지고 변수도 너무 많아서 예컨대 개가 인간의 시선을 따라가는지, 얼마나 잘 따라가는지, 개에게 마음 이론이 있는지 등을 이곳에서 과연 정확하게 연구할 수 있을지 의문을 품는 연구자들도 있다. 그러나 실상은 실험실 연구도 통제되지 않는 측면이 있다. 연구자도 다르고 개들도 결코 동일하지 않기 때문이다. '자연 서식지'(한계는 있지만 개 산책 공원도 그렇다)에서의 동물에 대한 관찰을 통해 통제된 환경이나 묶인 상태에서는 연구하기 어려운 다양한 행동 측면들이 드러난다. 실험실에서는 아무래도 더 통제된 조건에서 개를 연구할 수 있지만, 통제된 조건은 개들의 행동 또한 제한한다. 그렇기 때문에 생태학적으로 조금 더 적절한 상황에서 다시 조사해 보고 싶은 행동 패턴들이 많다.

뉴펀들랜드주 세인트존스에 있는 메모리얼대학교에서 대학원 과정을 밟던 멜리사 하우즈는 〈목줄 없는 개 산책 공원에서 반려견(카니스 파밀리아리스)의 사회적 행동에 대한 탐구Exploring the Social Behaviour of Domestic Dogs (*Canis familiaris*) in a Public Off-leash Dog Park〉라는 중요한 연구를 했다. 이전에는 비슷한 연구가 여섯 건밖에 없었고, 나중에 같은 장소인 퀴디 비디 개 산책 공원에서 리디아 오텐하이머 캐리어 연구팀은 〈개 산책 공원 탐구: 반려견의 사회적 행동과 개성, 코르티솔의 관계Exploring the Dog Park: Relationships between Social Behaviours, Personality and Cortisol in Companion Dogs〉라는 연구를 했다.

하우즈는 개 220마리를 비디오로 촬영해서 그 가운데 69마리를 집중적으로 관찰했는데 그 결과는 다음과 같다.

> 공원에 도착하고 나서 첫 400초 동안 집중 관찰한 개는 평균적으로 50퍼센트의 시간을 혼자서 보냈고, 거의 40퍼센트의 시간을 다른 개들과 함께 보냈으며, 11퍼센트의 시간에는 다른 활동을 했다. 첫 6분이 경과하는 동안에는 다른 개와 보내는 시간은 줄어들고 혼자 있는 시간이 늘어났다. 대단히 빈번하게 관찰되는 행동도 있고, 드문 행동도 있었다. 예를 들어 집중 관찰한 개의 90퍼센트 이상이 항문과 머리에 주둥이를 갖다 대거나 다른 개들에게 이런 행동을 당했지만, 다른 개에게 달려든 개는 9퍼센트, 다른 개들에게 이런 행동을 당한 개는 12퍼센트에 불과했다. 개의 밀집도, 집중 관찰한 개의 나이, 성별, 중성화 상태, 크기가 몇몇 행동 변수들에 영향을 미친 것으로 나타났다.

전체적으로 볼 때 나이와 성별이 사회적 행동에 영향을 미쳤고, 개의 크기도 중요했다. 나이든 개는 대체로 많은 시간을 혼자서 보냈고, 나이든 암컷은 다른 나이·성별의 개체와 비교할 때 다른 개와 상호 행동하는 시간이 가장 적었다. 서로를 쫓아다니는 행동도 많았다. 수컷이 암컷보다 많이 배설했고, 나이든 개가 어린 개보다 많이 배설했다. 또 개들은 몸집이 큰 개보다 몸집이 작은 개에게 달려들거나 덮치는 경우가 많았다.

하우즈는 심각한 공격은 한 번도 보지 못했다. 개 산책 공원에서의 다른 연구들과 일치하는 결과였다. 그녀는 이렇게 덧붙였다.

> 사실 개 산책 공원에서 공격이 일어나지 않는 것은 주인이 공원에 데려온 개들의 성격 특성, 주인의 개입, 그 밖의 요인들 때문일 수도 있다. 그러므로 개의 공격성은 공격이 일어날 가능성이 큰 다른 맥락(예컨대 여러 마리 개가 함께 사는 가정이나 떠돌이 개 집단)을 대상으로 연구하는 편이 낫다.

하우즈는 자신의 데이터가 같은 공원에서 나중에 얻은 연구 데이터와 다르다는 사실을 지적한다. 예를 들어 하우즈는 집중 관찰한 개의 23퍼센트가 공원에 도착하고 400초 이내에 놀이를 청하는 인사를 했다고 보았다. 그런데 같은 공원의 다른 연구에서는 집중 관찰한 개의 51퍼센트가 그보다 세 배 더 긴 20분 이내에 놀이를 청하는 인사를 했다. 개가 인사하는 비율은 공원에 도착하고 시간이 흐르면 달라지므로 의외의 결과는 아니다. 이는 다음 연구를 위한 훌륭한 주제가 된다.

나는 개가 공원에 처음 도착할 때, 낯선 개나 잘 알지 못하는 개와 놀려고 할 때, '놀이 분위기'를 처음 조성하려고 할 때 더 많이 인사하지 않을까 생각한다. 본격적으로 놀이가 시작되면 훨씬 적게 인사할 것이다. 나는 개, 코요테, 늑대 들이 놀기 시작하고 나서 하는 인사보다 놀이를 처음 시작하려고 할 때 하는 인사가 훨씬 정형화되어 있음을 발견했다.

여기서도 우리는 개 산책 공원에서의 개의 행동을 일반화해서 확실히 단정할 수 없다는 사실을 금세 깨닫는다. 하우즈의 연구는 같은 공원에서의 다른 연구와 왜 이런 차이를 보일까? 하우즈는 얼마나 오래 관찰했는지, 개의 집단이 어떻게 나눠는지, 개들 사이에서 일어나는 행동을 어떻게 정의하는지가 다르기 때문일 수 있다고 설명했다.

스트레스 또한 개 산책 공원에서 개의 행동에 영향을 미치는 요인일 수 있으며, 서로 다른 연구 결과들을 비교할 때 신중하게 고려해야 한다. 예를 들어 리디아 캐리어 연구팀은 하우즈와 같은 공원에서 한 연구에 대해 말한다.

"코르티솔은 개 산책 공원에 드나드는 빈도와 상관관계가 있으며, 공원을 방문한 횟수가 적은 개가 더 높은 코르티솔 수치를 보였다."

코르티솔은 스트레스 수준을 나타내는 척도다. 이런 데이터는 개 산책 공원에서 개의 행동을 연구할 때 개가 얼마나 자주 그곳에 왔는지, 그곳에 누가 와 있는지 신경써야 한다는 것을 뜻한다. 물론 각각의 개가 환경에 얼마나 친숙한지, 그곳에 있는 다른 개들을 얼마나 잘 아는지도 행동에 영향을 미칠 수 있다. 개가 어떤 식으로 노는지, 주도적으로 놀이를 이끄는지, 주변을 어슬렁거리는지 등도 여기에 포함된다.

개 산책 공원에서 개들이 무엇을 하는지 더 많은 연구를 해야 한다. 특히 **개체**의 차이에 초점을 맞춘 연구가 필요하다. 하우즈는 이렇게 정리했다.

> 현 연구가 제기하는 수많은 질문 그리고 개 산책 공원 연구가 부족한 상황을 감안할 때, 개 산책 공원에서 개들에 대한 관찰을 획기적으로 늘릴 필요가 분명히 있다. 개 산책 공원은 개들끼리의 사회성에 대한 질문에 답할 막강한 잠재력을 가진 곳이다. 아울러 우리가 개를 완전하고 유일무이한 사회적 존재로 더 잘 이해하도록 돕고, 개의 보호와 복지 증진을 위한 우리의 노력에 보탬이 될 것이다.

백번 옳은 말이다.

야외에서 목줄을 푸는 것이 옳을까?

개 산책 공원에 가본 사람이라면 그곳에서 수많은 일들이 동시에 벌어지고, 모든 인간과 개들이 그 일에 개입되는 모습을 볼 수 있다. 모두가 다른 모두에게 영향을 미치는 것이다. 타린 그레이엄과 트로이 글로버는 〈담장에 대하여: 공동체와 사회적 자본의 속박(해방)하의 개 산책 공원On the Fence: Dog Parks in the (Un)Leashing of Community and Social Capital〉이라는 논문에서 이렇게 썼다.

> 이 연구 결과는 반려자가 반려동물을 통해 공원에서 자리를 잡아가는 모습을 보여준다. 개가 다른 개와 사람에게 어떤 행동을 하는지는 그 반려자의 사회적 연결망과 자원 접근에 영향을 미친다. 긍정적 상호 행동은 흥미로운 관계와 공동체가 만들어질 기회를 제공하며, 사람들은 여기서 도움을 얻고, 정보를 공유하고, 집단적 행동을 하고, 질서에 순응한다. 하지만 개가 부정적으로 인식되면 주인의 평판도 덩달아 나빠져서 긴장, 단죄, 심지어 사회적 연결망과 공동 공간에서의 배제로 이어지기도 한다.

달리 말하면 어느 누구도 개 산책 공원에서 주도적 위치에 있지 않다. 모든 관계에 대한 협상이 그때그때 이뤄지며, 모든 조정이나 갈등이 다른 모든 종류의 관계, 즉 개와 개, 개와 인간, 인간과 인간의 관계에 영향을 미친다.

〈개 산책 공원에서의 상황적 행동: 인간-동물 공간에서 정체성과 갈등Situated Activities in a Dog Park: Identity and Conflict in Human-Animal Space〉이라는 에세이에서 소노마주립대학교 패트릭 잭슨은 개의 행동을 두고 벌어지는 갈등 상황에 유머가 어떤 도움이 되는지 논의하면서 이렇게 썼다.

> 한 여성이 자기 반려견에 올라탄 나이든 개를 보고 "그만해, 이 추잡하고 늙은 수캐 같으니라고!" 하고 소리를 질렀다. 그런데 이와 비슷한 다음 상황에서는 부정적 비난이 존재하지 않는다. 다음은 세 남자의 대화다.

우리가 이야기를 하는데 검은색 개가 골든에게 올라탔고, 골든이 가볍게 저항하자 불 테리어에게 올라탔다. 사람들이 웃었다. 불 테리어 주인이 말했다.

"이런 상황에서 화를 내는 사람들도 있지요."

골든 주인은 자신은 아니라고 했다. 불 테리어 주인이 다시 말했다.

"나는 아무렇지 않습니다. 내 인생에서 가장 흥미진진한 일이에요. 집에서는 이렇게 주목받지 못하니까요."

모두가 웃었다.

개가 다른 개에 올라타는 것은 개 산책 공원에서 사람들끼리 얼굴을 붉히는 흔한 이유이며, 보호자들에게 자유냐 통제냐 하는 골치 아픈 문제를 일으키기도 한다. 앞서 말했듯이 개 산책 공원의 개들은 일부 사람들의 주장만큼 그렇게 자유롭지 않다. 사람들은 걸핏하면 개한테 오라고 불러대고, 나쁜 행동이다 싶으면 "그만해!" 하고 소리친다. 남에게 폐를 끼치지 않으려고 개에게 달려가 목줄을 잡아당기는 사람도 있다.

자유는 자동차, 목줄, 산책로, 집에서만 복잡한 머리를 쳐드는 것이 아니다. 개 산책 공원에서도 자유는 까다로운 문제가 된다. 사람들은 언제 눈을 부릅뜨고 개를 감시해야 할지, 여차하면 좌절감을 안길 위험을 감수해야 할지, 또 어느 순간 개를 하고 싶은 대로 풀어놓아 버릇없는 개라는 비난을 감수해야 할지 자주 묻는다. 솔직히 이런 논쟁은 가급적 피하고 싶다. 모든 것이 당사자인 사람과 개에 달려 있기 때문이다.

하지만 개들이 얼마나 자유로워야 하는지, 혹은 실제로 얼마나 자유로운지에 관한 문제는 생각만큼 그렇게 단순하고 명료하지가 않다. 많은 사람들이 이 문제로 골치를 썩는다. 사람들은 그저 자신의 개를 다루는 것이 아니라 자신의 개와 다른 개들의 관계를 다룬다. 개들의 관계는 인간의 모든 관계에 영향을 미치기 때문이다. 또한 사람들마다 무엇이 용인되고 용인될 수 없는지에 대한 기준이 다르다. 《아웃사이드Outside》지에 웨스 실러가 기고한 〈개들은 왜 야외에서 목줄을 푸는 것이 옳은가Why Dogs Belong Off-Leash in the Outdoors〉라는 기사는 많은 사람들에게 이 문제에 대해 생각하게 만들었고, 나를 비롯해 많은 사람들이 이 문제의 여러 측면에 대해 한마디씩 하는 계기가 되었다. 실러는 "주인들이 책임감이 있다면 목줄을 푼 개의 존재로 인해 야외는 한결 좋은 장소가 될 수 있다"고 썼다.

알다시피 개 산책 공원에는 담장이 있어서 목줄을 풀어도 어느 정도는 개를 관리할 수 있다. 개방된 공간에서 개의 목줄을 풀어야 하는가에 대해 여기서 길게 논의하는 것은 적절치 않다. 하지만 몇몇 연구들은 개의 목줄을 푸는 것이 허용될 때 개보다 사람 때문에 더 많은 문제가 일어난다는 것을 확연히 보여준다. 예를 들어 한 연구에 따르면 "사람들이 야생동물을 괴롭히는 것을 본 적이 있다고 답한 사람(92.2퍼센트)이…… 개들이 괴롭히는 것을 본 적이 있다고 답한 사람(49.7퍼센트)보다 훨씬 더 많았다."

개와 사람이 질서를 유지하려면 그곳의 규칙을 준수하도록 하는 것이 기본이다. 안전해 보이는 곳에서 개의 목줄을 풀기로 결정한 사람이라면 개의 행동에 책임을 져야 한다. 그런데 항상 그렇지는 못하다.

나는 제자 로버트 이크스와 함께 개와 프레리도그의 상호 행동을 연구해 〈콜로라도주 볼더에서 반려견들, 검은꼬리프레리도그•들, 인간들 사이의 상호 행동과 갈등Behavioral Interactions and Conflict among Domestic Dogs, Black-Tailed Prairie Dogs, and People in Boulder, Colorado〉이라는 논문을 발표했다. 이 논문에서 우리는 다음과 같이 썼다.

> 자신의 개가 프레리도그를 괴롭히는 것을 본 사람들 가운데 단 25퍼센트만 말리려고 했다. 우리의 연구 장소였던 드라이 크리크 개 산책 공원에서 행한 설문조사에서는 58퍼센트의 사람들이 설령 개가 문제를 일으키더라도 프레리도그를 반드시 보호해야 한다고 생각하지 않는 것이 드러났다. 사람들에게 더 많은 책임을 지우면 프레리도그를 보호하려는 사람과 그렇지 않은 사람 간의 갈등이 줄어들 것이다.

우리는 또한 "모든 당사자의 이해에 맞도록 경험적 데이터를 바탕으로 선제적 전략을 마련하고 실행할 수 있다"고 제안했다.

우리 연구에서는 사람들이 자신의 개를 통제하는 데 능숙하지 않은 것으로 드러났다. 하지만 패트릭 잭슨은 〈개 산책 공원에서의 상황적 행동Situated Activities in a Dog Park〉이라는 에세이에서 이렇게 썼다.

"개를 돌보는 사람은 '통제 관리자'가 되어 다양한 개의 행동들, 특히

• 다람쥐과의 포유류. 개와 비슷한 울음소리 때문에 이 같은 이름이 붙었다.

올라타기, 공격성, 쓰레기 처리와 관련된 문제들을 협상해야 한다. 이 과정에서 그들은 공공장소에서 개의 적절한 행동에 대한 자신과 남들의 인식과 이해를 조화시키려고 다양한 전략을 사용한다."

잭슨 박사는 친절하게도 다음과 같은 메일을 보내 자신의 몇 가지 생각을 알려주었다.

> 나는 내가 가본 적이 있는 개 산책 공원들에서 인간과 인간 이외의 동물들 사이에 존재하거나 존재할 수도 있는 단절이 대단히 크다는 것을 느꼈습니다. 우리는 개 산책 공원에서 사람들이 자신의 개와 관련하여 어떻게 행동하고 왜 그런 행동을 하는지 스스로 생각하는 바에 대해 더욱 쉽게 파악할 수 있습니다. 내가 본 바로는 (당신도 어느 정도 동의하리라 생각합니다만) 사람들은 자신의 개가 '실제로' 무엇을 하려는지 전혀 모르는 경우가 많습니다. 그러나 그런 단절이 존재한다는 사실이, 즉 공원에서 사람들이 해석하고 그 해석에 따라 행동한다는 사실이 (그런 해석이 '객관적으로' 얼마나 정확한가 혹은 개에게 적절한가 하는 것과는 무관하게) 공원이라는 맥락에서 개에게, 또 개와 인간, 개와 개의 상호 행동에 크나큰 영향력을 미칠 수 있습니다.
>
> 다행히 당신을 포함한 많은 분들이 진행하는 활발한 연구와 질문들은 제대로 연구되지 않았거나 전혀 연구되지 않은 종들에 초점을 맞추는데, 이리저리 생각하면 그것이 개 산책 공원에서 이뤄지는 상호 행동에서 종들의 차이가 갖는 함의를 파악하는 것과도 직접적 관계가 있지 않을까 싶습니다.

우리가 개 산책 공원에서 일어나는 통제와 자유의 역학에 대해 제대로 알지 못한다는 잭슨 박사의 말에 나도 동의한다. 그는 사려 깊은 에세이의 마지막 부분에서 이렇게 말한다.

> 이 연구는 개 산책 공원이 개의 행동뿐만 아니라 인간과 동물 간의, 인간과 인간 간의 상호 행동을 이해하는 데도 통찰을 제공한다는 것을 보여준다. 개 산책 공원은 개들을 위한 도시 속 놀이터로 보이지만, 그곳에서 벌어지는 상호 행동에는 경계선이 되는 담장 너머의 훨씬 많은 것을 포괄하는 함의가 있다.

개 산책 공원에 대한 더 많은 연구가 필요한 것은 분명하다. 이 책의 초기 독자 가운데 한 명이 이렇게 물었다.

"값비싼 순종 개를 키우는 사람이 잡종 개를 키우는 사람보다 더 자주 공원을 찾나요? 개들은 개 산책 공원에서 만나면 더 넓은 공간에서 목줄 없이 만날 때보다 더 잘 어울려 노나요? 개 산책 공원의 최적 크기, 그러니까 밀집도는 어느 정도인가요?"

좋은 질문들이지만, 내가 알기론 아직은 여기에 대답할 만한 자료가 없다.

개 산책 공원에서 연구할 수 있는 질문 목록은 거의 무궁무진해 보인다. 나는 공원에 갈 때마다 새로운 질문을 떠안고 온다. 한 녀석이 집단에서 나오고 다른 녀석이 들어가면 어떤 일이 벌어질까? 개들은 서로를 알 때와 모를 때 어떤 차이가 있을까? 놀이 집단은 규모가 어느 정도면 가장 좋을까? 개들이 킁킁거리기만 하는 비율 대 킁킁거리며 오줌을 누는 비율은 어느 정도일까? 사람들은 개의 행동을 얼마나 자주 방해할까?

이 모든 질문이 여러분의 연구를 기다리는 프로젝트들이다. 다음번에 개 산책 공원에 가거든 이 가운데 하나를 골라 도전해보기 바란다. 나는 개 산책 공원을 나들이하기 좋아하는데, 그곳에서 벌어지는 일을 연구함으로써 개와 인간에 대해 아주 많은 것을 배울 수 있다는 사실이 너무도 흥미롭다.

9장

개와 함께 사는 방법

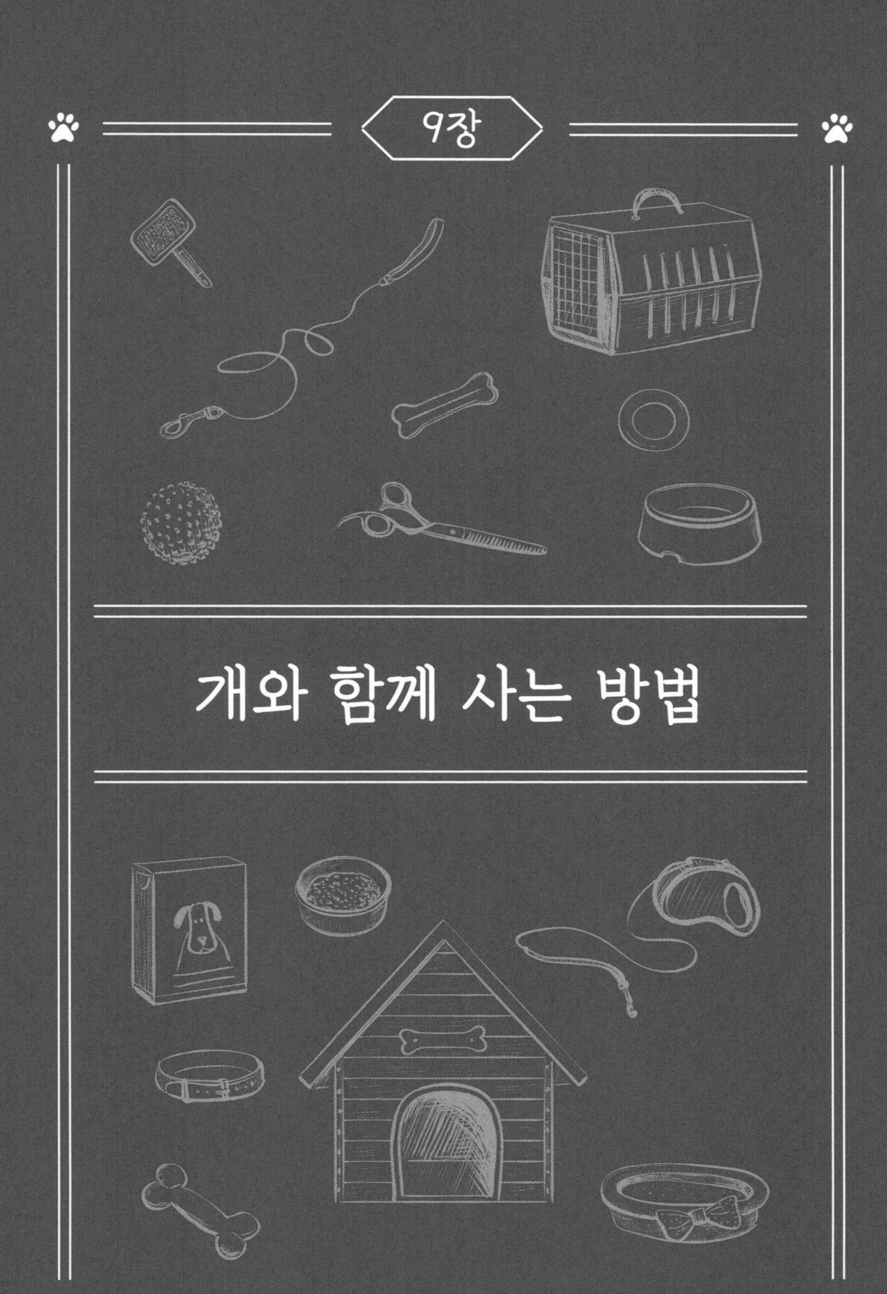

"나는 머빈을 사랑해요. 아침에 일어나 밤에 잠자리에 들 때까지 녀석의 완전한 노예지만, 머빈이 원하는 것, 필요한 걸 제대로 할 수 있을까요? 반려동물 기르기에 왕도가 있을까요?"

"아침에 일어나면 비글 품종인 반려견 세레나의 먹이를 챙깁니다. 천천히 침대에서 나와 커피를 내리고 달걀을 요리하죠. 내가 커피를 마시는 동안 세레나는 옆에서 달걀을 먹습니다. 삶아서 주기도 하고 스크램블드에그를 만들기도 합니다. 상태가 괜찮을 때는 가끔 베이컨을 주기도 합니다."

"몰리는 몸이 불편해요. 나이가 들어서 절뚝거리죠. 나는 녀석을 사랑하고 원하는 것 모두 다 하려고 하는데, 지금은 나를 위해 억지로 녀석을 살려두는 게 아닐까 생각할 때도 있어요. 어떻게 하면 좋을까요?"

"반려동물 호스피스에 대해 어떻게 생각하세요? 나는 좋다고 생각하지만 그럴 가치가 있을까요?"

"어제 제이미가 죽었습니다. 적절한 시점에 녀석을 보내기로 결정했다고 생각해요. 그냥 두면 몇 주는 더 살았겠지만, 제이미가 때가 되었다고 말했어요."

"패트리샤를 포기하고 더 나은 삶의 기회를 주기로 마음먹었습니다. 일을 하면서 패트리샤에게 모든 걸 해줄 수는 없었어요. 그래서 마음이 아픕니다."

"도대체 파양은 몇 번까지 허용될까요? 나는 그 짓을 여덟 차례나 한 사람을 압니다. 다행히도 아홉 번째에 입양을 거절당했다는군요."

"우울증 진단을 받았는데 셀비가 내 삶에 들어오고 나서 기분이 나아졌습니다. 지나친 처방약 복용을 끊었고, 외출해서 친구들을 만나는 횟수도 늘었어요. 5.5킬로그램이나 살이 빠졌고요."

개 산책 공원에 갈 때면 이런 이야기나 질문을 듣지 않는 날이 없다. 나는 최대한 정보를 주고, 최선을 다해 조언도 한다. 그렇지만 절대로 판단은 하지 않는다. 대부분의 사람들은 자신의 반려견에 대한 애정이 대단하기 때문이다. 이런 다양한 질문들은 반려동물 기르기의 윤리에 대한 심오하고 진지한 대화로 이어질 때가 많다.

이 마지막 장에서 이런 내용을 집중적으로 다루려 한다. 이제부터 개인과 사회가 개에게 어떻게 최고의 삶을 줄 수 있는지 논의할 것이다. 지금쯤이면 여러분은 개가 멋지고 매혹적 존재임을 깨달았을 것이다. 인간 역시 그러하다. 또한 우리는 개의 행동 및 개와 인간의 관계에 대해 제법 많은 것을 알지만, 아직도 더 많이 알아야 한다고 느꼈을 것이다. 무엇보다 우리는 개체 차이에 주목하고 그것을 존중해야 한다. 모든 개 그리고 모든 인간이 똑같지는 않다. 어떤 관계에서는 통해도 또 다른 관계에서는 통하지 않을 수도 있다. 비유든 말 그대로든 때론 개들로 인해 우리 삶이 지장받지 않을 수 없다. 하지만 그런 경험들에서도 뭔가를 알아낼 수 있고, 집이나 사회, 자유로운 공원 등 어느 곳에서도 계속해서 반려견을 사랑하고 돌볼 수 있다는 사실을 받아들여야 한다.

개와 함께 살기로 결정한다는 것

개나 그 밖의 동물을 여러분의 삶에 들이기로 했다면 '요람에서 무덤까지' 책임지기로 한 것이다. 요람은 당연히 개를 여러분의 집과 마음속에 들이기로 결정하는 시점이다. 그리고 무덤은 대체로 동물의 삶이 끝나는 시점이다. 개를 입양할 때 여러분 나이가 일흔이 넘지 않았다면 반려견보다 오래 살 가능성이 높기 때문이다.

또 한 가지, 반려동물에게 책임감 있게 최고의 삶을 제공해야 한다. 최근에 나는 함께 사이클을 타는 친한 친구 랜디 개프니에게 10년째 그의 곁을 지키고 있는 반려견 그레이시에 대해 물었다. 그레이시가 어떻게 지내느냐는 질문에 그는 언제나처럼 대답했다.

"잘 지내. 그레이시의 행복은 내 삶의 목표 가운데 하나거든."

이것이 세상 모든 개에게 해당되는 말이라면 얼마나 좋을까.

사람들은 개에게 좋은 삶이란 도대체 어떤 삶이냐고 늘 묻는다. 사람들 사이에서 반려동물 기르기의 윤리에 대한 질문들이 점차 제기되는 것이다. 나는 개 산책 공원에 가거나 개의 행동에 대한 강의를 하면서 이런 사실을 깨달았다. 사람들은 자신의 개에게 어떻게 하면 최고의 삶을 제공할지, 자신들이 생각하는 최고의 것이 개에게 충분한 것인지 궁금해한다. 다른 누군가를 항상 행복하게 만드는 건 불가능한 일이다.

항상 행복하기만 한 사람은 없다. 삶은 타협의 연속이다. 모든 개체는 다르다. 쉬운 거래도, 어려운 거래도 있고 사람마다 대처법도 다르다. 그토록 개나 사람은 가변적 존재이므로, 모두에게 적용되는 최우선적이고 규범적인 결론에 맞춰 살기는 어렵다.

그래서 나는 우리 모두가 개 산책 공원의 과학자가 되었으면 한다. 이곳에서는 개를 돌보는 모든 반려자가 학생의 자세로 자기 개의 행동을 관찰해야 한다. 그럼으로써 자신의 개는 무엇을 만족스럽고 좋은 삶으로 여기는지 파악해야 한다. 훌륭한 동물행동학자들이 그렇듯이, 우리는 과학자와 개 훈련사를 비롯해 여러 사람과 이야기하고 서로 배워야 한다. 연관된 동물 연구 분야를 포함해 여러 분야에서 연구자들이 발표한 문헌들을 읽고, 개 산책 공원에서 만나는 식견 있는 친구들의 말에 귀를 기울여야 한다. 그런 다음 자신의 눈으로 직접 자신의 개를 지켜보면서 그들이 한 말을 검증해야 한다(동물행동학자처럼 관찰하는 방법에 대해 더 알고 싶다면 부록을 참고).

인간의 삶이 개에게 자주 스트레스를 안겨준다는 사실만은 누구도 비껴 갈 수 없다. 따라서 여러분은 키우는 개와의 관계를 잘 관리해서 이런 스트레스를 줄이고, 인간과 개 모두에게 유익한 관계가 되도록 해야 한다. 사람들은 훈련을 일회적이라고 생각하지만 개와 함께 살아간다는 것은 시간이 흐르면 바뀌는 욕망과 필요를 계속 협상하는 과정이다. 협상의 스펙트럼을 따라가다 보면 결국에는 삶의 마감에 대해 결정하고 준비해야 한다. 언제라도 질병과 맞닥뜨릴 각오를 해야 하고, 노견에게 무엇이 좋은 삶인지에 대한 정해진 답도 찾을 수 없다.

사람들은 이 문제를 질과 양의 거래로 생각하기 좋아한다. 훌륭하지만 짧은 삶이 길고 고통스러운 삶보다 나을까? 고통을 끝내기 위해 개들이 차라리 죽기를 원하는지 묻는 사람들도 있다. 아마도 개들이 그런 의향을 드러낸다면 이례적이겠지만, 나는 가끔 그럴 수도 있다고 생각한다. 그에 대한 대답을 얻는 유일한 방법은 오랜 시간 개에게 관심을 쏟고 그 개를 세상에 하나밖에 없는 존재로 이해하려고 노력하는 것뿐이다.

인간의 삶으로 인한 개들의 스트레스

동물과 함께 살기로 결정했다면 질 높은 삶을 위한 일들을 포기하고 스트레스를 받는 경우가 많다는 단점을 감수해야 한다. 이는 제시카 피어스의《달리고 찾아내고 달리다》와 사역견 훈련사 제니퍼 아놀드의《사랑만이 필요할 뿐》에서 중점적으로 다루는 주제다. 아놀드는 개들이 "스트레스와 불안을 해소하기 불가능한" 환경에서 산다고 강조한다. 인간을 비롯한 여러 동물이 그렇듯이, 불안한 개들의 주둥이에서는 때 이르게 회색 털이 자란다. 연구자들은 수컷보다 암컷에게 회색 털이 더 많이 난다는 것을 알아냈다. 큰 소리, 낯선 동물, 낯선 사람을 무서워하는 개들에게 이런 경향이 있다. 아직 어린 개의 주둥이 주변에서 회색 털이 보이면 불안하다는 뜻이므로 각별히 신경을 써야 한다.

아놀드는 말한다.

"현대사회에서는 개들이 스스로를 안전하게 지킬 방법이 없다. 그러니 알아서 필요한 것들을 챙기라며 내버려둘 수가 없다. 결국 그들은 우리의 선의에 생존을 의존할 수밖에 없다."

생각해보자. 우리는 개들이 아무 데서나 대소변을 보지 않게끔 가르친다. 그래서 개들은 먼저 우리의 관심을 끈 후 집 밖에 나가고 싶다고 허락을 구해야 한다. 밖에 나가면 우리는 목줄을 매야 하고 담장이 있는 장소에 데려갈 때가 많다. 개들은 우리가 주는 것을 우리가 줄 때에 먹는다. 우리가 못 먹게 하는 것을 먹으면 혼이 나고, 먹지 마라는 걸 먹어도 혼이 난다. 개들은 우리가 주는 장난감만 갖고 놀아야 한다. 신발이나 가구를 장난감으로 삼으면 곤란해진다. 대개의 경우 개들이 누구와 놀고 누구와 친구가 될지는 우리의 스케줄과 관계에 따라 정해진다. 참으로 비대칭적이고 일방적 관계다. 사람이라면 이런 관계를 결코 참지 못할 것이다.

많은 개들, 아마도 대부분의 개들은 이런 상황과 타협할 것이다. 반면 스트레스 관련 질환을 안고 살아가는 개들, 스트레스와 불안 해소용 약을 복용해야 하는 개들이 많은 것도 사실이다. 아놀드는 개들이 어떻게 생각하고 느끼는지 조금도 고려하지 않고 우리 의지를 강요한다면 권력 남용이라고 강조한다. 개는 실제로 생각하고 느끼는 사회적 존재이기 때문이다. 아놀드는 "왜냐하면 내가 말했으니까(BISS)"식 훈련법은 반드시 실패하기 마련이며, "공평하고 서로에게 유익한 관계"로 이어지지 않는다고 했다. 개를 신중하게 연구하면 이런 상황을 피할 수 있다. 개와 권력투쟁을 벌일 이유가 전혀 없다.

토니 밀리건은《반려동물과 사람: 반려동물과의 관계의 윤리Pets and People: The Ethics of Our Relationships with Companion Animals》라는 책에서 개들이 얼마나 많은 것을 해야 하는지 설명한다. 우리가 그들에게 많은 것을 요구하고 기대하기 때문이다.

> 이런 상황에서 부담되는 게 더 있다. 개 같은 반려동물이 그저 인간과 잘 지내기만 해선 안 되며 학습해야 할 게 매우 많다는 점이다. 예를 들어 개의 경우, 번영이 제공되는 환경에서 다양한 인간들, 그리고 다른 동물들과 함께 살아간다. 이렇게 생각하면 개들은 '대소변을 가릴 줄 알아야 하고, 사람을 물거나 사람에게 달려들지 않도록 배워야 하고, 자동차를 조심하고 함께 사는 고양이를 (놀이가 아니라면) 뒤쫓지 않도록 배워야 한다.' 그리고 그 같은 사회화는 부분적으로 인간에게서 배우기도 하고, 인간 이외의 다른 동물들에게서도 배운다.

자유롭게 돌아다니는 개들은 인간과 함께 사는 개보다 인간 중심 관계에서 요구받는 사항이 적으니 실제로도 스트레스를 덜 받는지 묻는 사람들이 많다. 물론 이 질문에 확실히 답하기는 어렵다. 개별 개와 인간의 특성, 그리고 그들 관계의 본질을 꼼꼼하게 살펴보아야 하기 때문이다.

그런데 인도 방갈로르에서 떠돌이 개를 연구한 신두르 팡갈은 이렇게 썼다.

> 내가 관찰한 개들은 스트레스를 전혀 받지 않는 것처럼 보였다. 그들의 몸짓언어는 스트레스가 높아진 기색을 보이지 않았다. 내가 다가가자 (길거리 개가 대부분 그렇듯이) 편안한 상태에서 깊은 호기심을 보였고, 위협적이지 않음을 알아차리고는 무척 우호적으로 대했다. 그들은 깨어 있는 시간의 대부분 높은 곳에 올라가 세상 돌아가는 것을 관찰하는 듯했다.

노르웨이의 개 훈련사 투리드 루가스는 개의 스트레스에 대해 많은 글을 썼으며, 개들이 서로를 달래고 스트레스를 줄일 때 사용하는 '진정 신호'를 연구한 전문가다. 그녀는 집이건 그 밖의 장소건 할 것 없이 다른 개들과 상호 행동할 때 개를 면밀히 살펴보는 것이 중요하다고 강조한다. '진정 신호'의 효과는 아직 확인되지 않았다. 나는 진정 신호가 실제로 효과를 발휘하지만 다른 많은 행동 패턴들이 그렇듯이 만능은 아닐 것으로 생각한다. 사람들은 개들이 무엇을 하는지, 서로 얼마나 친한지 면밀히 살피고, 세심하게 지켜보아야 한다. 앞으로의 연구를 통해 개들이 진정 신호를 이용해 용인되는 것과 안 되는 것을 서로에게 어떻게 전달하는지, 이런 신호가 얼마나 효과를 발휘하는지, 왜 맥락에 따라 통할 때가 있고 그렇지 않을 때가 있는지 더욱 상세하게 밝혀지리라 믿는다.

개를 안아도 괜찮을까?

개의 스트레스를 줄이고 애정을 표현하는 가장 확실하게 검증된 방법은 신체 접촉이다. 우리는 항상 개들을 쓰다듬고, 개들도 계속해서 우리에게 등을 긁거나 배를 문질러달라고 청한다. 가끔은 개들이 우리와 함께 잠을 자거나 거리낌없이 무릎에 올라오거나 팔에 안긴다. 그러나 적극적으로 접촉을 추구하는 개들이 있는 반면, 어떤 개들은 시큰둥하거나 노골적으로 기피하기도 한다.

껴안기는 긍정적 접촉의 형식이다. 하지만 개를 안아도 과연 괜찮은지 의문을 제기하는 연구자도 있다. 얼마 전에 나는 사실상 "개를 절대로 껴안지 말 것"이라는 취지의 불안을 조장하는 에세이를 읽었다. 잘못된 믿음을 깨부수고 싶은 마음에서 말한다. 여러분의 개를 조심스럽게 안아도 괜찮다. 개의 편의에 맞춰서 안는다면. 모든 개가 안기는 것을 좋아하지는 않는데, 그건 인간도 마찬가지다. 모든 유형의 신체적 상호 행동이 그러하다. 야단법석을 피우고 몸싸움하기를 좋아하는 개가 있는가 하면 전혀 그렇지 않은 개들도 있다.

껴안기는 많은 사람이 관심을 갖는 주제로, 작년에 열린 한 파티에서 이런 행동에 대해 이야기할 기회가 있었다. 우리는 껴안기의 다양한 측면에 대해 이야기했는데, 버지니아 아네트는 개를 안지 마라는 기사를 읽었다면서 내게 물었다.

"그러니까 안아도 괜찮다는 말이죠?"

그녀는 진심으로 궁금해서 묻는 것 같았다. 나는 개가 편안하기만

하다면 아무 문제가 없다고 대답했고, 그녀 역시 시바견•으로 몸이 조금 안 좋은 반려견 마케타는 안으면 좋아한다고 말했다. 그녀의 친구들도 마케타를 자주 안았다. 그녀는 개를 안는 것이 잘못된 행동일 수 있다는 말이 믿기지 않는 듯했다. 걱정 마시라! 여러분의 개가 안기기 좋아한다면 마음껏 그래도 된다. 간질임도 시도해볼 수 있다. 많은 개들(그리고 쥐들)이 간질이기를 좋아한다.

사실 개들은 자신이 원하는 것과 필요한 것, 자신이 느끼는 감정을 그대로 드러낸다. 그들의 감정적 삶은 다분히 공개적이다. 그러니 고급 학위가 없다 해도 여러분은 자신의 반려견을 이해하고 그들에게 필요한 것을 할 수 있다. 우리는 개에 대해 알아야 할 모든 것을 알지 못하며 앞으로도 결코 다 알지 못하겠지만, 그렇다고 큰 걸림돌이 되지는 않는다. 틈을 메우고 낱낱의 사실들을 꿰어 개에 대한 이해를 높이는 건 분명 중요한 일이지만 지금도 개들이 충만하고 행복한 삶을 살게 할 만큼은 이미 충분히 알고 있다.

노견이 진정 행복한 여생을 보내려면?

나는 노견의 삶의 질, 삶의 마감에 관한 결정, 호스피스에 대한 논의에 자주 참여한다. 메리 가드너는 '나이가 많은' 개와 '늙어서 병든' 개는

• 선사시대부터 일본에 살았던 토착견으로 동해와 접한 산악지대에 분포하며, 소형 동물이나 조류 사냥에 활용됐다. 감각이 예민한 데다 굉장히 기민하고 충성스럽다고 알려졌다.

다르다고 했는데 그 말에 동의한다. 전자는 그저 어떤 나이에 도달한 개, 후자는 건강에 문제가 있는 개다. 많은 사람들이 나이든 개를 돌보는 수고를 마다하지 않는다. 내가 사는 볼더에서 우체부로 일하는 제프 크레이머는 나이든 반려견 타슈가 다니는 길 주위에 경사로를 만들었다.

몇 년 전, 시력을 완전히 잃은 잭이라는 노견을 만난 적이 있다. 잭은 땅바닥에 코를 처박은 채 느릿느릿 걷다가 장애물에 머리를 부딪치곤 했다. 매력적 냄새를 만나면 꼬리를 마구 흔들어 행복함을 나타내는 녀석을 보면 저절로 웃음이 나왔다. 잭과 잭의 반려자가 오랫동안 함께 지냈으리란 내 생각은 착각이었다. 잭의 반려자는 잭이 열세 살 때 이미 전혀 앞을 못 보는 상태인 잭을 입양했던 것이다. 잭은 골수암으로 길어야 한두 달 더 산다고 했지만, 그때부터 2년이 지나 열다섯 살인 지금도 여전히 쌩쌩하고 행복해 보였다. 그의 반려자는 잭의 "성격이 아주 좋아서 항상 만족스러워하고 다른 개와 사람들에게 공손하게 군다"고 했다. 잭과, 겨우 한두 달 산다고 했던 녀석을 사심 없이 받아들여 삶의 질을 높여준 그 여성이 생각날 때가 많다.

삶의 질과 양에 관한 문제를 단적으로 보여주는 나의 이야기를 하나 소개하겠다. 이누크는 나와 함께 살던 개로, 이 이야기는 2016년 〈오늘의 심리학Psychology Today〉이라는 웹사이트에 처음 소개되었다. 먼저 그때 이후 받은 많은 긍정적 답변들에 고마움을 보낸다.

마운틴 도그•답게 당당한 체격을 자랑했던 이누크는 규칙적으로 장거리 달리기를 했으며, 열세 살이 넘어서도 대단히 건강했다.

그러나 소화기관에 문제가 생기면서 급속히 기력이 쇠했다. 이누크가 좋아하던 담당 수의사는 커다란 오렌지색 알약을 처방했다. 효과가 있으리란 보장은 없지만 시도해볼 만했다. 문제는 목구멍에 알약을 밀어 넣는 것이었는데, 이누크는 아주 질색을 했다. 하루에 세 차례 나흘 동안 고역을 치른 녀석은 약 먹을 시간이 되면 아무리 부드러운 목소리로 꾀어도 도망을 쳤고, 산책로 모퉁이에 움츠리거나 흙길로 쏜살같이 달아났다. 누가 보더라도 약을 먹기 싫은 게 분명했다. 이누크는 약은 "이제 그만"이라고 말하고 있었고, 사실 먹고 별로 좋아진 것 같지도 않았다.

어떻게 해야 할까? 여러 방안을 생각하다가 약이 효과도 없으면서 불필요한 괴로움만 주는 게 분명하다고 결론 내리고, 생의 마지막 몇 주 동안 매 순간 최대한 즐기며 살게 하기로 했다(수의사와 미리 상의하지 않고 나중에 결정한 사항을 알려주었다). 우린 아이스크림을 좋아하는 이누크에게 아이스크림을 주었다. 매일 아이스크림을 얼려서 한 덩어리씩 주었고, 녀석은 시간 가는 줄 모르고 매달렸다. 꼬리를 흔들고 귀를 쳐드는 것으로 보아 이 특별한 간식을 제대로 즐기는 게 분명했다. 가장 놀라운 점은 며칠이 지나자 기력이 좋아져서 더 많이 걷고, 근처 친구 개들과 장난을 치고, 또다시 바싹 들러붙는 것을 좋아하게 되었다는 점이다.

• 산악지대에서 육종된 품종으로, 세계에서 가장 비싼 몸값을 자랑하는 티베티안 마스티프 버니즈 마운틴 도그, 엔틀버처 마운틴 도그 등이 있다.

이누크가 그렇게 마지막 몇 달을 보냈으니 만족하냐고? 물론이다. 설령 그 끔찍한 약을 먹었다면 며칠 더 연명했겠지만 후회하지 않는다. 다음에도 똑같은 일이 생기면 똑같이 결정할까? 물론이다. 의심의 여지가 없다. 이누크는 멋진 삶을 살았다. 커다란 오렌지색 알약 때문에 마지막 며칠을 괴로워하며 보냈어야 할 이유가 없다. 우리는 이를 노견의 좋은 삶으로 선택했다.

《무조건적인: 나이든 개, 깊어지는 사랑Unconditional: Older Dogs, Deeper Love》의 저자 제인 소벨 클론스키가 나의 경험과 비슷한 이야기를 보내왔다.

여러 차례, 삶의 마지막에 이른 개와 살아본 경험이 있는 사람들 이야기를 들었습니다. 그중에서 가장 공감되는 건 생의 마지막을 매 순간 즐기며 보내도록 해주라는 말이었습니다. 그들도 아마 이누크가 생의 마지막 몇 달 동안 기쁨과 사랑으로 충만한 삶을 살았다는 데 전적으로 동의할 겁니다. 올리비아라는 개는 열세 살이 거의 다 됐는데, 1년 전에 암 진단을 받았습니다. 올리비아의 반려자 애니는 화학요법은 받지 않겠다고 결정했으면서도 몇 달 동안 올리비아의 목구멍에 온갖 약초를 밀어 넣었습니다. 올리비아는 침울한 표정으로 먹지 않으려고 버텼죠. 이런 모습에 마음이 아팠던 애니는 결국 약초를 끊고 평소의 식단과 생활 방식으로 돌아갔습니다. 일주일 만에 올리비아는 다시 행복한 개가 되어 오랫동안 산책을 즐기고, 연못

열세 살 된 오지가 목욕을 즐기는 모습.

에서 개구리를 잡고, 웃으며 옆에 들러붙었습니다. 약초를 먹으면 단 며칠이라도 더 산다는 건 애니도 압니다. 하지만 보다시피 올리비아는 마지막까지 삶을 제대로 즐기는 행복한 개로 내내 얼굴에서 미소가 떠나지 않을 겁니다.

시시 프랭클린도 노견에 대한 또 다른 이야기를 해주었다.

나는 골든 리트리버 로키보호소에서 버디와 데이지를 입양했습니다. 데이지는 생후 넉 달, 버디는 열 살이었습니다. 당시 버디는 몸이 상당히 안 좋았어요. 엄청난 과체중에 거친 털은 기름기로 번들거리고, 제대로 치료를 받지 못했죠. 나는 버디의 입양 목적을 호스피스 돌봄이라고 생각했습니다. 얼마 안 남은 시간을 멋진 곳에서 보내도록 해주자 생각했습니다. 그런데 지극한 사랑과 데이지의 끊임없는 알랑거림, 좋은 식사와 적절한 치료를 통해 버디는 곧바로 나와 함께 10~15킬로미터를 아무렇지 않게 걸을 수 있게 되었습니다. 우리는 4년 넘게 삶을 함께하는 축복을 누렸습니다. 버디가 너무도 그립습니다. 우리는 서로의 만남을 큰 행운이라 생각합니다! 버디는 내가 만난 가장 특별한 개였습니다!

기본적으로 노견은 굉장한 존재이며, 우리는 그들에게 많은 것을 배울 수 있다.

'훈련'이 아닌 '교육'의 중요성

여러 번 말했듯이 나는 개를 '훈련'한다는 말보다 '교육'한다는 말을 좋아한다. '훈련'보다 '교육'이 개를 훈련하는 과정에서 우리가 수행하는 일의 실상에 더 가깝기 때문이다. 우리는 이를 통해 인간-개 관계의 규칙을 정하고 신호 체계를 만든다. 덕분에 인간과 개는 그때그때 원하는 것, 필요한 것을 서로에게 전달할 수 있다. 개들은 우리의 신호 체계를 배우지만 그렇다고 항상 규칙을 따르거나 우리 요구대로 행동하지는 않는다. 우리가 개들의 소통에 능숙해지면 그들에게도 우리에게도 이롭다.

어찌 보면 아이를 키우는 것과 다를 바 없다. 부모는 아이에게 가정에서의 올바른 행동을 가르치고, 이런 규칙과 기대는 아이가 자라서 독립할 때까지 계속 협상을 통해 조정된다.

가르치는 방식도 가르치는 내용의 일부가 된다는 말을 덧붙이고 싶다. 아이들의 경우 확실히 그러하고, 개들도 마찬가지다. 아이를 사랑하면 사랑으로 가르치게 되며, 교육 방법이 배려와 존중을 담고 있다면 자연스럽게 배려와 존중을 가르치게 된다. 이렇게 해서 우리는 저마다 원하는 것 모두를 가질 수 없을 때도 배려받는다고 느끼는 환경을 만든다.

이와는 달리 훈련은 복종을 강조한다. 개나 아이가 복종하지 않을 땐 일반적으로 처벌이 따른다. 협상의 여지가 거의 혹은 전혀 없으며, 대체로 갈등과 긴장이 상존한다. 의식 있는 존재는 언제나 모든 규칙을 100퍼센트 준수하지 않는다. 개들도 당연히 의식 있는 존재다.

따라서 개를 훈련할 때는 처벌, 혐오, 지배보다는 긍정적 강화와 보상이 중심이 되는 방법의 사용을 적극 권장하고 지지한다.

'캐이나인 이펙트'라는 단체의 창설자 킴벌리 벡은 개들 사이에, 그리고 개와 인간 사이에 형성되는 관계에 면밀히 주목하라고 강조한다. 개 훈련사로 일하면서 개와 인간의 상호작용에 많은 관심을 기울여온 킴벌리는 개와 인간의 관계를 지속적으로 조정해가는 분쟁 해결의 과정이 훈련이라고 본다. 우리는 집에서 함께 지낼 개를 선택할 수 있지만 대개 개들은 우리를 선택하지 못한다는 점도 인식할 필요가 있다. 그럼에도 둘 사이에 깊은 관계와 명확한 호혜가 존재할 수 있음은 물론이다.

킴벌리는 사람마다 기대하는 바가 다르고, 개마다 희망과 필요가 제각각인데 그 간극을 메우려는 시도가 훈련이라고 내게 말했다. 이런 표현이 참 마음에 든다. 간극이 완전히 메워지는 경우는 드물다. 그러려면 인간과 개 모두 상당한 수준의 인내심을 발휘해야 한다. 또한 킴벌리는 건강한 관계를 위해서는 계속적인 리더십 이동이 꼭 필요하다고 강조했다. 가끔은 사람이 주도적으로 이끌고 가끔은 개가 주도적으로 이끌어야 한다는 뜻이다. 그리고 관계의 양쪽 끝에는 '타협 불가능한 것'이 있다. 예를 들어 개는 허락 없이 사람에게 올라타서는 안 되며, 우리는 개가 차도에 뛰어드는 것을 막고 야생 포식자에게 공격받지 않도록 보호할 의무가 있다.

물론 무엇이 타협 불가능한가는 관계 당사자에 따라 다르다. 상대적으로 관대하게 개의 행동을 허용하는 사람도 있고 엄격하게 금지하는 사람도 있다. 경험을 바탕으로 한 방법들이 있지만, 가변성 또한 커서 우리의 지식, 마음, 인내심을 시험하게 한다. 가장 중요한 것은 상호 관용과 신뢰, 인내심이다. 역설적으로 들리겠지만, 자신을 위해 우리가 최선을 다한다는 것을 개가 알수록, 강압적 방식 대신 긍정적 방식으로 세심하게 제어할수록, 자신이 무엇을 할 수 있고 하면 안 되는지에 대한 개들의 운신의 폭이 넓어진다. 달리 표현하면, 교육의 목표는 개가 본성에서 벗어나는 훈련이 아니라 인간 세상에서 어떻게 대처해야 하는지를 개에게 보여주는 과정이다.

개에 대한 연민과 공감 격차 줄이기

닭, 돼지, 암소, 실험실 동물(쥐와 생쥐) 등과 관련된 동물 학대 이야기를 들으면 과연 사람들이 개에게도 똑같은 짓을 하는지 궁금해진다. 그러면 사람들은 너나없이 '설마?' 하는 표정을 짓는다. 물론 그러지 않을 것이다. 대체로 사람들은 거의 무조건적으로 개를 사랑한다. 이 질문은 바로 그 때문에 의미가 있다. 개라고 해서 식용으로 길러지거나 연구나 오락 목적에 이용되는 다른 동물들보다 감응이나 감정이 더 풍부하지 않다. 그런데 왜 우리는 개에게는 하지 않는 행위를 이런 동물들에게는 하는 걸까?

제인 구달의 개 러스티가 어린 구달에게 한 것처럼 개들은 이런 식으로 종종 우리가 다른 동물들에게 갖는 공감 격차를 줄여주는 역할을 한다.

2016년 8월, 《뉴욕타임스》의 칼럼니스트 니콜라스 크리스토프는 〈여러분은 난민보다 개에 관심이 더 많나요?You Care More about a Dog Than a Refugee?〉라는 글을 게재했다. 나는 다음과 같이 시작되는 그의 에세이에 놀라움을 그리고 그보다 더 큰 기쁨을 느꼈다.

> 지난 목요일, 우리 가족이 사랑하는 개 케이티가 열두 살 나이로 세상을 떠났다. 케이티는 덩치 작은 강아지에게 뼈를 양보할 만큼 온화하고 너그러운 대형견이었다. 다람쥐를 괴롭히지만 않았다면 노벨평화상도 받았을 것이다.

나는 소셜미디어로 케이티의 죽음을 추모했고, 쏟아지는 애도의 댓글 덕분에 가족을 잃은 상실감을 달랠 수 있었다. 케이티가 세상을 떠난 바로 그날, 나는 시리아 내전을 종식시키기 위해 더욱 적극적인 국제적 노력을 하자고 호소하는 칼럼을 게재했다. 그때까지 내전으로 죽은 사람이 47만 명을 넘었다. 그런데 이 칼럼에 대한 반응은 사뭇 달랐다. 까칠한 무관심을 드러내는 댓글이 많았다. 대체 **우리가** 왜 **그들을** 도와야 하죠?

내가 트위터에 올린 두 글에 대한 댓글 반응은 이렇게 엇갈렸다. 생을 마감한 미국 개 한 마리에 대한 진심 어린 공감과, 굶주림과 폭격에 직면한 몇백만 시리아 아동들에 대한 (내가 느끼기로는) 무관심. 죽은 우리 반려견에게 보여준 것만큼 알레포* 아이들에게도 관심을 보여주면 얼마나 좋을까!

확실히 크리스토프는 반려견의 죽음을 통해 사람들이 국가, 인종, 종교가 다른 사람들에게 느끼는 공감 격차를 줄여준다. 그는 자신의 논지를 설파하려고 사변적 내용으로 에세이를 마무리한다.

알레포 거리에 골든 리트리버가 가득했다면 어땠을지, 쏟아지는 폭탄으로 아무것도 모르는 무기력한 강아지들이 불구가 되는 모습을 본다면 어땠을지 생각한다. 그래도 우리는 마음을 꽁꽁 닫고 희생

* 시리아 북부에 자리 잡은 유서 깊은 도시로 시리아 내전 최대 격전지.

자들을 '타인'으로 여길까? 여전히 '그건 아랍의 문제니 그들이 해결하라'고 말할까?

물론 시리아 문제는 해결이 어렵고 불확실하다. 그러나 나는 온화하고 현명한 케이티조차 모든 인간의 삶은 가치가 있고, 나아가 인간의 삶은 골든 리트리버와 똑같은 대접을 받아야 한다는 데 동의하리라 생각한다.

역사적으로 개들은 침습적 연구의 종식을 앞당기도록 자극했다. 피터 싱어는 고전이 된 저서《동물 해방Animal Liberation》에서 이렇게 말했다.

1973년 7월, 위스콘신주 하원의원 레스 애스핀은 무명 일간지 광고를 보고 미국 공군이 비글 품종 강아지 200마리를 구매해 정상적으로 짖지 못하도록 성대를 묶고 독가스 실험에 사용할 계획이라는 사실을 알았다. 얼마 지나지 않아 육군에서 그보다 더 많은 400마리의 비글을 구입해 동일한 실험에 사용하려 한다는 사실이 알려졌다.

애스핀은 생체 해부 반대 단체들의 응원에 힘입어 격렬한 항의를 시작했다. 전국 주요 일간지에 광고가 게재되고, 성난 대중의 편지가 쇄도했다. 하원 국방위원회의 한 보좌관 말로는, 트루먼 대통령이 맥아더 장군을 해고한 이래, 비글 실험과 관련해 그 어떤 이슈에서보다도 더 많은 항의 우편물이 위원회에 접수되었다고 했다. 애스핀이 배포한 국방부 내부 문서에 따르면 **국무부가 받은 우편물 양은 단일 사건으로는 최대였고, 심지어 북베트남과 캄보디아 폭격 때보다도 더 많**

았다고 한다. 처음에는 실험을 지지했던 국방부는 곧 연기를 결정했고, 비글을 다른 실험동물로 대체하는 방안을 알아보겠다고 발표했다.

크리스토프의 글에 고무되어 나도 〈전쟁 희생자보다 개를 더 높이 평가하는 것: 공감 격차 줄이기Valuing Dogs More Than War Victims: Bridging the Empathy Gap〉라는 에세이를 썼다. 내가 쓴 글을 읽고 세계적으로 명성이 높은 진화생물학자 패티 고와티 박사가 자신의 개 로키에 대한 메일을 보내왔다. 그녀는 로키가 자신과 남편 스티브의 삶에 어떤 영향을 미쳤는지 알려주었다.

로키가 우리와 함께 살면서 공감이라는 감정이 집안 분위기를 이끌고 결정했습니다. 로키는 우리를 변화시켰어요. 스티브와 나는 전보다 더 차분하고 행복합니다. 로키가 옆에 없으면 허전하지요. 로키의 세심함, 친절함, 공손함, 로키가 우리와 함께 놀고 우리를 쳐다보는 눈빛은 언제나 매우 인상적입니다! 우리는 개를 쳐다보기만 해도 흐뭇해집니다. 알레포 사람들한테는 그러기가 어렵죠. 그들에게 공감한다 해도 개와 상호 행동하면서 즉각 얻는 반응에는 미치지 못합니다. 공감은 이론적인 것이 아니니까요.

개가 지닌 치유의 힘

많은 사람들이 반려견에게서 위안받는다고 말한다. 앞서 말했듯이 개가 우리를 무조건적으로 사랑하지는 않지만, 우리의 감정은 개와 직접적으로 연결되며, 이로써 많은 사람들이 위안받는다. 이것이 개가 공감 격차를 줄이는 데 도움이 된다고 보는 한 가지 이유다. 개들은 우리에게 너무도 많은 것을 주고 그 존재만으로도 우리 삶을 향상시킨다.

그런데 개들에게 치유의 힘이 있다는 게 사실일까? 개와 여타 동물들이 정말로 인간의 삶을 긍정적으로 변화시키는지 연구한 결과와 과학 문헌들을 살펴보았을 때 사람들 생각만큼 그렇게 확실하지는 않다. 분명 도움받는 사람들도 있지만 그렇지 않은 사람들도 있다. 게다가 대중매체는 이런 발상을 지나치게 몰아가는 경향이 있다. 동물은, 지치고 힘든 **모든 사람에게** 만병통치약이라고 주장하는 식이다.

개가 여러분 삶에 긍정적 변화를 준다면 멋진 일이니 그 관계를 소중히 가꾸는 것이 좋다. 하지만 개와 산다고 모든 문제가 해결되리란 기대는 접으면 좋다. 개는 약이 아니라 사랑과 돌봄이 필요한 살아 있는 존재다. 나의 집에서 함께 사는 개들은 그들을 내 삶에 들인 덕분에 내가 살아 있고, 행복하다는 사실을 계속 상기하게 한다. 나 또한 항상 그들에게 멋진 삶을 주려고 최선을 다한다.

반려동물을 돌보는 일은 사람들이 세상과 스스로에게 좋은 감정을 갖는 데 도움이 되기도 한다. 게다가 훈련받은 개들은 우리에게 실질적 도움은 물론, 공감과 감정적 도움을 주기도 한다.

어려운 시기를 견디는 데 정말 개가 도움이 되는지 여전히 논란을 제기하는 몇몇 연구자들도 있다. 어쨌건 개가 여러분에게 감정적 도움을 주고 여러분은 개에게 좋은 삶을 누리는 데 필요한 것을 제공할 수 있다면 그것으로 충분하다.

나는 제인 구달이 전 세계적으로 벌이는 〈뿌리와 새싹Roots and Shoots〉 프로그램의 일환으로 15년 넘게 볼더 카운티 교도소에서 동물 행동과 보호에 대한 강의를 해왔다. 여기서 사람들에게 어린 시절 혹은 힘들고 지쳤을 때 개가 유일한 친구였다는 이야기를 숱하게 들었다. 개들은 그들을 믿었으며, 판단하지 않았다. 있는 그대로의 사람들 모습을 받아들였다.

2017년 덴버 여자 교도소에 수감된 샨테 알버츠라는 여성과 편지를 주고받은 적이 있다. 그곳에서는 〈교화 훈련 K-9 반려 프로그램Prison Trained K-9 Companion Program〉이라는 개 훈련 프로그램을 실시한다. 샨테는 이 프로그램에서 동물보호소와 개 농장의 개들, 그리고 가족 소유 개들의 훈련을 담당한다면서 개들이 자신에게 어떤 의미가 있는지 설명하는 편지를 보냈다.

> 처음 감옥에 들어온 건 임신 두 달째였습니다. 개 훈련 프로그램 팀에는 딸을 출산한 직후 합류했죠. 저는 개들한테 너무나 많은 위안을 받았어요. 그들에게 '엄마 노릇'을 할 수 있었죠. 딸에게는 하지 못하는…….
>
> 이 프로그램은 개들의 생명을 구할 뿐만 아니라 우리 수감자들

의 생명도 살립니다. 딸을 낳은 뒤 산후조리가 정말 힘들었습니다. 개들과 사귀는 일에 집중한 덕분에 정신적으로 버텨낼 수 있었어요. 팀에 남으려면 다른 수감자들보다 더 높은 기준이 충족되어야 했으니까요.

샹테를 비롯해 감옥에서 개들과 일하는 사람은 어떤 사건에도 휘말려서는 안 되고 다른 수감자들의 모범이 되어야 했다. 계속해서 그녀의 말이다.

일주일에 한 번 개 조련자로서 내가 훈련한 개들을 입양하려는 사람들이나 개의 훈련을 맡긴 일반인들과 만났습니다. 일주일에 한 번 그 시간 동안 나는 범죄자나 수감자가 아니라 사람들에게 새 가족을 소개하고 그들이 맡긴 가족이 얼마나 얌전하고 순종적으로 변했는지를 보여주는 전문가가 되었습니다. 그야말로 더없이 뿌듯한 기분이었습니다.

샹테의 편지를 받고 감격해서 말이 안 나올 정도였다. 개와 함께 지내고, 그들을 훈련하고, 그들에게 최고의 삶을 선사하는 일을 책임지면서 그녀는 큰 힘을 얻고 삶의 의미를 찾은 것이 분명했다. 그녀는 또 자신의 어머니가 '반려동물과 가석방자'라는 아이디어를 바탕 삼아 어려움을 겪는 사람들, 삶의 '구렁텅이'에 빠진 모든 사람을 위한 프로그램을 계획 중이라고 했다. 그녀의 의도는 사람들로 하여금 "개와의 관계를 통해 마음의 치유를 얻도록 하자"는 것이었다.

문득 내가 출연했던 〈담장 안의 개들Dogs on the Inside〉이라는 멋진 다큐멘터리가 생각난다. 개들과 어울림으로써 얼어붙은 수감자들 마음이 녹아내리고 그들의 삶에 새로운 의미를 부여할 수 있음을 분명하게 보여주는 영화였다. 이 기념비적 영화의 제작자들은 말한다.

> 〈담장 안의 개들〉은 학대받던 떠돌이 개들과 다시 한 번 제대로 살아보려고 노력하는 수감자들의 관계를 좇는다. 자존감을 되찾고 바깥세상에서 새 삶을 준비하려면 수감자들은 먼저 방치된 개 집단을 다루고 돌보는 법을 배워야 한다. 이 훈훈한 이야기는 인간과 개의 영원한 유대를 다시 한 번 확인해주며, 가장 그럴 법하지 않은 장소에서 생겨난 개의 믿음과 인간 정신의 회복력을 보여준다.

개 학대에 반대하는 사회적 움직임

이 모든 것을 염두에 두고 민감한 질문을 하나 던져보자. 우리가 개들을 그렇게 사랑한다면, 왜 개들을 더 잘 돌보려는 사회적 움직임이 없을까? 우리 나라나 전 세계 많은 법률은 다른 동물들과 마찬가지로 개를 물건이나 재산으로 간주한다. 이렇게 규정되는 법적 지위는 함께 사는 반려견에 대한 우리의 감정과는 너무나 동떨어져 있다. 여기서 공감 격차와 관련된 또 다른 질문이 나온다. 우리도 사회가 **다른** 개들을 취급하듯이 **우리** 개를 취급하는 것은 아닐까?

세상 모든 개가 우리와 마찬가지로 현대 세계의 오염, 생태 문제, 환경 파괴에 시달린다는 사실에 유념할 필요가 있다. 심지어 개의 건강상태는 탄광 속 카나리아•처럼 환경오염 물질의 해악에 대한 유용한 지표 구실을 한다고 떠벌리는 사람들도 있다. 2016년 8월에 발표된 한 연구는 수컷 개들의 생식력 저하를 보고했다. 연구자들은 다음과 같이 썼다.

"성견의 정자와 고환에서 발견된 화학물질(상업적으로 시판된 일부 반려동물 식품에서도 같은 물질이 발견되었다)의 검출 농도로 보아 정자 기능에 유해하게 작용했음을 입증할 수 있다."

더 많은 연구가 필요하겠지만, 개들을 비롯해 인간 이외의 동물들이 우리 모두 함께 살아가는 환경에서 무엇이 잘못되고 있는지 미리 경고한다고 생각하면 정신이 번쩍 든다.

하지만 여기서 문제삼으려는 부분은 현대사회에서 아직도 개들이 예방 가능한 학대에 시달리고 때로는 의도적으로 자행되는 학대에 고통받는다는 점이다. 추정컨대 미국에서만 매년 반려동물들 100만 마리가 학대당하는데, 이런 잔혹한 행위를 처벌받는 사람들이 서서히 그러나 확실히 늘어난다는 건 다행스러운 일이다. 다른 동물들의 법적 지위나 법적 보호와 관련해서는 좋아지기도, 나빠지기도 하겠지만, 다음 이야기들은 **법적 정의야말로 개에게 최고의 친구**가 될 수 있음을 말한다.

• 광부들이 갱도 속 유독가스를 점검하기 위해 카나리아를 먼저 들여보낸 데서 유래한 말로 커다란 위험을 예고하는 존재라는 뜻.

예컨대 반려동물 학대를 중죄로 다스리는 오하이오주에서 한 사냥꾼은 개 두 마리를 죽였다는 이유로 일자리에서 쫓겨났다. 2016년 7월 플로리다주 오렌지카운티에서는 동물 학대 단속반이 결성되었다. 많은 주에서 사람들이 동물 학대를 경범죄가 아닌 중죄로 처벌하도록 주법을 바꾸라고 집회를 열고 압박한다. 이런 모습은 2015년 탁월한 다큐멘터리 〈구치라는 이름의 개A Dog Named Gucci〉에 감동적으로 담겼다. 영화는 심각한 학대를 당한 차우차우와 허스키 사이에서 태어난 잡종견 구치와, 구치를 구조한 후 앨라배마주에서 가내 동물 학대를 중죄로 다스리는 법안의 통과를 위해 줄기차게 노력해온 덕 제임스의 이야기를 그렸다. 2017년 와이오밍주, 뉴멕시코주, 버지니아주, 미시시피주에서도 비슷한 움직임이 있었다. 미시시피주 상원의원 앤젤라 버크스 힐은 동물 학대와 인간 학대 사이에 '고리'라고 부를 정도로 강한 상관관계가 있음을 강조했다. 같은 해 알래스카주는 "동물복지를 고려해 판사가 반려동물 공동 양육권을 판결하도록" 한 미국 최초의 주가 되었다. 매사추세츠주 캐서린 클라크는 가정 폭력이 있었던 가정에서의 반려동물 보호를 위한 반려동물·여성보호법(PAWS)을 다시 의회에 상정했다. 뉴욕시 연방 법원은 강아지 농장•에서의 개 판매를 금지하는 법안에 지지를 표명했다.

개들의 학대를 방지하려는 의미 있는 진전은 국제적으로도 일어난

• 판매를 목적으로 새끼 강아지를 대량으로 생산하는 업체. 동물복지를 고려하지 않은 인위적 잡종 교배를 통해 '디자인 강아지'를 만들기도 한다.

다. 2016년 11월, 아르헨티나에서는 그레이 하운드 경주가 금지되었고, 같은 해 12월 런던에서는 1991년 제정된 위험견종법•이 개가 사람을 무는 사고를 줄이는 데 별 효과가 없고 개의 복지에 위배된다는 이유로 런던 시장에게 법안을 재검토하도록 했다. 2017년 4월부터 멕시코에서는 투견이 중죄로 처벌된다. 영국의 환경장관은 동물복지 증진을 목적으로, 개 농장을 운영하는 뒷골목 교배업자들을 뿌리 뽑기 위해 생후 8주 미만의 개 판매를 불법화하겠다고 밝혔다. 이를 위반하면 상한선 없는 벌금을 부과받거나 여섯 달까지 구금될 수도 있다. 웨일스에서는 2016년의 동물복지 판결에서 동물학대방지왕립협회(RSPCA)가 이전보다 좋은 성과를 거두었다. 2017년 2월 타이완에서는 대중에게 문제의 심각성을 인식시키자는 취지로 동물의 안락사를 법으로 금지했다. 2016년 5월, 타이베이 수의사 지안지첑은 떠돌이 개를 안락사시키는 일로 인해 깊은 연민과 극심한 스트레스를 받아 자살했다. 조직적 투견에 혐오감을 보이는 사람들도 곳곳에 있다. 2006년 이후 영국의 RSPCA는 잉글랜드와 웨일스에서 조직적 투견과 관련된 신고 전화를 거의 5,000통이나 받았다고 한다.

의기소침해지지 말고 이쯤에서 나쁜 소식과 좋은 소식의 균형을 잡아보자. 나는 좋은 소식에 방점을 찍겠다. 먼저 오하이오주의 경우다. 2016년 오하이오주 입법자들은 수간과 투계를 엄중 단속했고, 오하이

• 맹견으로 분류된 개를 사육하려면 법원의 허가를 받아야 하고 외출할 때 입마개와 목줄을 차도록 규정한 법안.

오주 고등법원은 "개는 식탁의자나 텔레비전 수상기가 아니"라면서 다친 반려동물에 대한 배상금은 "단순한 '시장가' 이상으로 책정되어야 한다"고 판결했다. 하지만 오하이오주에 본사를 둔 미국 최대 규모의 반려동물 판매 프랜차이즈 펫랜드의 압력에 굴복해 오하이오주는 반려동물 가게에서 강아지 농장의 개 판매를 계속 허용하기로 했다. 나쁜 소식은 이것만이 아니다. 2016년 12월, 미시간주 디트로이트의 연방법원은 경관이 집으로 들어가는데 개가 움직이거나 짖으면 총을 쏴도 된다고 허락했고, 캐나다의 한 판사는 개를 재산으로 간주하며 "가족의 권리가 없다"고 판결했다.

하지만 2017년 1월, 스턴트 연기를 한 개가 괴로워하는 영상이 알려지면서 영화 〈개의 목적A Dog's Purpose〉은 개봉이 취소되었다. 구치의 예에서처럼 대중의 여론과 우려는 개의 삶에 긍정적 영향을 미칠 수 있다. 2017년 6월에도 또 하나 좋은 소식이 있었다. 펜실베이니아주 주지사 톰 울프가 한층 강화된 동물보호 법안에 서명한 것이다. 비슷한 시기에 캐나다 밴쿠버 시의회는 반려동물 가게에서 개, 고양이, 토끼의 판매를 금지했다. 코네티컷주에서는 학대받은 개들이 변호사를 선임했고, 버몬트주에서는 동물에 대한 성폭행 금지 법안을 통과시켰다. 기업들도 개를 돕는 데 나섰다. 2017년 오하이오주와 스코틀랜드의 수제 맥주 양조장 브루독은 개를 입양한 직원에게 일주일 휴가를 주기 시작했다.

싸움은 계속된다. 2017년 2월, 미국 농무부 웹사이트에서는 알 수 없는 이유로 동물복지와 동물 학대 관련 자료가 삭제되어 부끄러운 검열의 모습을 보여주었다.

왜 개 훈련사들을 규제해야 할까?

미국에서는 누구든지 개 훈련사라고 자칭할 수 있으며, 나의 상식선에서 그리고 내가 이야기한 사람들이 아는 한 개 훈련과 관련된 규정이 아예 존재하지 않는다.

대부분의 학대 사건은 지배나 혐오에 바탕을 둔 개 훈련에서 비롯된다. 이런 훈련에서는 신체에 대한 가혹한 처벌이 동원된다. 이는 사람을 존중하고 사람 말을 듣도록 하려면 먼저 신체적으로 개를 '지배'해야 한다는 믿음에 따른 것이다. 앞서 말했지만 이런 믿음은 완전히 틀렸고 그릇된 생각이다. 이런 식의 '훈련'은 개들에게 트라우마를 심어주고, 부상이나 심지어는 죽음을 초래할 수도 있다. 2017년 1월 나는 가슴 아픈 메일을 받았다.

> 당신의 지지를 구하고자 이 글을 씁니다. 나는 플로리다주 법률 입안자들과 팀을 이뤄 개 훈련법에 관한 법안을 준비하며, 동물법률보호기금(ALDF)에서 법안 작성에 도움을 받습니다. ALDF는 전국을 대상으로 조사하고, 이것이 전례 없는 법안임을 알게 되었습니다. 우리는 충분히 때가 무르익었다고 생각합니다.
>
> 나는 사지라는 강아지를 훈련 시설에 맡겼는데, 그곳에서는 지배에 바탕을 둔 훈련법을 사용했습니다. 사지는 잔인한 훈련을 받고 두 시간 만에 숨을 거두었습니다.
>
> 사지는 시추와 페키니즈 사이에서 난 석 달 반 된 잡종견으로 몸

무게가 3킬로그램이었습니다.

사지가 고분고분 따르지 않자 훈련사는 오른손으로 그의 입을 꽉 누르고 왼손으로 목을 잡았습니다. 사지는 버둥거리다 축 늘어졌습니다. 훈련사는 "정상적인 일이에요. 어려서 기력이 다한 것뿐입니다"라고 했습니다. 그러고는 "지금은 내가 이겼지만, 힘이 세진 후엔 장담하지 못합니다"라고 덧붙이기까지 했습니다. 나는 "하지만 눈이 풀렸잖아요. 혀도 축 늘어졌고요"라고 대꾸했습니다. 훈련사는 사지를 일으켜 세웠습니다. 사지는 잠시 꿈틀거리다 도로 정신을 잃었습니다.

나는 근처 훈련 시설의 담당 수의사에게 사지를 데려갔다가 응급실로 이송했는데, 응급실 문을 들어서는 순간 사지는 내 팔에 안겨 죽었습니다. 희미해지는 심장 박동을 느꼈죠. 마지막 두 시간 동안 사지는 혹독한 고통에 시달렸고 제대로 숨을 쉬지 못했습니다.

사지는 2015년 5월에 죽었고, 내가 메일을 받고 나서 이 일에 관여한 지 두 달 뒤인 2017년 3월, 사지가 살던 카운티에서 개 훈련사 규제 움직임이 일어났다. 2016년 12월, 뉴욕주 오션사이드의 개 훈련 시설에서 일어난 학대 사건을 계기로 "개 훈련 전문가라고 주장하는 사람들의 무분별한 행태를 제한하기 위해" 주정부에서 개 훈련사에게 허가증을 발급하라는 법안 청원이 일어났다.

이건 몇 가지 예에 지나지 않는다. 2016년, 폭넓은 조사를 바탕으로 쓴 탁월한 에세이에서 엘리자베스 포버트는 지적했다.

"미국에서는 누구든지 자격과 상관없이 개 훈련사로 일할 수 있다."

또 개 훈련사 아카데미Academy for Dog Trainers에서는 투명함을 요구했다. 그들은 페이스북에 이렇게 적었다.

> 개 주인은 훈련사에게 무엇을 요구해야 할까? 우리는 가장 중요한 것이 **투명함**이라고 본다. 개 훈련사가 명료한 언어로 훈련 과정에서 여러분의 개에게 (신체적으로) 일어날 일들을 정확히 말하지 않는다면 다른 곳을 알아보라. 형용사가 아니라 동사가 중요하다. 어떤 특정한 상황에서 어떤 특정한 방법을 사용하는지 물어라. 교묘한 얼버무림에 넘어가선 안 된다.

이 조언에 전적으로 동의한다. 개 훈련은 학대가 될 수도 있으니 이런 일이 일어나지 않도록 할 수 있는 모든 일을 해야 한다. 아직 할일이 많다. 기초적 수준에서 사람들 참여가 필요하다. 개들도 그들이 가질 수 있는 목소리와 정의를 가져야 한다.

미용수술을 받고 싶은지 개들에게 물어보라

개와 여타 동물들은 선택적 '미용수술'을 받지 않도록 보호받아야 한다. 여기에는 꼬리 자르기, 귀 자르기, 성대수술, 고양이 발톱 제거, 피어싱, 문신 등이 포함된다. 개들에게 보톡스 주사로 눈썹을 올리는 시술을 받게 하고, 수컷 본성을 회복시킨다는 명목으로 고환 이식수술을 받게 하고, 코 성형수술, 복부 지방 제거수술을 받게 하는 사람들도 있다. 나는 미용수술, 특정 품종에 특화된 수술, 개와 함께하는 삶을 조금 더 편하게 한다며 행하는 일체의 수술들을 도무지 이해할 수 없다. 원래 꼬리가 있는 개라면 누군가의 눈에 꼬리가 없는 쪽이 나아 보인다는 이유에서 꼬리를 잘린 것보다 꼬리가 있는 편이 훨씬 더 좋아 보인다. 그러니 제발 개 꼬리를 그대로 두자.

선택적 미용수술을 하는 데는 그래야 개들이 더 예뻐 보인다는 이유도 있다. 못생겼다는 이유로 개를 버리거나 예쁘다고 입양을 결심하는 경우도 있다고 한다. 한 수의사는 "둔하고 멍청하고 뚱뚱한 개는 사람들이 불편하게 여겨요"라고 했다. 이런 '결함'을 고치면 경우에 따라 개에게 도움이 될지도 모른다. 하지만 사람들 마음에 들게 하려고, 혹은 반려견 유기를 막으려는 목적에서 미용수술을 한다는 건 이들의 진짜 본심이 아니다. 개들은 눈이 작든, 코가 크든 자신의 외모에 전혀 신경 쓰지 않는다. 설령 거울에 비친 자신의 모습을 알아본다고 해도 마찬가지다.

난소 적출과 중성화도 선택적 수술이다. 이런 수술은 일반적으로 원치 않는 번식(그리고 원치 않는 강아지)을 막거나 공격성이나 문제되는 행동을 줄이려는 방편이다. 그러나 이 가운데 확실한 해결이 가능한 것은 첫 번째 문제뿐이다. 난소 적출과 중성화는 복잡한 문제다. 이런 수술이 실제로 누군가가 주장하는 긍정적 행동 변화로 이어지는지에 대한 의견과 증거는 일치하지 않는다. 나는 1장 서두에 인용한, '거세'를 했음에도 계속해서 미친 듯이 짝짓기에 매달리는 개 헬렌을 키우는 여성과 비슷한 사례들을 지속적으로 듣는다. 결국 난소 적출과 중성화는 행동 문제에 대한 만병통치약이 아닌 것이다.

개를 비롯한 여타 동물들이 원하든, 원치 않든 우리가 원하는 건 무엇이든 그들에게 할 수 있다는 점을 기억해야 한다. 그들을 더 예뻐 보이게 하려고, 그들과 더 편하게 지내려고 무슨 짓을 하더라도 개들은 여전히 우리를 사랑하겠지만, 이런 힘의 불균형이 우리가 마음대로 해도 좋다는 허가증이 아님을 마음에 깊이 새겨야 한다. 반려동물 성형 산업은 엄청난 규모의 거대 사업이 되었다. 인간의 허영심 때문에 돈이 법이 되어서야 되겠는가.

많은 주들이 반려동물의 선택적 수술을 규제하는 법을 시행한다. 미국수의사협회는 그 현황을 일목요연하게 정리했다. 가장 최근의 업데이트는 2014년 12월로 대체로 의학적 이유가 아니면 그 같은 수술을 제한한다. 물론 개를 보호하기 위해 해야 할 일은 훨씬 더 많다. 그중 긍정적 조치를 보면 2016년 12월 캐나다 브리티시컬럼비아주의 수의사들은 꼬리 자르기와 귀 자르기를 금지했다.

짖지 못하도록 성대를 잘라버리는 성대수술과 관련해 미국동물권익협회(NAIA)는 성대 자르기를 '개 짖는 소리를 누그러뜨리는bark softening' 조치로서 용인한다. 그들은 동물을 연구에 활용하는 데도 찬성한다. 그런데 우리는 이런 수술이 개의 행동을 어떻게 변화시키는지 제대로 알지 못한다. 나를 비롯한 많은 사람들이 그들과 견해가 다른 건 당연하다. 개 훈련사이자 저술가인 애나 제인 그로스만은 이런 수술에 어떤 함정이 도사렸는지 멋지게 지적한다. 그녀는 개의 소음은 실은 인간의 문제이며, 이런 수술에는 반흔조직(호흡이나 삼킴이 어려워진다), 만성 기침(감염을 일으킬 수 있다), 목구멍 부기(열사병을 일으킬 수 있다) 등 부작용이 따른다고 말한다.

"영국을 비롯한 18개국 정부는 유럽반려동물보호협약에 서명했다. 이 협약에서는 귀 자르기, 꼬리 자르기, (고양이) 발톱 제거도 금지한다. 2010년 매사추세츠주는 한 십 대의 청원에 따라 수술을 불법화했다. 뉴욕시에서도 내년에 비슷한 법안이 통과되리라 기대된다."

전체적으로 보면 개 학대에 관한 법률은 서서히 좋은 쪽으로 바뀌어 간다. 개를 보호하기 위해 많은 단체들이 노력하며, 언급된 단체들뿐 아니라 개를 실험에 사용하지 않도록 목소리를 내는 〈침묵의 소리 캠페인 Sound of Silence Campaign〉도 있다. 우리는 인간의 이익이 인간 이외 동물들의 이익보다 대체로 우선시되는 세상에서 개를 비롯한 여타 동물들의 권익 보호를 위해 계속 노력해야 한다.

개와 동물들을 위해 우리가 그릴 수 있는 큰 그림

지금은 모든 인간 이외 동물들과의 관계를 위해 새로운 사회적 계약이 필요한 때다. 다른 동물들에 대해서는 항상 수수께끼가 있기 마련이며, 알아야 할 모든 것을 알지 못한다는 각성은 우리를 계속 전진하게 한다. 그러나 다시 한 번 강조하지만 갈수록 인간 중심이 되는 세상에서 개들을 비롯한 다른 동물들을 위해 더 많은 것을 해줄 수 있을 정도로는 지금도 충분히 (이미 오래전부터) 알고 있다. 만만치 않은 요구라는 것을 알지만, 더 많이 노력할수록 개와 인간 모두에게 혜택이 돌아간다는 것을 느낄 수 있다.

이것이 무엇을 의미할까? 바로 우리가 그리는 거대한 그림에 항상 인간 이외의 동물들을 포함시키고 동물의 왕국까지 우리의 존중과 연민을 확대해야 한다는 것이다. 우리 인간과 인간 이외의 동물들 사이에 놓인 공감 격차를 줄이도록 개가 도와준다는 사실은 언제 봐도 놀랍다. 이 글을 쓰는 지금《뉴욕타임스》에 앤디 뉴먼이 기고한 〈세계가 (혹은 최소한 브루클린이) 실종된 개를 찾기 위해 나서다World (or at least Brooklyn) Stops for Lost Dog〉라는 에세이를 보았다. 골든두들 품종인 두 살 반 된 베일리가 브루클린에서 실종되었다. 반려자 오나 르 파페는 망연자실했고, 수많은 사람들이 베일리 찾기에 나섰다. 사람들은 왜 바쁜 삶을 멈추고 이런 일을 할까?

르 파페의 친구는 다음과 같은 의견을 내놓았다.

"선거를 둘러싸고 혼란스러운 요즘 같은 때에 모두가 한편이 될 수 있는 이야기잖아요. 잃어버린 개를 찾고 싶지 않은 사람은 없을 테니까요."

"끝이 좋으면 다 좋다"는 윌리엄 셰익스피어의 말처럼 베일리의 이야기도 해피엔딩으로 끝났다. 탈수와 굶주림에 시달린 베일리는 3킬로그램이 빠진 채 발견되었다. 베일리는 개가 어떻게 우리가 공감 격차를 줄이고 하나가 되도록 돕는지 보여주는 완벽한 예다. 정치적 분파로 나뉘어 협력이 녹록치 않던 때에 베일리는 협력의 촉매가 되었다.

베일리의 이야기는 내가 1장에서 소개한 페퍼의 이야기와 일맥상통한다. 1965년 펜실베이니아주 농장에서 납치되어 1966년 미국 연방 동물복지 법안이 통과되도록 했던 바로 그 개 말이다. 개들의 작은 도움 덕분에 우리는 다른 동물들까지 쉽게 존중과 연민으로 껴안을 수 있었다. 그들 역시 우리가 그들을 위해 할 수 있다면 모든 것을 한다는 사실을 안다.

물론 수많은 할일들이 아직 남아 있다. 개들(과 다른 동물들)을 위한 우리의 노력은 결코 끝나지 않을 것이다. 앞장서서 학대를 막아야 한다. 개들은 자신을 대변하는 목소리를 가져야 한다. 그들은 우리의 선의에 완전히 내맡겨져 있으며, 우리가 사심 없이 지치지 않고 그들 편에 서리라 추호의 의심도 없이 믿는다. 그렇게 하지 않는 건 추잡한 배신이다. 그들의 기대를 저버릴 때, 그들을 방치하거나 이기적으로 지배할 때, 그러고도 우리가 야기한 깊은 상처를 책임지지 않을 때, 개들은 틀림없이 심각한 정신적·신체적 손상을 입을 것이다. 우리들 마음만큼이나 여린 반려동물의 마음이 다치지 않도록 그들을 부드럽게 대하기 위해 신경써야 한다. 그야말로 순수한 마음을 가진, 우리를 믿는 소중한 반려동물들에게는 아무리 친절하게 넉넉한 사랑으로 대해도 지나치지 않다.

반려동물의 믿음을 저버리고 그들의 순진함을 이용하는 행위는 윤리적 지탄을 면할 수 없다. 이런 행동은 우리를 인간 이하의 존재로 만들 정도로 잘못된 것이다. 우리는 반려동물을 포함한 다른 모든 존재와 굳건한 믿음으로 맺어진 심오하고 풍성한 양방향 관계를 이루려고 노력할 때 크고 순수한 기쁨을 얻을 것이다.

요컨대 우리는 인간 위주로 돌아가는 지나치게 바쁜 세상에 살면서 개들이 두려움과 스트레스를 느끼지 않도록 보살펴야 한다. 개들은 안전함을 느껴야 한다. 애착은 전적으로 신뢰와 관련된 문제다. 개들은 쉽게 상처받고 고도로 감응하는 존재임이 분명하다. 이런 동물들과 삶을 함께할 수 있어 다행이라고 생각하는 사람들이 많으며, 우리와 함께하는 것이 다행인 개들도 많다. 그러나 전 세계 개들 중 대략 75퍼센트는 혼자서 하루하루 힘겹게 버틴다는 사실을 기억해야 한다. 훨씬 좋은 환경에서 살아가는 많은 개들에게도 하루를 살아가는 일이 그리 만만치는 않다.

혼자서 살아가는 개들의 고난과 관련된 글을 보고 감동한 적이 있다. 2017년 1월 겨울 폭풍이 몰아칠 때 터키 이스탄불의 한 쇼핑몰이 떠돌이 개들을 위해 문을 열었다는 것이다. 같은 달에 인도네시아의 한 자선단체는 버림받은 개들이 새 보금자리를 찾게끔 도왔다. 자카르타의 콘크리트 배수로 바닥에 버려진 피핀이라는 개는 조지아주 애틀랜타에서 새로운 보금자리를 얻었다. 이처럼 작은 선행이 중요하다. 특정한 동물에게 도움을 주고 다른 곳에서 비슷한 선행을 유도할 수도 있으니까.

나는 제인 구달의 〈뿌리와 새싹〉 프로그램에서 일하면서 젊은 친구들을 많이 만났다. 그들에게 개와 여타 동물들을 제대로 대우하고 본모습 그대로 존중하는 것이 얼마나 중요한지 보여줄 수 있다면, 분명 미래에는 희망이 있다. 나는 인성 교육자 조 웨일의 말을 좋아한다.

"세상은 우리가 가르치는 대로 된다."

'하등한 존재'란 없다

우리는 동물에 대해 더 현명하고 아마도 더 신비적인 인식을 가질 필요가 있다. 우주적 자연에서 떨어져나와 복잡한 기술에 의존하며 사는 문명 세계의 인간은 자신의 지식이라는 거울을 통해 생물을 바라본다. 때론 깃털 하나가 엄청나게 확대되고 전체 모습이 왜곡되기도 한다. 그들을 불완전하다고 여기며, 우리보다 하등한 존재로 태어난 비극적 운명이 가엾다며 선심을 쓰려고 한다. 그렇다면 실수다. 그것도 크나큰 실수다. 동물은 인간의 잣대로 판단되는 존재가 아니기 때문이다. 그들은 우리보다 더 오래되고 완전한 세상에서 우리가 잃어버렸거나 결코 얻지 못했던 확장된 감각들을 가지고 태어나 완벽하게 운신하며, 우리가 결코 듣지 못하는 목소리로 살아간다. 그들은 형제가 아니다. 하등한 존재도 아니다. 그저 우리와 함께 삶과 시간의 그물망에 포획된 이방의 존재들, 지구의 영광과 고역을 함께하는 동료 포로들이다.

헨리 베스톤, 《세상 끝의 집 The Outermost House》

위에 인용한 베스톤의 문장은 개인적으로 가장 좋아하는 글 가운데 하나다. 다른 동물들의 존재에 대해, 우리와 그들의 관계에 대해 많은 것을 말하는 글이어서 계속 다시 읽게 된다. 우리는 우리의 감각을 통해 다른 존재들을 바라보는데, 앞서 확실하게 밝혔듯이 개들은 우리처럼 세상을 인식하지 않는다. 사실 우리의 관점은 왜곡되어 있다. 또한 우리는 그들이 우리와 같지 않다는 이유로, 불완전하다는 이유로, 마치 우리는 완전한 양 선심을 쓰려고 한다. 이런 오해 때문에 거대한 진화 구도에서 개를 비롯한 여타 동물들을 우리보다 하등한 존재로 보는 사람들이 있다. 이렇게 '하등한' 존재로 여겨짐으로써 만연한 학대가 정당화된다. "인간이 동물들을 판단하는 기준틀이 되어서는 안 되며 만약 그렇게 한다면 그것은 실수"라고 베스톤은 말한다. 그가 다른 동물들을 "이방의 존재들"로 바라보는 것도 마음에 든다. 이로써 우리로 하여금 그들을 우리가 원하는 대상이 아닌 존재 그 자체로 보도록 하기 때문이다. 개와 여타 동물들이 우리가 그들에게 원하는 바에 예속된 것을 보면 그들은 '지구에서 고역'을 치르도록 포획된 것이 틀림없다. 앞서 보았듯이 인간이 지배하는 세상에 적응하기 위해 그들이 겪는 적지 않은 스트레스는 여기서 비롯된다.

개들이 예속되어 있는 세상은 바쁜 세상이다. 사람들이 갈수록 더 바빠지고 더 많은 스트레스를 받는다면 앞으로의 양상이 궁금하다. 갈수록 요구가 많아지는 세상에서 개들은 어떻게 우리 삶에 적응할까? 삶을 함께 나누기로 결심한 반려동물들이 우리의 최우선이 될 수 있을까? 개와 밀접한 일을 하는 많은 사람들은 개들이 온갖 상황에서 엄청난 스트레스를 받는 것을 보며 우려를 나타낸다. 개 훈련사 킴벌리 벡은 우리가 개와의 관계에서 인내심을 발휘하도록 노력해야 한다고 말한다. 그녀는 또한 그저 개들이 우리를 사랑하기 때문에 우리가 개들을 사랑하는지 묻는다. 이 질문은 칵테일파티에서 상아탑에 이르기까지 다양한 장소에서 활발한 토론의 대상이 될 수 있다.

지금까지 개들이 얼마나 매력적 존재인지, 우리가 왜 개를 개로 두어야 하는지 여러분에게 제대로 설명했기를 바란다. 물론 개들은 인간 중심 세상에 살면서 무엇이 용인되고 용인되지 않는지를 배워야 하지만, 그렇다고 개의 본성에서 벗어나도록 훈련해서는 안 된다. 우리는 개와 함께 살면서 존중, 품위, 헌신, 사랑에 대해 많은 것을 배울 수 있다. 개들은 또한 폭력적 세상은 자연스러운 것이 아님을 우리에게 보여줄 수도 있다.

개들이 처한 상황은 서서히 나아지고 있다. 그들도 우리처럼 평화롭고 안전하게 살고 싶어 한다. 그러므로 원하면 언제든지 동물행동학자로 나서자. 펜과 노트를 들고, 가능하면 캠코더도 들고, 나들이나 가족 모임을 만들어, 함께 살아가는 개에게 여러분이 그들을 진심으로 아낀다는 것을 보여주자. 이런 공감과 연민의 정서는 쉽게 다른 개들, 다른 동물들, 다른 인간들에게 확산될 수 있다.

인간은 선천적으로 다른 동물들을 포함해 자연에 대한 애착을 타고난다는 주장이 있다. 이를 '생명 사랑 가설'이라고 부른다. 우리의 유전자에 내재된 대로 공감 격차를 줄이며 옳은 일을 하자. 그렇게 함으로써 젊은이들과 미래 세대에 좋은 모범이 될 것이다. 개들과 여타 동물들에 대해 많이 알수록 그들을 대변하는 우리의 행동과 운동에 더 많은 힘이 실린다. 그러나 반복해서 강조했듯이, 우리는 이미 그들을 위해 많은 일을 해줄 만큼 충분히 알고 있다.

개들과 다른 동물들에게 최고의 삶을 줌으로써 모든 동물에게 더 많은 자유와 정의가 허락되는 길이 쉽게 열릴 수 있다. 여기엔 우리 자신도 포함된다. 멋지지 않은가? 더 많은 믿음, 공감, 연민, 자유, 정의가 모든 동물을 위해, 그리고 이 멋진 행성에서 앞으로 살아갈 미래 세대를 위해 우리가 할 수 있는 최고의 것임을 누가 부정하겠는가? 나는 모두가 이 말에 동의하리라 확신한다.

나는 개들이 인간들 사이에 존재하는 공감 격차를 줄이고 상처받은 세상을 치유하는 데 도움이 되지 않을까 생각하곤 한다. 모든 연령, 모든 문화의 사람들은 개라고 하는 놀라운 존재에 대한 애착과 사랑으로 하나가 될 수 있다.

개를 자신의 삶에 받아들인 사람들은 운이 좋다. 우리는 모든 개들이 자신의 삶에 우리를 받아들이는 행운을 누리도록 노력해야 한다. 그런 세상이 오면 장기적으로 우리에게도 좋은 일이다.